여행은

꿈꾸는 순간,

시작된다

리얼
제주

여행 정보 기준

이 책은 2025년 2월까지 수집한 최신 정보를 바탕으로 만들었습니다.
정확한 정보를 싣고자 노력했지만 여행 가이드북의 특성상
책에서 소개한 정보는 현지 사정에 따라 수시로 변경될 수 있습니다.
변경된 현지 정보는 개정판에 반영해 더욱 실용적인 가이드북을 만들겠습니다.

한빛라이프 여행팀 ask_life@hanbit.co.kr

리얼 제주

초판 발행 2021년 6월 1일
개정2판 1쇄 2025년 2월 28일

지은이 김태연, 양정임 / **펴낸이** 김태헌
총괄 임규근 / **팀장** 고현진 / **책임편집** 박지영 / **디자인** 천승훈 / **교정교열** 박성숙 / **지도·일러스트** 이예연, 조민경
영업 문윤식, 신희용, 조유미 / **마케팅** 신우섭, 손희정, 박수미, 송수현 / **제작** 박성우, 김정우 / **전자책** 김선아

펴낸곳 한빛라이프 / **주소** 서울시 서대문구 연희로2길 62 한빛빌딩
전화 02-336-7129 / **팩스** 02-325-6300
등록 2013년 11월 14일 제25100-2017-000059호
ISBN 979-11-93080-54-2 14980, 979-11-85933-52-8 14980(세트)

한빛라이프는 한빛미디어(주)의 실용 브랜드로 우리의 일상을 환히 비추는 책을 펴냅니다.

이 책에 대한 의견이나 오탈자 및 잘못된 내용은 출판사 홈페이지나 아래 이메일로 알려주십시오.
파본은 구매처에서 교환하실 수 있습니다. 책값은 뒤표지에 표시되어 있습니다.

한빛미디어 홈페이지 www.hanbit.co.kr / 이메일 ask_life@hanbit.co.kr
블로그 blog.naver.com/real_guide_ / 인스타그램 @real_guide

지금 하지 않으면 할 수 없는 일이 있습니다.
책으로 펴내고 싶은 아이디어나 원고를 메일(writer@hanbit.co.kr)로 보내주세요.
한빛라이프는 여러분의 소중한 경험과 지식을 기다리고 있습니다.

제주를 가장 멋지게 여행하는 방법

리얼 제주

김태연·양정임 지음

한빛라이프

당신이 꿈꾸는 제주는
바로 지금!

나는 아직도 제주도가 궁금하다. 제주로 이주한 지 10년을 훌쩍 넘겼고 여행작가로 제주도를 소개하며 구석구석을 다녔지만 그 매력은 다 헤아릴 수가 없다. 볼 때마다 새로운 풍경에 여전히 설레고 감탄하며 오늘도 여행하는 기분으로 살고 있다.

제주의 모습이 변화무쌍하듯 제주 여행에 대해 꿈꾸는 로망도 사람마다 다르다. 한라산 설경, 유채꽃 들판, 파도치는 청보리밭, 안개 속의 수국길, 억새 오름, 눈밭의 애기동백, 고소한 성게비빔밥, 두툼한 방어회, 귤밭의 돌 창고 카페, 바다 앞 돌집, 섬에서의 스쿠버 다이빙.

기대했던 풍경을 만날 수 있는 계절에 최적의 여행 코스로 다닌다면 당신의 로망은 현실이 될 것이다. 2월의 유채꽃은 산방산으로, 5월의 유채꽃은 가시리로 가야 한다. 가파도의 파란 청보리밭을 보려면 적어도 5월 초까지는 방문해야 하고, 싱싱한 수국길에서 인생 사진을 찍으려면 6월을 놓치면 안 된다. 〈리얼 제주〉는 월별, 계절별, 테마별 추천 코스에 정성을 들였다. 초심자부터 제주를 자주 찾는 여행객까지 모두 보기 쉽도록 시기별로 꼭 봐야 할 명소와 제철 요리 등을 담았다.

마치 도민처럼 '소소하게 여행하는' 최근 트렌드도 반영했다. 알려지지 않은 자연 경관으로 호젓하게 떠나고, 로컬 맛집이나 제주 감성 가득한 카페를 찾아 오감을 즐기며 힐링한다. 이 책은 오름, 곶자왈, 해변 등 제주에만 있는 천혜의 자연 관광지부터 떠오르는 핫플레이스와 액티비티, 제주의 문화를 경험해볼 수 있는 장소들까지 골고루 엄선했다.

누구에게나 소중한 꿈 같은 휴가! 이 책을 통해 당신이 그려온 제주의 계절을 100% 만끽하길 바라며….

Special Thanks to

내가 신뢰하는 제주 전문가이자 나의 친구 제주규리와 감동 프로페셔널 꼼꼼 에디터 박지영 책임님, 언제나 응원을 아끼지 않는 '남편과 앨리스' 그리고 영원한 내 편인 엄마에게 고마운 마음을 전한다.

김태연
제주 도민이자 여행작가. '제주레이'라는 닉네임으로 SNS를 운영하고 있다. 여행서 〈제주감각〉, 제주교통방송, 제주관광협회 여행 매거진, 네이버 콘텐츠 프로바이더 등 다양한 매체를 통해 색다른 테마의 제주 여행을 소개해왔다.

인스타그램 @jejureigh **이메일** reigh@naver.com

PROLOGUE
작가의 말

제주 토박이가
소개합니다!

나는 제주에서 나고 자란 토박이다. 국내 여행지 버킷리스트 NO.1인 제주도가 삶의 터전인 동시에 여행지인 것이다. 봄이면 노란 유채꽃과 청보리로 화사하고, 여름엔 해외 휴양지 부럽지 않은 에메랄드빛 바다가 빛을 발한다. 가을 들판은 억새로 출렁이고, 땅이 얼지 않아 겨울에도 건강한 초록색이 들어찬 농경지는 신비롭기까지 하다. 3월까지 눈이 덮이는 경이로운 한라산, 어머니의 품속처럼 부드러운 오름 군락, 스페인의 산티아고 순례길 부럽지 않은 제주올레, 유네스코에서 인정받은 세계자연유산을 품은 제주도. 평생 제주에서 살고 있지만, 나이가 더해가고 경험이 쌓일수록 제주를 사랑하는 마음은 깊어졌다.

그 애정으로 15년간 제주도 곳곳을 촬영하며 블로그를 통해 제주를 소개해왔다. 기록이 쌓여가자 제주 여행 가이드북을 내고 싶은 꿈이 생겼다. 간절하면 이뤄진다고 했던가? 서울에서 제주로 이주한 동갑내기 친구의 권유로 이 책을 공동 집필하게 되었다.

오랫동안 사진으로 기록해 온 제주를 소개하는 작업은 즐거웠으나, 모든 곳을 책에 실을 수 없기에 추리는 과정은 고민의 연속이었다. 결국, 어느 계절에 누구와 여행하더라도 책 한 권으로 충분한 '실용서', 그런 책을 만드는 데 집중하기로 했다. 필자들의 오랜 경험으로 만든 월별 여행 코스는 그 실용의 정점이 될 것이다. 또한 제주의 매력을 충분히 느낄 수 있도록 사계절이 담긴 다양한 사진을 큼직큼직하게 실었다. 여행 계획이 없더라도 제주가 그리울 때 꺼내 보는 제주 풍경 화보집도 되어주길 바라는 마음이다.

Special Thanks to

남다른 속도감과 부지런함으로 집필을 이끌어준 친구 제주레이 김태연, 사진 스승이자 든든한 지원군 남편, 이 책을 위해 기꺼이 초상권을 포기해준 소중한 벗들에게 감사 인사를 전한다.

양정임
20대에 5년 동안 제주 여행 가이드로 일한 경력을 기반으로 15년간 제주도 곳곳을 카메라에 담고 있다. 제주의 다양한 모습을 소개하는 제주도 여행 전문 블로그(제주규리)를 10여 년째 운영 중이다.

인스타그램 @jejuguree **블로그** blog.naver.com/jejuguree

일러두기

- 이 책은 2025년 2월까지 취재한 정보를 바탕으로 만들었습니다. 정확한 정보를 수록하고자 노력했지만, 여행 가이드북의 특성상 책에서 소개한 정보는 현지 사정에 따라 수시로 변경될 수 있습니다. 여행을 떠나기 직전에 한 번 더 확인하시기 바라며, 변경된 정보는 개정판에 반영해 더욱 실용적인 가이드북을 만들겠습니다.

- 한글 표기는 국립국어원의 외래어 표기법을 따르되 관용적인 표기의 경우에는 예외를 두었습니다.

- 대중교통 및 도보, 차량 이동 시 소요시간은 대략적으로 적었으며, 현지 사정에 따라 달라질 수 있으니 참고용으로 확인 해주시기 바랍니다.

- 명소는 운영시간에 표기된 폐관/폐점 시간보다 30분~1시간 전에 입장이 마감되는 경우가 많으니 미리 확인하고 방문하시기 바랍니다.

주요 기호

📍 주소	🅿 주차장	🕐 운영시간	❌ 휴무일	₩ 요금
📞 전화번호	🏠 홈페이지	📷 인스타그램	📷 명소	✕ 식당, 카페
🎁 상점	✈ 공항			

구글 맵스 QR 코드

각 지도에 담긴 QR 코드를 스캔하면 소개한 장소들의 위치가 표시된 구글 지도를 스마트폰으로 볼 수 있습니다. '지도 앱으로 보기'를 선택하고 구글 맵스 앱으로 연결하면 거리 탐색, 경로 찾기 등을 더욱 편하게 이용할 수 있습니다. 앱을 닫은 후 지도를 다시 보려면 구글 맵스 애플리케이션 하단의 '저장됨' – '지도'로 이동해 원하는 지도명을 선택합니다.

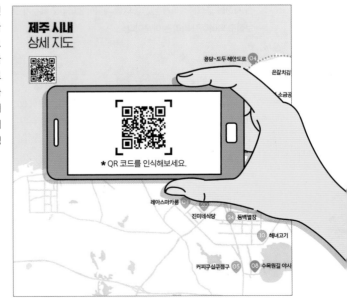

리얼 시리즈 100% 활용법

PART 1
여행지 개념 정보 파악하기

꼭 가봐야 할 명소부터 여행 시 알아두면 도움이 되는 정보를 소개합니다. 기초 정보부터 지금의 여행 트렌드까지, 제주를 미리 그려볼 수 있는 다양한 개념 정보를 수록하고 있습니다.

PART 2
계절별 제주 여행법 익히기

제주는 계절뿐만 아니라 매달 매력이 다른 곳입니다. 제주를 봄, 여름, 가을, 겨울로 나누어 계절별로 볼 수 있는 풍경과 놓칠 수 없는 별미를 소개합니다. 이어서 각 계절별 코스도 소개해 계절별로 극대화된 매력을 느낄 수 있도록 알려줍니다.

PART 3
테마별 여행 정보 살펴보기

제주를 가장 멋지게 여행하기 위한 테마를 소개합니다. 바다별 매력 포인트, 산책하기 좋은 바닷길, 물놀이하기 좋은 용천수, 이색 디저트, 반려견과의 여행 등 취향에 맞는 키워드를 찾아 내용을 확인하세요.

PART 4
지역별 정보 확인하기

제주를 제주시와 서귀포시로 나누고, 각 시를 다시 시내, 동부, 서부 세 개의 지역으로 나누어서 소개합니다. 구역별로 볼거리, 맛집, 카페, 쇼핑 상점 등 꼭 가봐야 하는 인기 명소부터 찐 로컬들이 가는 곳, 저자가 발굴해 낸 숨은 장소까지 다양한 제주의 모습을 알아보세요.

PART 5
한라산, 섬, 올레의 정보 확인하기

제주의 심장이라 할 수 있는 한라산, 우도, 가파도, 추자도 등 주변 섬으로의 여행, 도보 여행의 대명사 제주올레 등의 개념과 정보를 확인하세요.

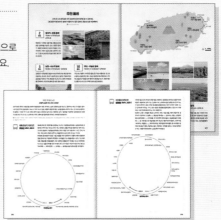

PART 6
실전 여행 준비하기

제주 입도 방법부터 시내 교통수단, 관광지 순환 버스, 여행에 도움을 주는 애플리케이션, 그리고 제주 전통 가옥을 개조한 독채 펜션부터 바다 전망의 호텔, 가성비 좋은 게스트하우스 등 제주의 매력만큼 다양한 숙소까지 순서대로 구성했습니다.

목차
CONTENTS

CONTENTS
목차

CONTENTS
목차

PART
01

한눈에 보는 제주

JEJU

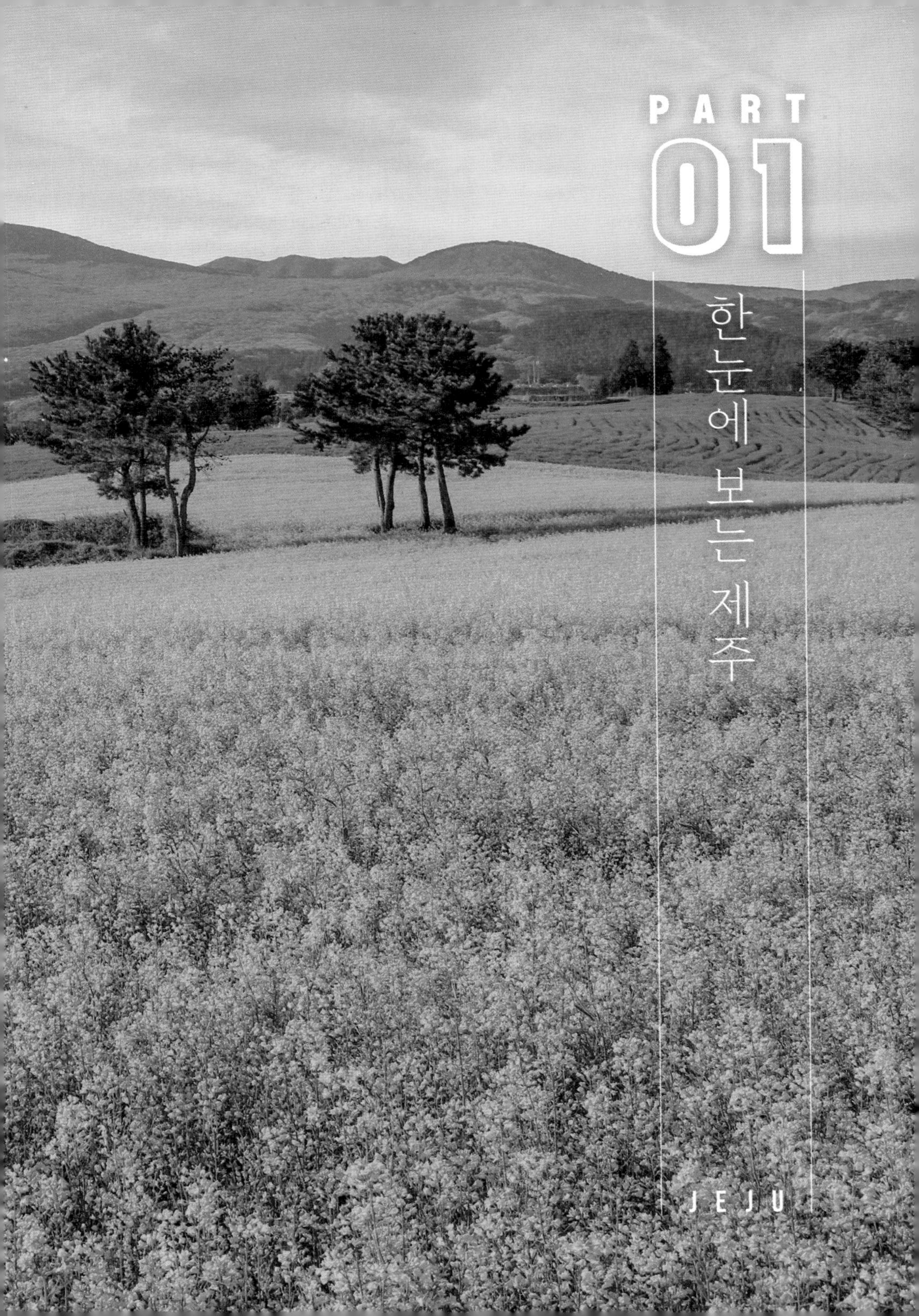

키워드로
보는
제주

화산섬

제주도는 화산섬으로 크게 한라산, 성산일출봉,
거문오름 용암동굴계 세 곳이 유네스코
세계 자연유산으로 지정되었다. 화산섬의 매력을
짙게 경험해보고 싶다면 지질 트레일,
곶자왈, 기생화산, 용천수 등을 눈여겨보자.

해녀

2016년에 유네스코 세계 문화유산으로 등재됐다. 전문 잠수
장비 없이 바다에서 해산물을 채취하며, 공동 채취와
공동 수입이 규칙이다. 점점 줄어드는 해녀 문화를
계승하기 위한 노력으로 한수풀 해녀학교를 운영한다.
누구나 참여할 수 있으며 체험과 전문 과정이 있다.
해녀를 직접 만나보고 싶다면 성산포 '해녀 물질 공연'과
극장식 레스토랑 '해녀의 부엌'을 추천한다.

* 한수풀 해녀학교 064-796-5521, 해녀 물질 공연 P.269, 해녀의 부엌 P.176

곶자왈

제주어인 곶(숲)과 자왈(돌)의 합성어로 나무와 넝쿨,
뿌리, 돌들이 엉켜 있는 제주 특유의 숲. 곶자왈에서
물과 공기가 통하는 돌 사이의 틈을 숨골이라고
부르는데 가까이 가면 솔솔 바람이 나온다. 숨골의
바람은 일 년 내내 13~17℃를 유지해 여름에는
시원하고 겨울에는 따뜻하게 느껴진다.

* 환상숲 곶자왈공원 P.133, 에코랜드 P.169,
  산양큰엉곶 P.129

돌담

돌투성이였던 제주도에서는 터전 마련과 경작을 위해
개간을 하고 남은 돌로 경계를 만들기 시작했다.
돌담은 구멍이 많아 바람이 많이 불어도 절대 쓰러지는
법이 없다. 집을 둘러싼 집담, 경작지를 나눈 밭담과
더불어 산소 주변으로 쌓은 산담, 조수 간만의
차를 이용해 고기를 잡던 해안가의 원담,
목장지의 말과 소들을 관리하기 위한 경계로 쌓은
잣성 등 돌담은 제주 곳곳에 있다.
전체 길이가 22,000km로 추정되는 제주 돌담은
2014년 '세계중요농업유산'으로 등재됐다.

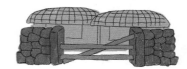

안거리, 밖거리, 정낭

제주 전통 돌집은 마당을 중심으로 안거리(안채),
밖거리(바깥채), 모커리(별채) 등으로 나뉜다.
안거리와 밖거리에 각각 방과 부엌이 있어
부모와 자식 세대가 독립적인 생활을 했다.
정낭이 대문을 대신한다. 양쪽에 구멍 3개가 뚫린
정주석이라는 돌에 긴 통나무 3개를 꽂아둔다.
재생 건축의 활약으로 카페나 펜션에서 제주의
옛 주거 문화를 어렴풋이나마 느껴볼 수 있다.

제주어

제주도에는 사투리가 아닌 제주어가 있다.
한국어와 별개의 언어로 규정된 이유는
의사소통이 어려워서다. 제주어에는 아래아를
비롯해 한글을 창제할 당시의 고대어가 아직
남아 있다. 말이 짧은 것도 특징이다. 안타깝게도
제주어는 점점 사라지고 있으며 유네스코는
제주어를 '사라지는 언어 4단계'로 분류했다.
다행히 2009년 발간된 〈제주어 사전〉이 꾸준히
보완되고 있으며 검색이 가능한 사전 프로그램도
개발 예정이다.

갈옷

제주도의 환경에 최적화된 전통 의복 갈옷!
풋감즙으로 천연 염색한 옷으로 제주 흙색과 비슷해
때도 덜 타고 옷감도 질겨 작업복으로 손색없다.
풀 먹인 옷처럼 땀에 젖어도 달라붙지 않고 건조도 빨라
여름에 특히 시원하다. 갈옷의 장점을 살려 옷 외에
앞치마, 가방, 이불 등 생활용품도 만들고 있다.

＊ 제주시 민속오일시장 P.100이나 디앤디파트먼트 제주 P.093
혹은 갈옷 브랜드 사이트 제주갈중이(www.jejumg.com),
몽생이(www.mongsengeeshop.co.kr)에서
구매할 수 있다.

괸당 문화

제주에는 괸당 문화가 있다. 일반적으로 제사를 함께
지내는 친척을 뜻하지만 학연, 지연 등에도
사용된다. 지리적인 영향부터 굴곡진 역사까지 서로
의지하고 지내며 자리 잡은 문화로 친목이나 사업, 선거 등
일상생활 전반에 꽤 깊이 뿌리내려 상당한 단결의
시너지가 발동한다. 하지만 괸당 테두리 밖에 있다면
다소 소외감을 느낄 수 있다.

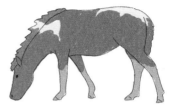

말

표선면 가시리에는 조선시대에 임금에게 진상하는
갑마(甲馬)를 기르던 국영 목장이 있었다.
갑마장길은 제주올레와 더불어 인기 있는 도보 여행
코스로 제주의 과거 목축 문화를 엿볼 수 있다.
식용으로 익숙지는 않지만 신선한 말고기도
맛볼 수 있다. 제주시에서는 2020년부터 말고기 품질의
고급화를 위해 '제주 말고기 판매 인증점' 제도를
시행하고 있다.

＊ 제주마방목지 P.169, 렛츠런팜, 조랑말체험공원

1만 8천여 신들의 섬

제주도엔 다양한 민간 신앙이 있다. 어부와 해녀들의
안녕을 기원하는 영등굿이 매년 열린다. 곳곳에 자리한
400여 개의 신당과 돌탑처럼 생긴 방사탑은 마을로
들어오는 액운을 막아주는 민간 신앙이다. 대한과 입춘
사이를 신구간(新舊間)이라고 하는데 '지상의 모든
신이 임무 교대를 위해 하늘로 올라간다'고 믿는다.
이사를 비롯한 집수리 등을 이때 몰아서 한다.

구역별로 보는 제주

제주 시내 P.086

공항과 버스 터미널이 있는 제주 여행의 관문으로
게스트하우스와 가성비 좋은 호텔도 꽤 많다.
2개의 야시장을 비롯해 이름난 맛집, 술집 등이
많아 밤 여행에 제격이다. 시내에서는 도시 재생 사업으로
새롭게 거듭난 원도심 여행을 추천한다.

제주시 서부 P.120

현무암 절벽과 맞닿은 시원한 애월 해안도로,
산책하기 좋은 한담 해안 산책로, 비양도를 품은
협재 해변까지 다채로운 풍경이 이어진다.
제주에서 여행객이 가장 많이 방문하는 지역으로
바다뿐만 아니라 오름, 테마 관광지, 카페, 맛집,
숙소 등이 포진해 있다.

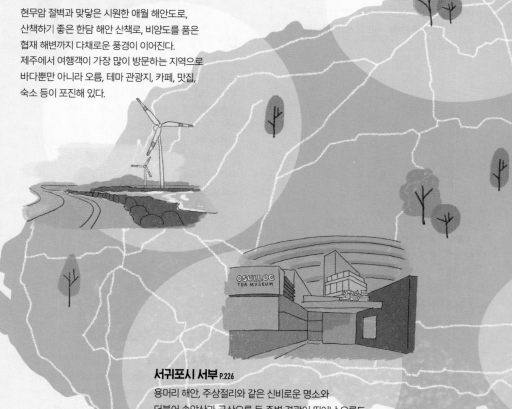

서귀포시 서부 P.226

용머리 해안, 주상절리와 같은 신비로운 명소와
더불어 송악산과 군산오름 등 주변 경관이 뛰어난 오름도
놓칠 수 없다. 제주에만 있는 숲인 곶자왈과 광활한
녹차밭은 사계절 방문지로 손색이 없다. 대한민국
최남단 섬 마라도, 봄날 청보리축제로 유명한 가파도
가는 배도 여기에서 뜬다.

제주시 동부 P.158

제주도 북동쪽은 함덕, 김녕, 월정, 평대, 세화,
하도까지 에메랄드빛 해변이 줄지어 이어진다.
더불어 휴양림과 곶자왈, 오름들까지 화산섬의
매력을 골고루 만끽할 수 있으며, 제주 서쪽에
비해 비교적 천천히 개발되어 본연의 시골 정취를
더 많이 느낄 수 있다.

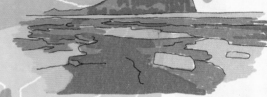

서귀포시 동부 P.262

노랗게 익은 감귤밭과 빨간 동백꽃, 초록색 이끼의
광치기 해변 등 겨울에 더욱 화사해지는 지역이다.
초심자라면 유네스코 세계 자연유산인
성산일출봉도 빼놓을 수 없다. 가장 먼저 봄소식을
알려주는 유채꽃 명소인 섭지코지와 녹산로가
이 지역에 있다.

서귀포 시내 P.198

해안 절벽과 야자수가 이국적이며 쇠소깍, 외돌개,
정방폭포, 천지연폭포 등 천혜의 자연 관광지가
밀집되어 있다. 문섬, 섶섬 등이 보이는 앞바다는
세계적인 연산호 군락지로 스쿠버 다이버들에게
인기가 좋다. 여러 작가가 영감을 얻어 명작을
배출한 예술의 도시이기도 하다.

한라산 P.298

제주도의 상징이자 대한민국에서 가장 높은 명산으로
탐방객이 줄을 잇는다. 힘들게 등반하지 않고 차로
해발 1,100고지까지 올라가 한라산을 즐길 수도 있다.

성산일출봉 P.269

바닷속에서 화산이 분출해 생성된 화산체다. 높이는 182m,
정상 분화구 안에는 풀밭이 펼쳐져 거대한 원형 경기장을
연상케 한다. 정상까지 걸어 올라가는 데 20분 정도 소요된다.

정방폭포 P.209

살아 있는 동양화를 꼽으라면 정방폭포가 아닐까? 폭포를 둘러싼
주상절리대 수직 절벽과 소나무 숲의 조화는 그림을 자연에 옮겨
놓은 듯하다. 많은 비가 내려 수량이 풍부해지면 더욱 장관이다.

초심자라면
여기는 꼭!

함덕 해수욕장 P.164

주변에 호텔, 카페, 맛집 등이 많이 들어서 사계절 내내
휴양지 분위기가 난다. 세상의 모든 파란색을 풀어놓은
듯한 바다가 펼쳐진다.

따라비오름 P.280

제주에는 350개가 넘는 오름이 있다. 비교적 오르기
쉬우면서도 오름의 특징과 곡선을 제대로 보여주는 곳이
따라비다. 억새가 흐드러지는 가을에 특히 볼 만하다.

용머리 해안 P.232

180만 년 전 수중 폭발이 형성한 화산재 퇴적암 절벽으로 긴 세월의 흔적이 켜켜이 각인되어 있다. 절경을 제대로 감상하려면 길이 600m의 해안을 따라 한 바퀴 걸으면서 봐야 한다.

주상절리

주상절리는 오육각형인 긴 기둥 형태의 절리로 용암이 분출하다 급격히 식을 때 만들어진다. 중문의 대포 주상절리 P.237가 대표적이며, 천제연폭포 P.237, 정방폭포 P.209 등에서도 볼 수 있다.

처음 제주 여행을 마치고 나면 "그곳에 가 봤니?"라는 질문에 꼭 포함되는 곳들이 있다. 주로 화산섬 제주의 특징을 잘 보여주면서 경관이 아름다운 장소들이다. 때로는 예전 수학여행 코스라고도 불리지만 그만큼 제주를 대표하는 명소임에는 분명하다.

협재 해수욕장 P.126

서부권의 대표적인 해수욕장으로 에메랄드빛 바다에 그림 같은 섬 비양도가 떠 있어 근사한 사진 배경이 되어준다.

비자림 P.175

대한민국 유일의 비자나무 숲. 수령 500~800년의 비자나무 3천여 그루가 군락을 이룬다. 단일 수종으로는 세계적으로 손꼽히는 규모. 상록수로 어느 계절에 방문해도 좋다.

환상숲 곶자왈공원 P.133

곶자왈은 제주만의 독특한 숲이다. 처음 방문한다면 환상숲을 추천한다. 매 시간 해설사가 동행해 설명해준다. 덩굴 하나까지도 그대로 보존하고 있어 원시적인 분위기가 물씬하다.

아는 만큼 보인다,
제주의 역사

제주도는 삼국시대부터 조선시대 초기까지 '탐라국'이라는 독립 국가였다. 고조선 단군 신화처럼 제주도 역시 탐라국의 건국 신화가 있다. 한반도와 외떨어진 만큼 독자적인 언어와 문화가 생겼고, 가장 험난한 유배지로 근대사의 마디마다 소용돌이에 큰 상흔을 입기도 했다. 그런 제주의 신화와 역사가 담긴 곳을 시대별로 돌아본다면 제주를 이해하는 데 도움이 될 것이다.

삼성혈 4천3백여 년 전, 탐라국의 시조 고씨, 부씨, 양씨 삼신인이 솟아났다는 지혈(地穴)이다. 사적지로 지정된 삼성혈은 〈동문선〉, 〈고려사〉, 〈영주지〉 등에 기록이 있다. 조선 중종 21년부터 성역화되어 여전히 신성시하고 보호하며 해마다 제를 지낸다. 춘제, 추제는 고, 부, 양의 후손들이 올린다. 겨울에 지내는 건시제는 제주도민제로 모셔 도지사와 덕망 있는 사회 지도층 인사가 술잔을 세 번 올리는 역할을 맡는다. 그만큼 성씨를 떠나 제주도에서 의미를 갖는 장소라 할 수 있다. 3월 말에서 4월 초에 삼성혈 내 수백 년 된 웅장한 왕벚나무에 만개한 벚꽃이 장관을 이룬다.

혼인지 삼성혈에서 용출한 '고, 부, 양' 세 신인이 동해 벽랑국의 세 공주를 맞아 혼례를 올렸다는 연못이다. 세 공주가 가지고 온 소, 말, 오곡의 씨앗으로 농사를 짓기 시작해 수렵생활에서 농경생활로 접어들었다는 이야기가 전해온다. 땅에서 솟은 삼신인의 이야기는 비록 신화지만 삼성혈은 사적지로 지정되었고, 그들이 영토를 나누기 위해 쏘아 올린 화살이 꽂혔다는 '삼사석' 역시 지방기념물이다. 여기에 삼신인이 혼례를 올렸다는 혼인지에는 신방을 차렸던 3개의 굴 '신방굴'까지 있어 신화가 마치 실제 있었던 일처럼 느껴진다. 혼인지의 마을 성산읍 온평리에서는 해마다 축제를 통해 삼신인의 이야기를 재현하고 있다. 수국이 풍성하게 피는 6월에 가볼 만하다.

항파두리 항몽 유적지 P.130~131 고려시대 삼별초가 여몽연합군에 최후까지 항전했던 유적지다. 항전 당시 쌓았던 총길이 6km의 토성 중 1km가 복원되어 있다. 또한 순의비, 순의문이 세워졌고 항몽 유적 기록화 7폭도 전시 중이다. 항파두리로 방문객의 발길을 유도해 항몽 유적지에 대한 관심을 높이려는 일환으로 계절 꽃밭을 조성하고 있다. 현재는 아름다운 꽃들 덕에 인생 사진 명소로 알려져 방문객이 늘었다.

제주목 관아　조선시대에는 제주도의 정치, 행정, 문화의 중심지였으나 일제 강점기에 경찰서 건물이 들어서면서 모두 사라졌다. 1993년에 국가사적으로 지정되면서 조선시대 문헌을 토대로 고증을 거쳐 1999년 9월에 복원 작업을 시작했다. 제주목 관아 안의 전각 중 꼭 돌아봐야 할 곳은 '망경루'다. 제주목 관아 전체를 내려다볼 수 있는 망경루 1층에는 '탐라순력도' 체험관이 마련되어 있다. 탐라순력도는 300여 년 전 제주의 모습을 고스란히 보여주고 제주목 관아의 복원에 큰 역할을 한 중요한 화첩이다.

추사 유배지(제주 추사관) P.241　추사 김정희가 9년 가까이 유배 생활을 하며 '세한도'와 '추사체'를 완성한 곳이다. 세 채의 초가가 당시 모습 그대로 복원된 유배 터는 당시 '귤중옥(귤나무 속에 있는 집)'이라 불렸다. 김정희는 유배지 주변에 가시 울타리를 만들고 그 밖으로는 나가지 못하게 한 형벌을 받았다. 유배지 담장은 여전히 가시가 잔뜩 난 탱자나무로 둘러싸여 당시 상황을 짐작케 한다. 유배지 입구의 '제주 추사관'에는 추사와 관련된 유물과 작품을 전시 중이다.

알뜨르 비행장　일제 강점기의 아픈 흔적이다. 알뜨르는 제주어로 '아래 들판'이라는 뜻이며, 이름처럼 너른 들판은 전투를 위한 일제의 비행장으로 사용됐다. 일제는 태평양 전쟁을 치르며 제주도민을 강제 동원해 10년에 걸쳐 20기의 격납고를 건설했다. 현재 19기는 원형 그대로 남아 있고 10기는 국가등록문화재로 관리 중이다. 격납고 외에 지하 벙커, 관제탑도 여전히 남아 있다. 인근의 섯알오름 일제 동굴진지, 고사포 진지, 송악산 해안 일제 동굴진지와 더불어 제주 다크 투어리즘의 성지로 손꼽힌다.

제주 4.3평화공원　제주 4.3 사건은 대한민국의 뼈아픈 현대사다. 1947년 3월 1일 경찰의 발포 사건을 기점으로 경찰, 시정의 탄압에 대한 항거와 단독선거, 단독정부 반대를 내세워 1948년 4월 3일 남로당 제주도당 무장대가 봉기했다. 이후 1954년 9월 21일까지 그들을 진압하는 과정에서 무고한 주민들이 토벌대에게 희생당한 사건이 제주 4.3이다. 당시 마을 전체가 사라지기도 하고 어린아이도 많이 희생됐다. 이때 억울하게 희생된 이들을 기억하고 추념하며, 화해와 상생의 미래를 열어가기 위해 세운 곳이 제주 4.3평화공원으로 제주 전역의 제주 4.3유적지를 아우르는 곳이다.

제주는
지금

제주는 오래도록 변화가 더딘
외딴 섬이었다. 하지만
지금은 대도시와 비교해도
큰 차이가 없을 정도다.
거기에 한때 급증했던 이주민과
지난 팬데믹의 영향으로 또 다른
물결을 타고 있다. 다행히
이런 변화 속에서도 제주의
정체성을 지키기 위한
노력은 과거보다 더 활발하다.

여행 트렌드의
변화

코로나19의 여파로 제주 여행의
패러다임도 많이 진화했다.
유명 관광지보다는 잘 알려지지
않은 포토 스폿과 원시 자연의
풍경을 찾고 캠핑, 친환경
액티비티 등 자연속에서 즐기는
소소하면서도 개인화된 여행으로
트렌드가 변화하고 있다.
제주의 식재료로 요리를 해보는
쿠킹 클래스, 그림이나 만들기
위주의 원데이 클래스 등도 인기다.

그때 그 시절 제주를
느낄 수 있는 재생 공간

오래된 것의 소중함이 사회 전반에
녹아들면서 제주 본연의 모습을
찾는 사람이 늘고 있다. 잊혀가던
원도심의 옛 자취를 되살리려는
노력과 더불어 새로 만든 장소보다는
오래된 건축물을 재활용해 만든
카페, 식당, 숙소 등이 더욱
각광받고 있다. 덕분에 제주 여행
내내 제주의 옛 정취를 느껴볼 수
있는 곳이 많아졌다.

퓨전을 입은
로컬 푸드

로컬 푸드도 변화의 바람을 타고
있다. 한치카츠, 성게파스타,
흑돼지오겹말이, 돌문어장비빔밥
등의 퓨전 요리가 새로운 맛을
찾는 여행객들에게 각광받고 있다.
흑돼지, 전복, 성게, 톳, 고등어,
한치, 돌문어, 딱새우 등 재료별로
쏟아져 나오는 신메뉴가 너무 많아
나열하기 어려울 정도다. 전통
음식을 모두 맛봤다면 퓨전을 입은
기발한 로컬 요리도 도전해보자.

제주에
살아보기

제주 한 달 살기 붐에 이어 도민으로
살아보기는 여전히 현재진행형이다.
학습, 업무, 쇼핑 등 다양한
분야에서 비대면 커뮤니케이션이
일상에 자연스럽게 녹아든 것도
한몫했다. 일 년씩 노후를 보내고자
하는 사람들, 바다나 산이 보이는
곳에서 디지털 노마드를 실현하고 있는
사람들, 일주일 정도 아무것도 하지
않는 쉼을 위한 여행까지 다양하다.

발리, 하와이보다
많은 관광객 수

제주도에 여자, 돌, 바람이 많아
삼다도라고 불렸던 건 옛말이
되어버렸다. 인구 유입이 늘면서
2007년 이후로 남성 인구가
더 많으며, 연간 관광객 수도
하와이나 발리보다 많다. 그렇다
보니 자연스럽게 수반되는 쓰레기나
환경 문제는 풀어야 할 숙제다.

PART

02

계절별 제주 여행법

JEJU

제주 월별 여행
한눈에 보기

	월별 축제	제철 인기 메뉴	시즌 포토 스폿	계절별 꽃					
				동백	매화	벚꽃	유채꽃	청보리	메밀꽃
1월	· 성산 일출축제 · 서귀포 펭귄 수영대회	· 방어회 · 구좌당근주스	· 카멜리아힐(동백) · 동백포레스트 · 위미 동백마을 · 광치기 해변 인근(유채)	●			●		
2월	· 휴애리 매화축제	· 구좌당근주스	· 카멜리아힐(동백) · 동백포레스트 · 위미 동백마을 · 노리매공원(매화) · 걸매생태공원(매화) · 휴애리 자연생활공원(매화)	●	●				
3월	· 제주 들불축제 · 제주 왕벚꽃축제 · 상효원 튤립축제	· 추자도삼치회	· 제주대학교(벚꽃) · 장전리(벚꽃) · 전농로(벚꽃) · 중문동(벚꽃) · 산방산(유채꽃)			●	●		
4월	· 가파도 청보리축제 · 우도 뿔소라축제 · 제주 유채꽃축제 · 한라산 청정고사리축제	· 멜조림 · 멜튀김 · 뿔소라회	· 에코랜드 · 제주조랑말체험공원(유채꽃) · 산방산(유채꽃)				●		
5월	· 보목 자리돔축제 · 사려니 숲 에코힐링체험 · 보롬왓축제	· 자리물회 · 멜조림 · 멜튀김	· 에코랜드 · 보롬왓(보라유채꽃)						●
6월	· 곶자왈 반딧불이축제 · 허브동산 수국축제 · 제주 오픈 국제 서핑대회 · 제주 메밀축제 · 카멜리아힐 수국축제	· 성게비빔밥 · 멜조림 · 멜튀김 · 자리물회 · 애플망고빙수	· 카멜리아힐 · 혼인지(수국) · 답다니 수국밭 · 김경숙해바라기농장 · 항파두리 항몽 유적지(해바라기)						●
7월	· 스테핑스톤 페스티벌 · 한여름밤의 예술축제 (탑동)	· 성게비빔밥 · 각재기국 · 한치회	· 사려니 숲길(산수국) · 카페글렌코(유럽수국) · 김경숙해바라기농장						
8월	· 표선 해변 하얀모래축제 · 이호테우축제 · 쇠소깍축제 · 산짓물공원 콘서트	· 한치회 · 각재기국 · 갈칫국	· 카페글렌코(유럽수국) · 마노르블랑(유럽수국) · 송당동화마을(유럽수국)						
9월	· 오라 메밀꽃축제 · 추자도 참굴비대축제 · 제주 해녀축제	· 갈칫국 · 고등어회	· 보롬왓(메밀밭) · 제주허브동산(핑크뮬리)						●
10월	· 제주 광어대축제 · 탐라문화제 · 제주마축제 · 제주올레걷기축제	· 우도땅콩 · 고등어회 · 갈치회	· 보롬왓(메밀밭) · 항파두리 항몽 유적지(코스모스) · 카페글렌코(핑크뮬리) · 새별오름(억새)						●
11월	· 최남단 모슬포 방어축제 · 제주감귤박람회	· 방어회 · 꿩 요리	· 산굼부리(억새) · 휴애리 자연생활공원(동백) · 마노르블랑(핑크뮬리)	●					
12월	· 휴애리 동백축제 (11월 중순~1월 말)	· 방어회 · 옥돔국 · 꿩 요리	· 카멜리아힐 · 동백포레스트	●					

제주는 계절뿐만 아니라 달마다 그 매력이 다르다. 제주 여행을 계획하기 전 참고하면 좋을 축제, 제철 메뉴, 각 계절에 절정인 꽃, 한라산 스폿 등을 한눈에 들어오게 담았다. 책 마지막의 부록 지도 뒷면에도 수록했으니 휴대하며 편리하게 이용하자.

수국	해바라기	유럽수국	코스모스	핑크뮬리	억새	단풍	한라산	추천 오름	주변 섬 여행	감귤류
							• 사라오름(눈꽃) • 윗세오름	• 물영아리오름		• 천혜향
								• 송악산		• 레드향 • 한라봉
								• 지미봉 • 사라봉 • 별도봉	• 우도	• 한라봉
							• 윗세오름 (진달래)	• 지미봉 • 안돌오름 • 말미오름	• 우도 • 가파도	
								• 다랑쉬오름 • 아부오름	• 가파도	
							• 윗세오름 (산철쭉)	• 영주산 • 아부오름 • 금오름	• 가파도	
								• 군산오름	• 우도	
									• 우도	
								• 아부오름 • 영주산	• 추자도	• 하우스 감귤
								• 정물오름 • 동검은오름 • 새별오름	• 마라도 • 비양도 • 차귀도	• 황금향
								• 지미봉 • 따라비오름 • 대록산 • 아끈다랑쉬오름	• 마라도 • 비양도	• 노지감귤
							• 사라오름(눈꽃) • 윗세오름			• 노지감귤

제주 봄 여행
여기는 꼭!

제주의 봄은 일 년 중 가장 화사한 계절이다. 우리나라에서 가장 먼저 봄이 찾아와
유채꽃이나 청보리의 장관은 한 달 넘게 볼 수 있지만
벚꽃의 하이라이트는 약 일주일밖에 안 되니 일정을 잘 맞춰야 한다.

1 벚꽃 풍경

제주도는 왕벚나무 자생지로 이른 봄 하얗게 흐드러지
는 벚꽃 풍경을 놓칠 수 없다.

👍 녹산로 P.272, 제주대학교, 전농로, 사라봉, 장전리

2 유채꽃축제

늦겨울부터 초여름까지 볼 수 있는 제주 대표 꽃. 가시
리에서는 매년 4월 유채꽃축제가 펼쳐진다.

👍 녹산로 조랑말체험공원 P.272, 산방산 P.233, 광치기 해변
P.268, 섭지코지 P.270, 우도 P.306, 엉덩물계곡 P.236

3 녹차밭

서귀포 녹차밭은 사계절 푸른 광활함을 자랑하지만 특
히 봄에는 새순의 연둣빛이 싱그러움을 더한다.

👍 오설록 티 뮤지엄 P.240, 도순다원, 오늘은 녹차한잔 P.278

4 가파도 청보리축제 P.310

가파도는 매년 4월 즈음이면 봄바람에 청보리가 물결
친다. 일단 가보면 '우리나라에 이런 곳이!' 하고 감탄이
절로 나온다.

5 지미봉 P.174

정상에서 보이는 우도와 성산일출봉 풍경은 언제 가도
좋지만 봄에 가면 종달리와 하도리의 유채꽃밭까지 더
욱 다채로운 풍경을 즐길 수 있다.

 봄에 놓칠 수 없는 별미

· 자리돔 👍 부두식당 P.255 · 멜조림 👍 앞뱅디식당 P.112
· 뿔소라 👍 놀멍걸으멍쉬멍 P.222

봄 여행 코스
3~5월

3~4월 코스

1일 차 · 애월 해안도로 · 함덕 해수욕장&서우봉 둘레길 · 4일 차 · 빛의 벙커 · 은미네식당 · 3일 차 · 명리동식당 · 제주곶자왈도립공원 · 천짓골식당 · 쇠소깍 · 2일 차 · 0 5.5km

---

1일 차

- 애월 해안도로 P.128
  - 🚗 10분
- 애월 어촌계회센타에서 점심 식사 P.152
  - 👍 생선조림
  - 🚗 4분
- 한담 해안 산책로 P.132
  - 🚗 15분
- 협재·금능 해수욕장 P.126
  - 🚗 12분
- 신창 풍차 해안도로 P.128
  - 🚗 17분
- 명리동식당에서 저녁 식사 P.151
  - 👍 자투리 고기

2일 차

- 제주곶자왈도립공원 P.241
  - 🚗 7분
- 오설록 티 뮤지엄 P.240
  - 🚗 15분
- 산방식당에서 점심 식사 P.253
  - 👍 밀면
  - 🚗 24분
- 엉덩물계곡 P.236
  - 👍 유채꽃밭
  - 🚗 3분
- 대포 주상절리 P.237
  - 🚗 19분
- 외돌개 P.205
  - 🚗 7분
- 천짓골식당에서 저녁 식사 P.218
  - 👍 돔베고기

3일 차

- 쇠소깍 P.204
  - 🚗 12분
- 큰엉 해안 경승지 P.281
  - 🚗 19분
- 가시식당에서 점심 식사 P.292
  - 👍 두루치기, 순대국밥
  - 🚗 8분
- 제주허브동산 P.276
  - 👍 3월 설유화, 4월 꽃잔디
  - 🚗 13분
- 김영갑 갤러리 두모악 P.275
  - 🚗 9분
- 은미네식당에서 저녁 식사 P.289
  - 👍 돌문어볶음

4일 차

- 빛의 벙커 P.275
  - 🚗 7분
- 가시아방국수에서 점심 식사 P.286
  - 👍 고기국수
  - 🚗 2분
- 섭지코지 P.270
  - 🚗 23분
- 세화 해수욕장 P.171
  - 🚗 24분
- 함덕 해수욕장&서우봉 둘레길 P.164

☕ **이 계절엔 여기**
- 3월 말~4월 초 녹산로: 유채꽃&벚꽃길
- 4월 가파도: 청보리축제, 보롬왓: 튤립, 유채꽃, 우도: 유채꽃, 청보리

☕ **저자 추천 카페&상점**
- ☕ 창고96 P.285, 담소요 P.283, 글로시말차 P.186
- 🛍 제스토리 P.223, 제주별책부록 P.224, 혜리스마스 P.197, 라바북스 P.295

3월이 되기 전부터 꽃을 피운 매화, 겨울 유채꽃, 수선화 등을 볼 수 있지만 3월은 꽤 쌀쌀한 날이 많다. 부피가 작고 가벼운 경량 패딩을 챙기면 좋다. 4월 초~중순까지 벚꽃과 유채꽃이 절정을 이루고 가파도의 청보리는 4월 중순 이후부터 볼 만하다. 5월은 연둣빛 녹음이 예쁜 계절이다. 녹차밭 사이를 거닐거나 숲길을 산책하거나 오름에 오르기 좋다. 또한 양귀비꽃, 참꽃, 봄수국, 장미꽃, 보라유채꽃 등 화려한 색깔의 꽃이 핀다.

5월 코스

월정리갈비밥

4일 차

항파두리
항몽 유적지   아침미소목장   에코랜드

1일 차   3일 차

보롬왓

서광춘희   카멜리아힐

네거리식당

2일 차

0   5.5km

1일 차

- 항파두리 항몽 유적지 P.130
  👍 양귀비 꽃밭

  🚗 6분

- 돈카츠 서황에서
  점심 식사 P.146
  👍 돈가츠

  🚗 10분

- 새별오름 P.135

  🚗 5분

- 성이시돌목장 테쉬폰&
  새별오름 나 홀로 나무
  P.134

  🚗 10분

- 서광춘희에서
  저녁 식사 P.253
  👍 비양도 성게비빔밥

2일 차

- 카멜리아힐 P.238

  🚗 15분

- 예래미반 P.256
  👍 딱새우장정식

  🚗 9분

- 군산오름 P.239

  🚗 34분

- 외돌개 P.205

  🚗 5분

- 서귀포 잠수함 P.213

  🚗 2분

- 천지연폭포 P.210
  👍 야간 관람 가능

  🚗 7분

- 네거리식당에서
  저녁 식사 P.220
  👍 갈칫국

3일 차

- 보롬왓 P.274
  👍 보라 유채꽃

  🚗 10분

- 스누피 가든 P.179

  🚗 5분

- 으뜨미에서 점심 식사 P.188
  👍 우럭튀김

  🚗 10분

- 용눈이오름 P.177

  🚗 20분

- 월정리 해변 P.167

  🚗 1분

- 월정리갈비밥에서
  저녁 식사 P.191
  👍 갈비밥

4일 차

- 에코랜드 P.169

  🚗 5분

- 교래안다미로식당에서
  점심 식사 P.190
  👍 토종닭 샤부샤부

  🚗 8분

- 절물 자연휴양림 P.166

  🚗 16분

- 아침미소목장 P.096

TIP 저자 추천 카페&상점

☕ 허니문 하우스 P.217, 쉬어갓 P.284, 이에르바 P.180, 풀베개 P.248

🛒 효은디저트 산방산카페점 P.259, 팰롱팰롱빛나는 P.197, 달리센트 P.195

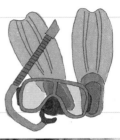

제주 여름 여행
여기는 꼭!

1

제주의 여름은 수국으로 시작해 바다에서 절정을 이룬다.
6월 중순부터 제주 곳곳은 파스텔 톤 수국으로 물든다. 수국이 만개할 무렵이면
본격적인 여름으로 들어서고 에메랄드빛 제주 바다는 더욱 빛을 발한다.

1 수국 배경으로 인생 사진

6월 중순부터 7월 초 사이 만개. 꽃송이 하나하나가 크고 아름다워 사진 배경으로 인기다. 제주 전역에 수국 명소가 조성되어 있다.

👍 카멜리아힐 P.238, 휴애리 자연생활공원 P.277, 안덕면사무소 앞, 한림공원 P.133, 해맞이 해안로(종달리) P.173, 마노르블랑

2 해바라기 명소

해바라기는 10여 년 전까지만 해도 제주에서는 보기 어려웠기 때문에 도민에게도 해바라기 명소는 인기가 높다.

👍 6월: 항파두리 항몽 유적지 P.130, 7월: 김경숙해바라기

3 다양한 해수욕장

제주 해수욕장은 수심이 낮은 곳도 많아 아이들과 물놀이하기에 제격이다. 저렴하거나 무료인 캠핑장도 대부분 갖추고 있다.

👍 협재-금능 해수욕장 P.126, 곽지 해수욕장 P.129, 함덕 해수욕장 P.164, 김녕 해수욕장 P.167

4 반딧불이 투어

운문산 반딧불이의 활동 기간은 6월 중순부터 8월까지다. 이때 반딧불이 최대 서식지인 청수 곶자왈에서 반딧불이 투어를 진행한다.

👍 청수리 웃뜨르 빛 센터, 산양큰엉곶 P.129

5 한라산 윗세오름 철쭉

6월 중순 한라산 윗세오름 일대는 철쭉으로 진분홍빛 바다가 된다. 영실 코스 P.301를 추천한다.

여름에 놓칠 수 없는 별미

· 한치회 👍 명물 P.107, 애월 어촌계회센타 P.152
· 각재기국 👍 앞뱅디식당 P.112, 돌하르방식당(일도2동)
· 성게비빔밥 👍 도두해녀의 집 P.107

여름 여행 코스
6~8월

6월 코스

도두해녀의 집 · 동문시장 · 4일 차 · 1일 차 · 은미네식당 · 섭지코지 · 3일 차 · 산양큰엉곶 · 본태박물관 · 휴애리 자연생활공원 · 한치 배낚시(하효항) · 2일 차

0 5.5km

1일 차

· 도두해녀의 집에서
  점심 식사 P.107
  👍 성게비빔밥

🚗 20분

· 항파두리 항몽 유적지 P.130
  👍 해바라기

🚗 15분

· 애월 해안도로 P.128

🚗 20분

· 협재·금능 해수욕장 P.126

🚗 2분

· 협재온다정에서 저녁 식사 P.149
  👍 흑돼지 맑은 곰탕

🚗 20분

· 산양큰엉곶 또는
  청수리 웃뜨르 빛 센터
  반딧불이 축제 P.129

2일 차

· 본태박물관 P.243

🚗 1분

· 방주교회 P.243

🚗 15분

· 고집돌우럭에서 점심 식사 P.256
  👍 우럭조림

· 대포 주상절리 P.237

🚗 6분

· 왈종미술관 P.209

🚗 25분

· 제주부싯돌에서 저녁 식사 P.219
  👍 보말칼국수

🚗 12분

· 한치 배낚시 P.213
  👍 하효항

3일 차

· 휴애리 자연생활공원 P.277
  👍 수국

🚗 25분

· 옛날팥죽에서
  점심 식사 P.288
  👍 팥죽, 시락국

🚗 7분

· 보롬왓 P.274
  👍 메밀꽃

🚗 8분

· 오늘은 녹차한잔 P.278
  👍 녹차밭&동굴 인생 사진
  촬영지

🚗 15분

· 제주허브동산 P.276
  👍 야간 관람

🚗 17분

· 은미네식당에서
  저녁 식사 P.289
  👍 돌문어볶음, 성게칼국수

4일 차

· 섭지코지 P.270

🚗 12분

· 성산일출봉 P.269

🚗 6분

· 부촌에서 점심 식사 P.288
  👍 갈치조림정식

🚗 35분

· 제주 돌문화공원 P.168

🚗 30분

· 동문시장 P.098

TIP 저자 추천 카페&상점

☕ 모뉴에트 P.185, 쉬어갓 P.284, 인스밀 P.246, 명월국민학교 P.145

🛍 우무 P.154, 제주멜튼 P.156, 수풀 P.157, 제주풀무질 P.195

6월에는 제주 곳곳에서 아름다운 수국길과 군락을 만날 수 있다. 타 지역에서는 가을에 피는 메밀꽃이 제주에서는 6월에도 만개한다. 해바라기, 선인장, 한라산 영실 코스 철쭉, 반딧불이도 6월의 볼거리다. 여름에 즐기는 다수의 해양 액티비티는 준비와 체험에 시간이 들어 반나절 정도가 소요된다. 아래 코스에서 서핑, 패들보드 등의 체험을 포함해서 나만의 여름 일정을 짜보자. 7월에는 산수국과 해바라기, 8월에는 유럽수국을 볼 수 있다.

7~8월 코스

1일 차

- 김택화미술관 P.178
  👍 2분
- 버드나무집에서 점심 식사 P.189
  👍 해물칼국수
  🚗 2분
- 함덕 해수욕장 P.164
  👍 물놀이
  🚗 21분
- 행원육상양식단지 앞 바다 일몰 P.173
  🚗 11분
- 연미정에서 저녁 식사 P.192
  👍 전복돌솥밥

2일 차

- 우도 P.306
  🚗 20분, 🚢 9분
- 해녀밥상에서 점심 식사 P.288
  👍 해산물 한상
  🚗 40분
- 에코랜드 P.169
  🚗 7분
- 사려니 숲길 삼나무 숲 P.172
  👍 7월 산수국
  🚗 25분
- 공새미솟뚜껑에서 저녁 식사 P.292
  👍 흑돼지오겹살

3일 차

- 볼래낭개 호핑 투어 P.213
  👍 보목포구
  🚗 7분
- 솔동산 고기국수에서 점식 식사 P.221
  👍 고기국수
  🚗 5분
- 정방폭포 P.209
  🚗 6분
- 서귀포 매일올레시장 P.208
  🚗 8분
- 새섬&새연교 P.210
  🚗 7분
- 제주부싯돌에서 저녁 식사 P.219
  👍 보말칼국수

4일 차

- 형제 해안도로 P.235
  🚗 5분
- 용머리 해안 P.232
  🚗 10분
- 하르방밀면에서 점심 식사 P.254
  👍 제주메밀면, 보말칼국수
  🚗 20분
- 성이시돌목장 테쉬폰& 나 홀로 나무 P.134
  🚗 11분
- 9.81파크 P.137

TIP 저자 추천 카페&상점

☕ 클랭블루 P.145, 카페글렌코(*유럽수국) P.181, 우유부단 P.145, 원앤온리 P.251

🛍 제스토리 P.223, 헤리스마스 P.197, 남남제주 P.194, 효은디저트 산방산카페점 P.259

제주 가을 여행
여기는 꼭!

일 년 중 제주도가 가장 낭만적으로 변하는 계절은 바로 가을이다. 유채꽃만큼이나 유명한 억새가 곳곳에서 춤을 춘다. 올레를 걷기에도, 오름을 오르기에도 최고의 계절이다. 눈이 내려앉은 듯 하얀 메밀꽃도 봄에 이어 한 번 더 만개해 가을을 대표한다고 할 수 있다.

1 핑크뮬리

파스텔화처럼 몽환적으로 피어오르는 핑크뮬리! 억새보다 조금 더 일찍 가을을 알린다.

👍 카페글렌코 P.181, 휴애리 자연생활공원 P.277, 제주허브동산 P.276

2 억새 명소

10월 중순부터 가을 내내 온 제주를 뒤덮어 운전 중에도 쉽게 볼 수 있지만, 무르익은 제주를 제대로 느끼려면 억새 명소를 꼭 찾아가 보자.

👍 산굼부리 P.170, 유채꽃프라자 P.272, 닭머르 P.054, 마라도 P.312, 비양도 P.309, 차귀도 P.313

3 메밀밭

소보록한 눈밭을 연상시키는 메밀꽃밭. 오라동은 매년 메밀꽃축제가 펼쳐지는 곳으로 하얀 언덕 아래로 바다까지 내려다보여 가슴이 탁 트이는 장관을 만날 수 있다.

👍 오라동 메밀밭, 보롬왓 P.274

4 코스모스밭

제주 곳곳에서 볼 수 있지만 관광객들을 위해 조성한 코스모스밭이 몇 곳 있다. 만개 시기가 조금씩 다르니 미리 확인하는 것이 좋다.

👍 항파두리 항몽 유적지 P.130, 신화역사공원, 서부농업기술센터

5 단풍

단풍이 귀한 제주에선 단풍 피크 시기에는 명소가 모여 있는 한라산 중턱으로 인파가 몰린다.

👍 용진각계곡/천아계곡/어리목교/천왕사 P.303

 가을에 놓칠 수 없는 별미

· 갈칫국 👍 네거리식당 P.220
· 꿩 요리 👍 돈물국수 P.112
· 우도 땅콩 👍 동문시장 P.098, 서귀포 매일올레시장 P.208

가을 여행 코스
9~11월

9월 코스

애월 해안도로
절물 자연휴양림
1일 차
머체왓 숲길
제주판타스틱버거
4일 차
산양큰엉곶
숙성도
2일 차
야생 돌고래 투어(동일리포구)
부두식당
3일 차

0 5.5km

1일 차

- 절물 자연휴양림 P.166

  🚗 7분

- 교래안다미로식당에서 점심 식사 P.190

  👍 토종닭 샤부샤부

  🚗 3분

- 산굼부리 P.170

  🚗 25분

- 제주민속촌 P.278

  🚗 13분

- 제주판타스틱버거에서 저녁 식사 P.290

  👍 수제버거

2일 차

- 머체왓 숲길 P.274

  🚗 30분

- 서귀포 매일올레시장에서 주전부리 P.208

  🚗 5분

- 천지연폭포 P.210

  🚗 2분

- 새섬&새연교 P.210

  👍 일몰 및 야경

  🚗 30분

- 숙성도에서 저녁 식사 P.257

  👍 제주흑돼지

3일 차

- 야생 돌고래 투어 (동일리포구) P.244

  🚗 3분

- 하르방밀면에서 점심 식사 P.254

  👍 밀면, 보말칼국수

  🚗 10분

- 송악산 둘레길 P.234

  🚗 2분

- 형제 해안도로 P.235

  🚗 5분

- 용머리 해안 P.232

  🚗 12분

- 부두식당에서 저녁 식사 P.255

  👍 생선조림

4일 차

- 산양큰엉곶 P.129

  🚗 6분

- 오설록 티 뮤지엄 P.240

  🚗 18분

- 협재온다정에서 점심 식사 P.149

  👍 흑돼지맑은곰탕, 고기만두

  🚗 2분

- 금능·협재해수욕장 P.126

  🚗 22분

- 애월 해안도로 (고내포구 검색) P.128

TIP 저자 추천 카페&상점

☕ 허니문 하우스 P.217, 이에르바 P.180, 5L2F P.183, 새빌 P.140

🛍 제주멜톤 P.156, 아트살롱 제주 P.259, 어떤바람 P.260, 효은디저트 산방산카페점 P.259

TIP 억새를 즐길 수 있는 오름 추천

새별오름 P.135, 따라비오름 P.280, 아끈다랑쉬오름 P.177, 정물오름 P.134

9월 초순은 여름, 하순은 가을에 가깝다. 태양의 열기가 조금 사그라지고 가을을 준비하는 나무의 녹음이 옅어져 숲이 시원하다. 또한 바다 수온이 따뜻해 스쿠버 다이빙을 즐기기에 최적이다. 10월은 억새, 핑크뮬리, 메밀꽃이 대표한다. 하늘은 맑고 날씨가 선선해 오름 오르기에도 그만이다. 11월은 동부권 오름에 올라 당근밭의 초록과 바다의 푸르름을 만끽하기 좋은 시기다. 11월 하순이 되면 겨울 꽃인 애기동백이 개화하고 감귤 따기 체험을 할 수 있다.

10~11월 코스

연미정
4일 차
토토 아뜰리에
1일 차
스누피 가든
제주마방목지
비오토피아
수풍석 뮤지엄
3일 차
휴애리 자연생활공원
춘심이네
2일 차
공새미솥뚜껑

0 5.5km

1일 차

- 토토 아뜰리에에서 체험과 점심을 함께! P.137

  🚗 5분

- 항파두리 항몽 유적지 P.130
  👍 단풍 숲

  🚗 12분

- 9.81파크 P.137

  🚗 4분

- 새별오름 P.135
  👍 억새

  🚗 13분

- 춘심이네에서 저녁 식사 P.255
  👍 통갈치구이

🅣🅘🅟 **저자 추천 카페&상점**

🍮 새빌 P.140, 테라로사 P.215, 카페 더 콘테나 P.182, 친봉산장 P.216

👜 달리센트 P.195, 제스토리 P.223

2일 차

- 비오토피아 수풍석 뮤지엄 P.242

  🚗 15분

- 천제연폭포 P.237

  🚗 20분

- 관촌밀면에서 점심 식사 P.218
  👍 밀면, 만두

  🚗 3분

- 기당미술관 P.211

  🚗 5분

- 서귀포 매일올레시장 P.208

  🚗 12분

- 쇠소깍 P.204

  🚗 10분

- 공새미솥뚜껑에서 저녁 식사 P.292
  👍 흑돼지오겹살

3일 차

- 휴애리 자연생활공원 P.277

  🚗 25분

- 옛날팥죽에서 점심 식사 P.288
  👍 팥죽, 팥칼국수

  🚗 2분

- 오늘은 녹차한잔 P.278
  👍 녹차밭&동굴 인생 사진 촬영지

  🚗 35분

- 지미봉 P.174

  🚗 10분

- 세화 해수욕장 P.171

  🚗 2분

- 연미정에서 저녁 식사 P.192
  👍 전복돌솥밥

4일 차

- 스누피 가든 P.179

  🚗 15분

- 낭뜰에쉼팡에서 점심 식사 P.192
  👍 쌈채정식

  🚗 5분

- 에코랜드 P.169

  🚗 15분

- 제주마방목지 P.169

🅣🅘🅟 **이 계절엔 여기**

- **10월** 보롬왓(메밀꽃), 제주허브동산(핑크뮬리)
- **11월 중순부터** 휴애리 자연생활공원, 동백포레스트, 카멜리아힐(애기동백)

제주 겨울 여행
여기는 꼭!

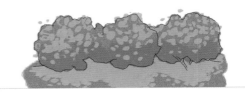

1

겨울에 제주를 찾는 이유는 제주 겨울 특유의 풍경과 분위기를 직접 마주하기 위함일 테다.
11월 중순부터 1월까지 애기동백, 노란 감귤, 설경 그리고 겨울의 끝자락 2월에
피어나는 수선화와 매화, 추워도 변치 않는 푸른 숲 곶자왈이 제주의 겨울과 함께한다.

1 동백꽃

제주의 겨울은 섬을 붉게 물들이는 애기동백과 함께 시작된다. 11월 중순부터 피고 지기를 반복해 1월 말까지 꽃을 보여준다. 섬 전역에 동백 군락이 조성되어 있다.

👍 동백포레스트 P.276, 휴애리 자연생활공원 P.277, 카멜리아힐 P.238

2 한라산 눈꽃 산행 P.298

눈꽃 산행은 역시 겨우내 눈이 쌓이는 한라산이 제격. 폭설이 내린 후 도로의 제설 작업이 끝나면 해발 1,100m 고지까지 차로 가보자. 등산을 하지 않고도 눈꽃을 즐길 수 있다.

3 감귤 따기 체험

모든 생명이 쉼을 청하는 겨울에 싱그러운 노란 감귤과 초록 잎을 보여줘 경이롭기까지 하다. 11~1월 중순까지 감귤 따기 체험이 가능하다.

👍 휴애리 자연생활공원 P.277, 제주에인감귤밭 P.214, 아날로그 감귤밭

4 매화

매화는 빠르면 2월 중후반, 늦으면 3월 초에 만개한다. 추울 때 피는 꽃이 향기가 좋다. 새해 가장 일찍 피는 수선화 못지않게 매화 향도 그윽하다.

👍 휴애리 자연생활공원 P.277, 노리매

5 광치기 해변

바닷 바람은 차갑지만 겨울의 광치기 해변은 일 년 중 가장 푸르고 황홀한 장관을 연출한다. 꼭 썰물 시간에 맞춰갈 것!

👍 광치기 해변 P.268

 겨울에 놓칠 수 없는 별미

· 옥돔국 👍 표선어촌식당 P.291 · 방어회 👍 부두식당 P.255
· 구좌당근주스 👍 볼스카페 P.250, 허니문 하우스 P.217

겨울 여행 코스
12~2월

12~1월 코스

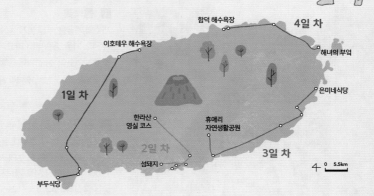

1일 차

- 이호테우 해수욕장 P.095
  👍 말 등대
  🚗 12분
- 신의 한모에서
  점심 식사 P.147
  👍 두부 요리
  🚗 40분
- 제주곶자왈도립공원 P.241
  🚗 16분
- 산방산 인근 유채꽃밭 P.233
  🚗 2분
- 형제 해안도로 P.235
  🚗 10분
- 부두식당에서 저녁 식사 P.255
  👍 방어회

2일 차

- 한라산 영실 코스 P.301
  👍 설경
  🚗 30분
- 오가네전복설렁탕에서
  점심 식사 P.221
  🚗 12분
- 외돌개 P.205
  🚗 3분
- 기당미술관 P.211
  🚗 6분
- 서귀포 매일올레시장 P.208
  🚗 12분
- 섬돼지에서 저녁 식사 P.219
  👍 돼지고기

3일 차

- 휴애리 자연생활공원 P.277
  👍 동백
  🚗 7분
- 공천포 식당에서
  점심 식사 P.292
  👍 물회
  🚗 25분
- 제주허브동산 P.276
  🚗 9분
- 신천목장
  👍 감귤 껍질 말리는 풍경
  🚗 5분
- 김영갑 갤러리 두모악 P.275
  🚗 10분
- 은미네식당에서
  저녁 식사 P.289
  👍 돌문어볶음

4일 차

- 해녀의 부엌에서 공연
  관람 겸 점심 식사 P.176
  🚗 22분
- 월정리 해변 P.167
  🚗 15분
- 〈걸어가는 늑대들〉,
  전이수 갤러리 P.179
  🚗 2분
- 함덕 해수욕장 P.164

TIP **저자 추천 카페&상점**

☕ 이끼숲소길 P.141, 제주에인감귤밭 P.214
🛍 제주별책부록 P.224, 남남제주 P.194

제주의 겨울은 동백과 감귤의 계절이다. 다양한 종류의 동백을 월별로 곳곳에서 쉽게 볼 수 있다. 특별히 동백 숲을 조성한 사설 관광지들의 동백은 더욱 장관이다. 상록수가 많은 곶자왈은 겨울에도 초록을 잃지 않아 겨울 숲의 매력을 보여준다. 겨우내 눈으로 덮인 한라산의 설경과 노랗게 익은 감귤 역시 중요한 볼거리다. 산방산과 용머리 해안 주변의 노란 유채꽃밭들은 잠시 계절을 잊게 만든다.

2월 코스

1일 차

- 아라리오 뮤지엄 P.093

🚗 17분

- 진미네식당에서
  점심 식사 P.113
  👍 고등어구이 정식

🚗 9분

- 도두동 무지개
  해안도로 P.097

🚗 2분

- 도두봉 키세스존 P.097
  👍 인생 사진

🚗 3분

- 이호테우 해수욕장 P.095
  👍 말 등대

🚗 13분

- 명물에서 저녁 식사 P.107
  👍 객주리조림

2일 차

- 한림공원 P.133

🚗 2분

- 협재온다정에서
  점심 식사 P.149
  👍 흑돼지맑은곰탕

🚗 25분

- 세계 자동차&
  피아노 박물관 P.240

🚗 10분

- 본태박물관 P.243

🚗 1분

- 방주교회 P.243

🚗 15분

- 숙성도에서 저녁 식사 P.257
  👍 흑돼지

3일 차

- 말미오름 P.279

🚗 14분

- 연미정에서 점심 식사 P.192
  👍 전복돌솥밥

🚗 10분

- 메이즈랜드 P.178

🚗 2분

- 비자림 P.175

🚗 16분

- 월정리갈비밥에서
  저녁 식사 P.191
  👍 갈비밥

4일 차

- 김녕 세기알 해변
  방파제 P.059
  👍 인생 사진

🚗 15분

- 함덕 골목에서
  점심 식사 P.190
  👍 해장국

🚗 1분

- 김택화미술관 P.178

🚗 25분

- 동문시장 P.098

TIP 🎁 **저자 추천 카페&상점**

☕ 원앤온리 P.251, 울트라마린 P.143, 카페유주 P.142
🛍 어떤바람 P.260, 카카오패밀리 P.196, 바이제주 P.117

뚝벅이 여행자를 위한 원데이 투어
찰쓰투어

2013년 시작된 찰쓰투어는 풍부한 테마 여행으로 뚝벅이 여행자들의 든든한 서포터가 되고 있다. 벚꽃, 동백 등 숨은 감성 스폿, 모녀여행, 친구여행, 베이커리, 맥주, 이색김밥투어 등 이색 테마로 매번 색다른 여행을 경험할 수 있다는 게 장점이다. 지난 가을 〈리얼 제주〉 저자가 경험한 원데이 투어의 느낌을 생생하게 전한다.

09:00
성산 숙소 픽업

버스가 생각보다 크고 멋지다. 여행객들의 숙소 여러 곳을 거치며 순서대로 태우고 내가 가장 마지막에 올랐다. 혼자 온 사람, 가족, 친구 등 일행은 다양했다. 서로 인사를 나누고 두근두근 출발! 가는 동안 가이드 소개와 오늘 여행에 대한 간략한 브리핑을 들었다.

10:00~12:30
거문오름

오늘 여행 테마는 트레킹. 모든 투어는 대표가 직접 가이드한다. 트레킹도 처음부터 끝까지 함께했다. 엄마와 함께 온 초등학교 6학년 태오는 벌써 세 번째 찰쓰투어란다. 가이드를 삼촌이라 부르며 다른 누나 형들과 함께 씩씩하게 거문오름 전 코스를 완주했다. 트레킹 후엔 다 같이 수다 떨며 찰쓰투어에서 제공하는 아이스크림으로 당 충전까지!

13:00~14:00
세화 해변에서 점심

점심 식사를 위해 세화 해변으로 향했다. 가는 동안엔 다들 카톡으로 받은 맛집 리스트에 초집중! 각자 먹고 싶은 메뉴를 골라서 가면 된다. 단체지만 자유여행 느낌을 주는 신선한 식사 방법이다. 식당 드롭과 픽업은 기본. 식사를 마치고 슬슬 마을을 걷다 보면 어찌 알고 버스가 태우러 온다. 바다를 보고 싶다는 속삭임도 흘려듣지 않고 일부러 해안을 따라 운전해주시는 센스~.

찰쓰투어 CHARLES TOUR

투어 종류 및 특징

	특징	추천 대상	비용
원데이 투어	분기별 혹은 요일별로 다양한 여행 테마	친구들끼리 뚜벅이 여행에 추천	1인 53,000원부터 - 투어 프로그램에 따라 변동 (**포함** 가이드, 차량, 유류비, 사진 촬영/**불포함** 입장료, 식대, 기타 개별 비용) *성산읍 픽업&드롭
커스텀 투어	100% 여행자 맞춤 프라이빗 투어	가족 여행이나 신혼여행에 추천	비용 별도 문의(불포함 입장료, 식대) *09~18시(조율 가능), 전 지역 픽업&드롭

신청 방법 카카오톡 @찰쓰투어

14:20~15:00
커피박물관 바움

아침부터 트레킹에 배까지 부르니 이제 딱 커피 한잔하면 소원이 없겠다 싶을 때 커피박물관에 도착했다. 큰 창가에 삼삼오오 자리 잡고 숲을 보며 잠시 커피에 빠졌다. 무늬는 패키지여행이지만 충분히 여유롭고 자유시간이 많았다.

15:00~16:00
큰물뫼오름

다음은 정상의 풍경이 그림 같았던 큰물뫼오름. 처음 가보는 오름이었다. 오랜 경력으로 자연환경해설사 자격증까지 땄다는 가이드 덕에 몰랐던 정보도 많이 얻었다. 오르는 동안 그 어떤 질문에도 친절하게 아낌없이 알려주셨다.

16:30~17:30
바람길 억새 로드

마지막 코스는 가을에 딱 맞는 억새 스팟이었다. 나름 알 만한 곳은 다 안다는 나도 몰랐던 그야말로 숨은 명소. 게다가 찰쓰투어 스냅 사진이 수준급이다. 당일에 무료로 원본도 받을 수 있다. 다들 인생 독사진에 신이 났다. 한결 가까워진 일행들과 찰쓰투어에서 나눠주는 맥주 한 캔씩 들고 노을 내리는 억새길을 즐겼다. 투어가 끝나면 성산 내에서 숙소나 식당, 터미널 등 각자 내리고 싶은 곳에 내려준다. 짧은 만남은 아쉬웠지만 기억에 남는 여행이었다.

제주를 가장 멋지게 여행하는 방법

제주 바다별
매력 포인트

제주 바다 베스트 4

BEST 1

협재-금능 해수욕장
투명한 에메랄드빛 바다, 낮은 수심, 새하얀 모래밭, 소나무 숲
캠핑장을 두루 갖춘 서부권의 대표 해변. **P.126**

BEST 2

함덕 해수욕장
수심이 얕고 파도가 잔잔해 아이들과 물놀이하기에 좋다.
주변에 카페와 맛집 등의 상권이 형성되어 사계절 방문객이 많은 해변 **P.164**

BEST 3

중문 색달 해수욕장
수심이 깊고 파도가 높아 해수욕보다는 서핑하기 좋은 파도로
더 알려진 해변이다. **P.236**

BEST 4

곽지 해수욕장
차가운 지하수인 용천수가 나오는 야외 노천탕이 인상적이다.
패들보드, 서핑 등의 해양 레포츠도 즐길 수 있다. **P.129**

제주 여행 중 가장 많이 가게 되는 곳은 단연 해변. 풍경이 아름다울 뿐만 아니라 즐길 거리도 가득한 제주의 바다.
해안을 따라서 섬 한 바퀴만 돌아도 며칠을 채울 수 있을 만큼 계절과 시간에 따라 다채로운 모습을 보여준다.

맞춤형 해변 추천

아이와 함께 수심 낮은 해변을 찾는다면
협재-금능 해수욕장 P.126, 곽지 해수욕장 P.129, 함덕 해수욕장 P.164

서핑을 하고 싶다면
중문 색달 해수욕장 P.236, 사계 해변(형제 해안도로) P.235,
월정리 해변 P.167, 곽지 해수욕장 P.129

스노클링을 즐기고 싶다면
도리빨(카카오맵: 서귀포시 대포동 2503), 판포포구, 한담 해안

멋진 일출을 보고 싶다면
광치기 해변 P.268, 사계 해변(형제 해안도로) P.235

산책하기 좋은
바닷길

제주 여행에서 낭만적인 해안 드라이브를 빼놓을 수는 없다. 더불어 산책로도 잘 조성되어 바닷가를 따라 가볍게 걷기 좋다. 풍경이 아름다운 해안을 따라 느림의 미학을 즐겨보자.

한담 해안 산책로 P.132

애월의 핫한 카페 거리 한담동에서 곽지 과물 해수욕장까지 약 1.2km. 에메랄드빛 바다와 검은 바위가 조화를 이룬 해변 산책로다. 경사가 거의 없어 아이들과 함께 걷기에 좋다.

월령 선인장 군락지 산책로 P.132

손바닥선인장 자생지인 월령리 해안에 조성된 산책로다. 6월에는 노란 선인장 꽃이 만개한 특별한 모습을 볼 수 있다.

황우지~외돌개 산책로 P.205

솔바람 물결 소리가 근사한 산책 코스로 인기 많은 올레 7코스의 경유지이기도 하다. 20m 높이의 절벽 위 소나무 숲을 따라 황우지 해안 입구-폭풍의 언덕-외돌개-외돌개 소공원까지 약 1km의 구간이 볼 만하다.

용천수는 빗물이 땅속으로 스며든 후 지하의 큰 물줄기를 따라 흐르다 암석이나 지층의 틈새를 통해 지표로 솟아나는 물이다. 수질이 뛰어난 용천수는 식수 문제를 해결하기 때문에 제주도에서는 용천수가 솟는 곳에 마을이 형성되기도 했다. 나아가 해안 마을의 용천수는 여름철 무더위 쉼터로도 사랑받는다. 아래에서는 제주도민이 사랑하는 용천수 몇 곳을 소개한다. 해안의 용천수는 바닷물과 만나기 때문에 썰물 시간에는 물놀이가 어려울 만큼 수위가 낮다. 만조 시간대에 방문해야 용천수를 제대로 즐길 수 있다. 얼음장처럼 차가운 용천수에서 더위를 날려보자.

물놀이하기 좋은
용천수

1 중엄리 새물
애월 해안도로 경유지인 신엄리 해변의 용천수다. 높은 바위로 둘러싸이고 도로에서도 눈에 잘 띄지 않아 프라이빗하게 즐길 수 있다.

◉ 제주시 애월읍 신엄리 961(주차장) 건너편 해안

2 논짓물
중문관광단지 인근 하예동 소재로 제주에서 가장 규모가 큰 용천수를 활용한 물놀이 장소다. 마을에서 운영하는 그늘막과 샤워실, 화장실까지 잘 갖춰져 있다.

◉ 서귀포시 하예동 570(주차장)

3 자구리 해안
화가 이중섭이 6.25전쟁 당시 서귀포에서 피난살이를 하던 중 가족들과 자주 시간을 보내며 화폭에 담았던 해안이다. 용천수 규모는 아담하지만 주상절리대 절벽이 병풍처럼 둘러서 있어 빼어난 경관을 감상할 수 있다.

◉ 서귀포시 서귀동 15-1(자구리펌프장) 옆 해안

4 태웃개
'개'는 제주어로 '포구'를 뜻한다. 제주의 전통배인 테우가 드나들었던 작은 포구로 현재는 여름철 물놀이 장소로 인기가 많다. 다른 해변에 비해 조수 간만의 차가 크다. 만조 시 수심이 2m는 족히 나오므로 구명조끼 등의 안전 장비 착용은 필수다.

◉ 서귀포시 남원읍 위미리 69

5 샛도리물
삼양 해수욕장 인근의 샛도리물은 여행객들에게도 많이 알려져 여름이면 더위를 피해 몰려든 인파로 가득하다. 여름철에 일몰을 감상하면서 물놀이하기에도 제격이다.

◉ 제주시 삼양일동 1938-3

매력 넘치는 제주의
다양한 오름

제주 오름 베스트 4

01 새별오름 P.135

제주시 서쪽을 대표하는 오름으로 가을 억새가 장관을
이루며, 매년 정월대보름 무렵 열리는 들불축제가 압권!

02 송악산 P.234

바다 위 절벽을 걷는 해안 산책로로 한라산과 산방산,
사계 해안 등 서남부권 해안 풍경이 근사하다.

03 따라비오름 P.280

굽이진 능선이 매혹적이며 늦가을 오후에 가면 억새 물
결이 춤추는 곳.

04 지미봉 P.174

제주 동쪽 땅 끝에 있는 오름으로 바다와 성산일출봉,
우도, 종달리 마을까지 전망이 최고!

제주도에는 한라산 주변으로 350개가 넘는 기생화산이 있는데 이를 오름이라 한다.
제주도까지 갔으니 오름 하나쯤은 꼭 올라가 보자.
안전한 등반로가 있으면서 풍경이 좋은 인기 오름들을 테마별로 모아봤다.

맞춤형 오름 추천

아이와 함께라면
아부오름 P.174, 용눈이오름 P.177, 군산오름 P.239

가을 억새를 보고 싶다면
따라비오름 P.280, 새별오름 P.135, 정물오름 P.134, 큰사슴이오름, 손자봉

아름다운 일몰을 즐기려면
군산오름 P.239, 새별오름 P.135, 영주산 P.280, 금오름 P.136

하루의 시작을 일출과 함께하려면
성산일출봉 P.269, 용눈이오름 P.177, 지미봉 P.174, 말미오름 P.279, 높은오름

제주의 마을 풍경은 여기
지미봉 P.174, 말미오름 P.279, 영주산 P.280, 단산, 당산봉(고산), 제지기오름

바다가 가까이 내려다보이는
지미봉 P.174, 군산오름 P.239, 사라봉, 별도봉, 송악산 P.234, 당산봉(고산)

TIP 오름 등반 팁

편한 운동화를 신고 바람을 막아줄 스카프나 바람막이 등을 챙겨가자. 오름 주변에 상점이 없으니 오르기 전 마실 물을 준비하면 좋다. 내려올 때 쓰레기를 챙기는 것은 필수!

나만 알고 싶은
아름다운 일몰 명소

01

닭머르

닭의 머리를 닮은 바위가 있어
'닭머르'라 불리는 신촌리의
해안이다. 해안 끝에 앉은 정자가
지는 해와 어우러져 한 폭의
동양화를 연출한다. 억새가 피는
가을에 더 근사하다.

02

행원육상양식단지 P.173

동부의 핫플레이스 월정리 해변
인근의 일몰 명소다. 바다에
서 있는 거대한 풍력발전기와
한라산의 실루엣이 근사하게 담긴다.

수평선 너머로 해가 사라지는 순간이 감동적이지만, 일몰 전후 시시각각 바뀌는 하늘의 색감도 놓치지 말아야 할 감상 포인트다. 바닷가에 앉아 노을로 물든 서쪽 하늘을 보며 하루를 마무리해보자.

03

이호테우 말 등대 P.095

이호테우 해변 동쪽 끝 방파제 위
거대한 말 형상의 등대 2기가
일몰 사진 포인트다. 말 등대와 함께
일몰을 담거나 썰물 무렵이라면
등대 옆 해변에 비치는 하늘을 같이
촬영해도 좋다.

04

옹포리포구

협재 해수욕장 인근 마을
옹포리의 포구. 방파제 위 낚시꾼,
산책하는 사람, 작은 등대가
어우러진 일몰 풍경이 아름답다.

05

자구내포구

무인도인 차귀도 뒤로 사라지는
붉은 태양을 자구내포구에서
감상할 수 있다. 봄부터 가을 사이에
특히 아름답다.

걷기 좋은
제주 숲

비자림 P.175

수령이 500~800년이나 되는 비자나무 3천여 그루가
군락을 이룬 숲으로 단일 수종으로는 세계 최대 규모다.
사계절 푸른 숲이라 겨울에도 걷기 좋다.
비가 내리거나 안개가 끼면 운치가 깊어진다.

사려니 숲길 P.172

자연림과 인공림인 삼나무 숲이 조화를 이루며
총길이는 10km다. 숲길 전체에 산수국이 만개하는
7월에는 사려니 숲길의 매력이 더욱 돋보인다.

제주엔 트레킹이나 산책하기 좋은 숲부터 SNS 업로드용 사진을 찍기에 딱 좋은
숲까지 형태와 규모가 다양한 숲이 있다. 그중에서 걷기 편하면서도 아름다운 숲을 추천해본다.

절물 자연휴양림 P.166

장생의 숲, 절물오름, 생이소리길, 삼울길 등
산책 및 트레킹 코스가 다양하다. 짧게 걸어보고
싶다면 삼나무가 울창한 '삼울길'을 추천한다.

서귀포 자연휴양림 P.239

한라산국립공원 1100도로 해발 700m에 자리한
휴양림이다. 한라산 중턱의 자연림과 수령 60년 내외의
편백나무 숲을 즐길 수 있다.

제주, 인생 사진은
여기서!

도두동 무지개 해안도로 P.097

도두봉 옆 해안을 따라 세운 알록달록한
무지개색 방지석이 인생 사진 포인트다.
방지석에 올라서거나 앉으면 그 뒤로
푸른 하늘과 바다가 멋진 배경이 되어준다.

📍 제주시 도두일동 1734

비밀의 숲 P.171

안돌오름 밑자락의 초원 깊숙한 곳에
위치한 울창한 편백나무 숲이다.
높은 나무와 대조를 이루도록 인물은
작게 나오도록 찍는 게 포인트다.

SNS에 여행 사진을 올리는 일이 보편화되면서 인생 사진 명소를 여행 일정에 포함하는 사람이 많아졌다.
최근 새롭게 떠오른 인생 사진 포인트로 멋진 코스를 만들어보자.

김녕 세기알 해변 방파제

김녕 해수욕장 P.167 건너편 해변의
바다 색감은 무척 신비롭다.
바다 전체가 푸른색을 띤 젤리 같기도
했다가 코발트빛 융단 같을 때도
있다. 방파제에 걸터앉아 그런 바다를
배경으로 담은 사진 한 장으로
인생 사진이 완성된다.

오늘은 녹차한잔 동굴 P.278

성읍민속마을 인근 녹차밭 '오늘은 녹차한잔' 안에
숨어 있는 천연 동굴이다. 규모는 크지 않지만 동굴 입구를
프레임 삼아 실루엣 사진을 찍기에 제격이다.

📍 서귀포시 표선면 중산간동로 4772

도두봉 키세스존 P.097

제주 공항 인근 도두봉의 포토존이다.
도두봉 정상 부근에 마치 키세스 초콜릿
모양으로 양쪽의 나무가 만나는
지점이 있다. 그 가운데에서
사진 한 장을 찍기 위해 줄을 서는
일도 마다하지 않는다.

효명사 천국의 문

한라산 중턱에 자리한 사찰 효명사 건물 뒤편 계곡으로
이어지는 돌계단과 기둥에 붙은 별칭이 '천국의 문'이다.
주변이 온통 콩짜개난으로 뒤덮여 있고 숲이
우거져 신비로운 분위기의 사진을 찍기에 좋다.
📍 서귀포시 남원읍 516로 815-41

섭지코지 그랜드 스윙

섭지코지 P.270 글라스하우스 앞에 설치된
포토존으로 거대한 원형 틀에 그네가
달려 있다. 원형의 포토 프레임 안으로
성산일출봉과 푸른 바다가 꽉 채워져
멋진 인생 사진을 남길 수 있다.

소천지 P.212

거대한 현무암 암초로 둘러싸여 호수를 연상케하는
서귀포의 해안으로 청록색 바다를 배경으로
찍는 사진이 예쁘다. 투명한 바다색을 담기 위해서는
맑은 날 오후 2시 이전에 가는 걸 추천한다.

제주 땅을 즐기는
액티비티

전기 자전거 여행 중 짧게 1~2시간 대여해서 해안 도로를 달려보는 용도로 많이 찾는다. 제주 시내에서는 용 담 해안도로 P.097, 시외권에서는 신창 풍차 해안도로 P.128, 수 월봉 인근의 엉알길 P.138에서 대여할 수 있다.

👍 바이크트립(제주 시내) 064-744-5990, 제주환상전기자전거 (신창 풍차 해안도로) 064-773-3705

승마 말의 고장답게 제주 곳곳에 승마장이 분포 해 있다. 10분 정도 짧게 정해진 트랙을 도는 코스부터 1~2 시간 숲길을 달리는 외승 코스까지 다양하다.

👍 더마파크 064-795-8080, 중문승마공원 064-738-1942, 옷 귀마테마타운 064-764-9771

카트 최근 몇 년 사이 가장 많이 생겨난 액티비티 로 점점 규모가 커지고 있다. 1인승은 물론 운전이 불가능 한 어린이를 위해 어른과 동승하는 2인승도 있다. 최근에는 경사와 굴곡이 많은 코스에서 타는 무동력 카트가 인기다.

👍 9.81파크 P.137 1833-9810, 제주레포츠랜드 064-784-8800, 세리월드 064-739-8254, 윈드 1947카트 테마파크 064-733-3500

ATV 지형이 험한 곳도 잘 달리도록 고안한 4륜 오토바이다. 정비되지 않은 거친 도로와 숲길을 질주하는 재미가 쏠쏠하다. 운전면허 없이도 체험 가능하며 최대 2 인까지 탑승할 수 있다.

👍 제주랜드 ATV&승마 064-784-3631, 성읍랜드 064-787-5324, 새별레저 ATV 010-8541-9292

눈으로 보는 데서 그치지 않고 몸으로 부딪치며 직접 체험을 즐기는 여행객이 상당히 늘었다. 특히 제주 육상에서의 체험 여행은 아름다운 풍광이 함께해 더욱 매력적이다.

오프로드 체험 다듬어지지 않은 야생의 들판과 숲을 오프로드 전용 차량으로 질주한다. 온몸에 전해지는 거친 자연과 귀를 때리는 강렬한 엔진 소리가 모든 스트레스를 날려준다.

👍 디스커버 제주 제라진캠프 050-5558-3838, 중문 오프로드 체험장 064-738-7900

빅 볼 지름 3.2m의 커다란 원형 플라스틱 공 안에 들어가 언덕이나 비탈을 구르며 내려오는 레포츠 기구다. 평균 시속은 40~50km이며 실제 체감 속도는 더 빠르다. 빅 볼 내부 1.8m의 또 다른 공 안에 하네스가 장착되어 안전하게 즐길 수 있다.

👍 제주빅볼랜드 1588-6418

전기 레일바이크 제주 대표 오름인 용눈이오름과 다랑쉬오름이 멋진 배경이 되어 주고, 여름엔 초록의 풀밭, 가을엔 은빛 억새 물결이 장관을 이루는 초원. 그곳을 전기 레일바이크로 레일 위를 달리며 제주만의 목가적인 풍광을 만끽할 수 있다.

👍 제주레일바이크

TIP 땅에서 하늘로, 패러글라이딩

오름 정상에서 날아올라 유유히 비행하며 제주의 아름다운 풍경을 감상한다. 전문 파일럿과 조를 이뤄 2인 비행을 하기 때문에 패러글라이딩 경험이 없더라도 충분히 체험 비행을 즐길 수 있다. 바람의 방향과 날씨 상황에 따라 금오름P.136, 군산오름 P.239 등에서 진행한다.

👍 제주바다하늘패러투어 010-3692-7345, 제주 패러글라이딩 스쿨 010-7105-2633

제주 바다를 즐기는
액티비티

스노클링&호핑 투어 마스크(물안경), 핀(오리발), 스노클 등의 간단한 장비를 장착하고 수중 관광을 즐기는 레포츠다. 수면에 떠서 얼굴만 물에 담가도 새로운 세상을 만날 수 있다. 바위가 있는 대부분의 제주 해안에서 스노클링이 가능하지만, 경험과 장비가 없다면 배를 타고 나가 무인도 옆에서 즐기는 호핑 투어를 추천한다. 장비 대여는 물론 간단한 스노클링 방법 교육도 이뤄지고 안전요원이 동행한다.

👍 디스커버 제주 볼래낭개 호핑투어 P.213

요트 제주에서는 럭셔리한 요트를 저렴하게 이용 가능하다. 바다에 나가야만 접할 수 있는 환상적인 풍경을 보면서 낚시를 즐긴다. 운이 좋으면 야생 돌고래 떼와 조우하기도 한다.

👍 퍼시픽리솜(샹그릴라) 1544-2988 P.245, 그랑블루요트투어 064-739-7776, 김녕요트투어 064-782-5271

스쿠버 다이빙 화려한 맨드라미산호 군락이 형성된 서귀포 앞바다는 세계적으로 유명한 스쿠버 다이빙 포인트다. 10~40m 수심에서 진행하며 경험 없는 초보자도 얼마든지 체험 다이빙으로 해저 풍경을 즐길 수 있다.

👍 블루인 다이브 010-9426-0032 P.213, 모비딕다이브 064-733-1038

보트 바다에서 짜릿한 스릴을 만끽할 수 있는 최고의 방법이다. 체험 시간은 짧지만 강렬하게 기억에 남는 액티비티다.

👍 제주제트 064-739-3939, 제주와따해양레저 010-7918-1199

제주 체험 여행에서 바다 액티비티를 빼놓을 수 없다. 깊은 바닷속부터 럭셔리한 요트 투어, 파도를 가르는 서핑, 배낚시까지 바다에서 할 수 있는 모든 것을 모아봤다. 정원이나 체험 시간이 한정적이므로 예약을 하고 가는 게 좋다.

씨워킹

산소를 채운 특수 헬멧을 쓰고 바닷속을 걸어 다니는 액티비티다. 물속에서 물고기에게 먹이를 주거나 우주인처럼 점프를 하는 등의 이색 체험을 할 수 있다.

👍 언더워터틀레이 함덕점 0507-1363-6949, 이호랜드 씨워커 010-2878-1266

서핑, 패들보드

제주는 우리나라에서 손꼽히는 서핑 성지다. 제주 해변 곳곳에서 서퍼들을 쉽게 만날 수 있다. 바다 위를 누비고 싶지만 파도를 타야 하는 서핑이 부담스럽다면 패들보드를 추천한다. 보드 위에 서거나 앉아서 패들(노)만 저으면 된다. 서핑과 달리 한 번의 짧은 강습이면 혼자서 충분히 즐길 수 있다.

👍 서퍼스 립컬 제주점 0507-1375-9985, 노리터 서핑 패들보드 010-3579-9296, 바즐서핑패들보드 0507-1379-4480

투명 카약

요트나 유람선보다 바다를 가까이하고 싶지만 몸을 적시는 서핑이나 패들보드는 부담스럽다면 투명 카약을 타보자. 카약의 바닥이 투명해 물속이 훤히 보인다.

👍 청아투명카약 0507-1374-1336, 월정투명카약 010-2419-6492, 함덕레저 투명카약 064-784-7368

배낚시

낚시 장비가 없거나 무경험자도 쉽게 체험 가능하다. 계절에 따라 한치, 갈치, 고등어 등 다양한 어종이 낚인다. 직접 잡은 어획물을 배에서 맛볼 수도 있다.

👍 캡틴호(한치, 갈치) 010-9354-3197 P.213, 차귀도 달래 배낚시체험 0507-1398-5156

아이와 즐기는
체험 여행

아이와 함께하는 여행에서는 체험도 중요하다. 제주의 자연과 문화를 가까이에서 직접 경험해볼 수 있고 오래 기억에 남을 만한 유익한 체험들을 모아봤다.

바다에 사는 야생 돌고래 만나기

수족관이 아닌 제주 앞바다에서 자유롭게 파도를 가르는 야생 돌고래 떼를 볼 수 있다. 토박이 선장님이 운전하는 배를 타고 가까이에서 남방큰돌고래 가족을 만나보자.

야생돌고래탐사 P.244

해녀 물질 공연

성산일출봉 아래 우뭇개 해안에서 무료 공연이 펼쳐진다. 해녀 할머니들이 노동요 '이어도사나'를 부르며 문어와 전복을 잡는 모습을 가까이에서 볼 수 있다.

성산 해녀 물질 공연 P.269 🕐 매일 1회 무료 공연 14:00

감귤 따기 체험

제주도 겨울 여행에서 빼놓을 수 없는 감귤 체험. 매년 10월부터 12월 중순까지 예약 없이 가능하다. 체험을 하면서 귤을 마음껏 먹을 수 있고 딴 귤은 가지고 갈 수 있다.

제주시: 어클락 P.144
서귀포시: 제주에인감귤밭 P.214, 창고96 P.285

청정 제주 목장 체험

목가적인 풍경에 다양한 스타일의 포토존이 있는 아침미소목장. 송아지 우유 주기, 동물 먹이 주기, 아이스크림 만들기 등 목장 체험이 인기.

아침미소목장 P.096

놓치고 싶지 않아!
드라이브하기 좋은 도로

제주의 도로는 해발 고도에 따라 바뀌는 풍경이 일품이다. 바다가 함께하는 해안도로, 제주스러움 물씬한 목장 지대를 지나는 중산간 도로, 한라산 중턱을 가로지르는 도로 중 베스트를 골라봤다.

- **애월 해안도로** 하귀리와 애월리 사이 약 9km이며 일찍이 카페 거리가 형성되었다. 구불구불한 곡선 구간이 많고 높낮이가 계속 바뀌어 지루할 틈이 없다. P.128

- **신창 풍차 해안도로** 제주의 서쪽 끝, 일몰 명소인 해안도로다. 바다와 육상에 늘어선 수십 기의 풍력발전기와 바다가 조화를 이룬다. 경사가 거의 없어 자전거를 타고 달리기에도 좋다. P.128

- **형제 해안도로** 서귀포 서쪽의 해안도로로 한국의 아름다운 길 100선에 선정되었을 만큼 경관이 빼어나다. 산방산과 검푸른 바다의 위용을 함께 즐길 수 있다. P.235

- **해맞이 해안로** 성산읍 오조리~구좌읍 김녕리 구간 약 30km로 제주에서 가장 긴 해안도로다. 에메랄드빛 바다와 하얀 모래가 유명한 김녕리, 월정리, 세화리, 종달리 등 제주시 동부권의 유명한 해안이 모두 포진해있다. P.173

- **녹산로** 동부권 중산간 목장 지대를 가로지르는 도로. 하얀 벚꽃과 노란 유채꽃이 조화를 이루는 3월 말~4월 초에 최고의 아름다움을 보여준다. P.272

- **금백조로** 구좌읍 송당리~성산읍 수산리 구간 10km. 올록볼록 웅크린 듯한 오름들의 매력을 한껏 보여주는 중산간 도로다. 은빛 억새가 덮이는 가을에 특히 추천하는 도로다. P.170

- **비자림로(1112번 도로)** 구좌읍 평대리 일대의 비자나무 밀집 지역을 경유해 붙은 별칭으로 한라산의 5.16도로(1131번 도로)와 해안의 일주도로(1132번 도로)를 연결한다. 5.16도로 교차로와 남조로(1118번 도로)가 만나는 교래 사거리 구간의 삼나무길이 드라이브 코스로 유명하다.

- **1100도로(1139번 도로)** 한라산 서쪽 중턱 해발 1,100m까지 올라가 붙은 별칭. 우리나라에서 차로 올라갈 수 있는 가장 높은 도로다. 단풍 드는 가을과 눈 덮인 겨울에 특히 아름답다. 경사와 곡선 구간이 많아 능숙한 운전 실력이 필요하다.

제주
건축 기행

제주도의 자연과 잘 어우러진 조형미로 높이 평가받고 있는 건축물을 둘러보는 여행! 건축가별로 만나보자.

승효상

건축사사무소 이로재의 대표로 故 노무현 대통령 묘역, 파주 출판단지 등을 만든 대한민국 건축계의 거장이다. 지속 가능한 삶을 위한 건축의 역할은 과거의 흔적을 다 지워버리고 새로 짓는 것이 아닌, 시간과 문화의 흔적들을 다음 세대에 그대로 연장시키는 일이라고 말한다. 세한도의 집을 현대적으로 재현한 추사관은 절제미와 세심한 조경 디자인이 돋보인다. 그 외 동서양의 유명 건축가들과 함께 고급 리조트 제주 롯데아트빌라스의 설계에 참여했다.

제주추사관 P.241

김홍식

관광객들에게 많이 알려진 곳은 아니지만 폭풍의 화가 변시지 화백의 작품을 감상할 수 있는 기당미술관을 추천한다. 기당미술관의 외관은 큰 원기둥 모양으로 제주의 볏짚더미인 '눌'을 형상화한 작품이다. 제주석으로 두른 외벽에 지붕은 붉은 화산송이석으로 마감했다. 김홍식은 부친인 제주 출신 건축가 김한섭의 뒤를 이어 기당미술관, 제주민속자연사박물관 등을 설계했으며 '제주건축문화인상'을 수상한 바 있다.

기당미술관 P.211

안도다다오

일본을 대표하는 세계적 건축가로 건축계의 노벨상이라 불리는 프리츠커(The Pritzker Architecture Prize. 1995)상을 수상했다. 1962년부터 8년간 일본과 유럽, 미국과 아프리카를 누비며 많은 건축물과 공간 등을 체험했고, 이때 쌓인 견문이 건축가로서의 큰 자산이 되었다. 제주도에는 그의 건축물이 3개 있다. 섭지코지에 위치한 유민미술관과 글라스하우스, 안덕면에 위치한 본태박물관이다. 노출 콘크리트 미학의 극치를 만날 수 있다.

본태박물관 P.243, 유민 아르누보 뮤지엄 P.271

이타미준

재일교포 건축가 이타미 준(유동룡)은 건축에서 사람, 자연, 풍토, 경관, 문화 등 주위 환경과 조화를 가장 우선시하며 디자인한다. 제주엔 대자연과 소통하는 따뜻한 건축미를 느껴볼 수 있는 이타미 준의 작품이 많다. 그가 설계한 포도호텔은 2005년 프랑스 문화예술공로 훈장 슈발리에를 수상하면서 세계적으로 주목받았다. 방주교회, 비오토피아 수풍석 뮤지엄 등은 이타미 준의 예술성과 신선함에 사람들의 발길이 끊이지 않는다.

방주교회 P.243, 비오토피아 수풍석 뮤지엄 P.242

제주의 예술혼
미술관 투어

제주에는 미술관만 찾아다녀도 며칠이 부족할 정도로 미술관이 많다. 제주에 매료되어 정착한 예술인들이 운영하는 아담한 갤러리부터 규모 갖춘 시립·도립 미술관까지 골라 가는 즐거움이 있다.

아라리오 뮤지엄 P.093

제주시 원도심에 오랫동안 방치되었던 건물들을 활용한 미술관으로 한국을 대표하는 파워 컬렉터 김창일 회장이 개관했다. 현재 세 곳을 미술관으로 운영 중이며 모두 빨간색 구조물로 외관을 감싸 멀리서도 한눈에 알아볼 수 있다. 구도심을 반짝이게 하는 유니크한 미술관이다.

제주 현대미술관, 제주 도립 김창열미술관 P.136, 유동룡미술관 P.136

모두 저지예술인마을에 있으며 전시뿐만 아니라 건축물 자체도 작품이다. 유동룡미술관은 건축가인 그의 딸이 아버지의 철학을 담아 디자인했다. 유동룡은 이타미 준의 한국 이름으로 그의 건축, 회화, 서예, 조각 등의 예술작품 외에 개인 소장품도 전시되어 있다. 물방울 화가 김창열 화백의 김창열미술관에서는 그의 주옥같은 작품들을 만나볼 수 있다. 저지예술인마을은 그 이름처럼 미술관과 작업실이 많은 곳으로 미술관 투어로 적당한 곳이다. 모두 걸어서 다닐 수 있는 거리에 있고 마을 자체가 아름답고 평화로워 지친 마음을 달래기에 그만이다.

김택화미술관 P.178

40년 넘게 고향 제주의 아름다운 풍광을 담아온 김택화 화백은 제주도 대표 소주인 '한라산'에서 1993년부터 사용 중인 눈이 덮인 백록담 라벨을 그렸다. 그의 미술관에서 원화로 감상할 수 있다.

김영갑 갤러리 두모악 P.275

아무도 제주의 오름에 관심을 갖지 않고 오름이 무엇인지도 제대로 모르던 시절부터 필름에 오름을 담아온 사진작가 김영갑의 갤러리다. 그의 사진을 통해 오름의 진정한 아름다움과 가치가 널리 알려졌다 해도 과언이 아니다. 그가 남긴 파노라마 사진에서는 오름과 풀잎에 이는 바람의 움직임까지 느껴진다.

왈종미술관 P.209

20년 넘게 제주에서의 삶과 주변 풍광을 담은 이왈종 화백의 그림이 전시되어 있다. 화사하고 포근한 색감으로 큰 화폭에 담긴 꽃과 사람, 동물, 자동차, 제주의 풍경은 꿈결 같고 동화 같다.

걸어가는 늑대들 P.179
[전이수 갤러리]

제주에 거주하는 꼬마 동화작가 전이수의 그림과 글을 전시하는 갤러리다. 어린 작가의 솔직하고 따뜻한 시선으로 담아낸 세상의 이야기들이 어른들의 마음에 위로를 건넨다.

기당미술관 P.211

1987년에 개관한 우리나라 최초의 공립 미술관이다. 미술관의 긴 역사만큼 우수한 작품을 다수 소장하고 있고 연중 3~4회에 걸쳐 테마별 전시가 열린다. 또한 폭풍의 화가 변시지 화백의 작품을 상설 전시 중이다.

꼭 먹어봐야 할
제주 대표 음식

돔베고기
전통 잔치 음식으로 갓 삶은 돼지고기를
도마(돔베)에서 썰어 먹는 수육.
천짓골식당 P.218, 옛날옛적 P.287

돔베고기

근고기

근고기
큰 덩이로 나오는 돼지 생고기.
두툼하게 썬 고기를 육즙을 잘 가두며
구워 멜젓에 찍어 먹는다.
해녀고기 P.108, 숙성도 P.257, 섬돼지 P.219

고기국수

생선조림
제주 하면 갈치조림이 가장 먼저
떠오르지만 객주리(쥐치)조림이나
우럭조림 등 다양한 생선조림을
맛볼 수 있다.
명물 P.107, 애월 어촌계회센타 P.152,
표선어촌식당 P.291

고기국수
돼지고기 육수에 수육을 올려
먹는 국수로 제주시에 국수 거리가
있을 정도로 사랑받는 메뉴.
가시아방국수 P.286, 솔동산 고기국수 P.221, 남춘식당 P.111

생선조림

밀면

밀면
제주에도 밀면이 있다. 두툼하면서도
쫄깃한 면발에 살얼음 동동 뜬 맑은 육수가 매력.
산방식당 P.253, 관촌밀면 P.218

낯선 토속 음식을 찾아다니며 먹는 것만으로도 훌륭한 미식 여행이 완성된다.
처음 접해도 부담 없이 먹을 수 있으면서 꼭 먹어봐야 할 제주의 대표 향토 음식을 모아봤다.

꿩메밀칼국수

꿩 뼈로 우려낸 걸쭉하고 진한 국물에
국수를 말아 구수하다.

돈물국수 P.112

몸국

돼지 육수에 해초의 한 종류인
모자반(몸)을 넣고 끓인 국으로
메밀가루가 들어가
걸쭉하면서 톡톡 씹히는
모자반의 식감이 매력.

정성듬뿍제주국 P.114

꿩메밀칼국수

몸국

보말칼국수(보말국)

보말의 내장까지 으깨 넣어 우려낸 국물이 깊고 진하다.
국으로 혹은 국수나 수제비를 넣어 먹는다.

갱이네보말칼국수 P.113, 한림칼국수 P.148, 제주부싯돌 P.219

물회

채소 위에 한치나 전복, 성게
등을 얹어 된장과 고춧가루를
푼 차가운 육수를 부어 먹는
요리로 밥을 말아 먹는 것이 특징.

도두해녀의 집 P.107, 공천포식당 P.292

보말칼국수

물회

오메기떡

제주 향토 떡으로 본래의 모습은 도넛처럼
생겼지만 현대의 오메기떡은 팥앙금을 품은
둥근 찰쑥떡에 팥고물이 잔뜩 묻어 있다.

제주시 민속오일시장 P.100, 동문시장 P.098, 서귀포 매일올레시장 P.208

빙떡

오메기떡

빙떡

묽은 메밀 반죽을 얇게 부친 다음 삶아 양념한
무채를 넣고 말아서 지져낸 전통 음식.

제주시 민속오일시장 P.100, 동문시장 P.098, 하나로마트 P.102

도전 정신이 필요한
찐 로컬 메뉴

갈칫국
배추와 호박 그리고 두툼한 갈치
토막을 넣어 멀겋게 끓인 국.
청양고추를 넣어 칼칼하고 개운하다.
네거리식당 P.220

갈
칫
국

고
사
리
육
개
장

고사리육개장
돼지고기를 삶은 국물에 돼지고기와
고사리를 잘게 찢어 넣고 메밀가루를 풀어
되직하게 끓인 국.
우진해장국 P.114

접
짝
뼈
국

접짝뼈국
접짝뼈(돼지 앞다리와 몸이 만나는 사이 뼈)를
장시간 끓여 메밀가루, 대파, 무 등을 넣어
만든 국으로 국물이 시원하면서도 진한 곰탕 같다.
일억조 P.147, 화성식당(일주동로 383)

각
재
기
국

각재기국
살 오른 전갱이와 배추를 넣고
된장을 풀어 맑게 끓인 국. 국물 맛이
얼큰하면서 깔끔해 해장에도 좋다.
앞뱅디식당 P.112, 정성듬뿍제주국 P.114

제주도에는 생선을 주재료로 사용하는 음식이 많다. 제주도가 아니고는 맛보기 힘들어
낯설게 느껴질 수 있지만 미식가들의 입맛까지 사로잡은 로컬 메뉴들을 소개한다.

자리물회

뼈째 썬 자리돔을 올린 물회로 제철인
5~7월에만 맛볼 수 있는 별미다.

부두식당 P.255, 표선어촌식당 P.291

자리물회

멜조림

멜조림

대멸치에 갖은 양념을 넣고 매콤달콤하게 조린 음식.
제주에서는 멸치를 멜이라고 부른다.

앞뱅디식당 P.112

옥돔미역국

쉰다리

쉰밥에 빻은 누룩을 넣어 발효시킨 음료로
설탕을 첨가해 새콤달콤한 맛이 난다.
여름에 남는 찬밥으로 만들어 먹던 전통 음료다.

하나로마트 P.102

옥돔미역국

옥돔을 먼저 넣어 익힌 다음
미역이나 무를 넣고 살짝 끓인
생선국. 옥돔은 비린내가
적고 담백하며 살이 단단하다.

네거리식당 P.220, 부두식당 P.255,
표선어촌식당 P.291

쉰다리

여행 속 작은 행복
카페

한국인의 커피 사랑은 놀라울 정도다. 이 작은 나라의 커피 시장 규모가 무려 미국, 중국에 이어 세계 3위라니! 커피는 여행 중에도 포기할 수 없는 소확행이다. 덩달아 디저트의 위상도 높아졌고 카페는 자연스럽게 여행의 한 코스로 자리 잡았다. 지금 제주도는 카페 성지라고 해도 과언이 아니다. 맛있는 빵과 디저트를 찾아 여행하는 '빵지 순례'라는 이색 테마 여행이 등장했고, 카페 창업을 꿈꾸는 사람들과 커피 마니아들이 자료 조사를 위해 제주를 방문한다. 맛있는 커피는 물론 지역색을 잔뜩 품은 멋스러운 분위기의 카페는 여행 스폿으로도 손색없다. 제주의 개성 있는 카페들을 만나보자.

로컬 분위기 제대로 내는
카페 베스트 4

카페도 여행처럼! 오직 제주에만 있는 로컬의 향취를 만끽해보자.

— 01 —
인스밀 P.246

보릿단을 올린 초가지붕과 빨간 화산송이 마당, 제주 소철 등 분위기부터 제주 그 자체다. 실내는 물허벅, 구덕 등 제주의 오랜 생활 도구들로 꾸며 여행객들의 호기심과 로망까지 사로잡았다. 제주가 아니고서는 맛보기 어려운 보리개역과 보리아이스크림이 시그니처!

— 02 —
풀베개 P.248

제주의 오래된 시골 가정집을 개조한 카페. 시멘트 마당과 집에서 오래도록 써왔을 생활 소품들이 향수를 자극하고 구석구석 뿜어내는 인테리어 감각에서는 내공이 느껴진다. 맛있는 커피와 다양한 빵 바구니가 가득~.

— 03 —
원앤온리 P.251

산방산의 기암절벽과 눈이 시리도록 푸른 황우지 해변, 그리고 야자수 정원까지. 제주에서 보여줄 수 있는 건 다 모아놓은 듯한 카페다. 다양한 브런치 메뉴부터 유일무이한 디저트 그리고 커피까지 어느 하나 소홀함이 없다.

— 04 —
이에르바 P.180

정갈하면서도 빈티지함이 느껴지는 인테리어에 돌 창고의 창문으로 보이는 시골 풍경이 서정적인 카페. '엄마손 봄쑥전'과 로즈레몬티, 청귤소다 등 메뉴도 개성 있다.

제주에서 만나는
인생 커피&베이커리 카페

밥보다 커피가 중요한 커피 애호가와 디저트 배는 따로 있다는 사람들에게 추천하는 카페.

제주 인생 커피 베스트 3

01 **커피템플** P.104

월드 바리스타 챔피언십의 커피템플 3호점. 챔피언의 2016년 세계대회 에스프레소 루틴인 슈퍼클린 에스프레소를 만나볼 수 있는 곳.

02 **중문별장** P.249

커피 마니아라면 궁금해 할만한 곳. 바리스타의 리드와 함께 오마카세 형식으로 총 네 잔의 커피를 즐길 수 있다. 제주의 맛과 향이 커피에 담겨 있다. 실제로 기업 총수의 별장이었던 곳으로 프라이빗한 공간에서 대접받는 느낌이 든다.

03 **크래커스커피** P.249

제주 대표 커피 브랜드로 거듭나고 있는 크래커스 커피. 커피 로스팅 공장을 따로 두고 있으며 제주시 서쪽에만 세 군데 지점이 있으니 쉽게 만나볼 수 있다. 그중에서도 대정점은 차분한 분위기의 돌 창고 카페로 커피에 더 집중할 수 있다.

제주 인생 베이커리 베스트 3

01 **볼스카페** P.250

오래된 감귤 창고를 재생한 카페로 2층 빵공장에서 매 시간 신선한 빵을 카페에 공급한다. 눈 덮인 한라산 봉우리를 연상케 하는 팡도르를 추천한다.

02 **안도르** P.186

보기에도 푸짐한 디저트 안돌오름. 겉은 바삭하고 속은 촉촉한 몽블랑에 크림치즈를 용암처럼 가득 부어서 먹으면 된다. 그 외에 한라봉과 흑돼지 모양의 무스케이크도 인기다. 넓은 제주 들판과 오름이 들어오는 인생샷을 건질 수 있는 포토존은 덤.

03 **새빌** P.140

재생 건축의 묘미를 느낄 수 있는 곳. 방치되었던 리조트 건물이 빈티지한 카페로 변했다. 크루아상과 앙버터 등 직접 굽는 신선한 빵을 맛볼 수 있다. 2층 높이의 유리 너머로 우뚝 선 새별오름이 압도적이다.

카페에서 만나는
감귤밭 체험과 뷰

노랗게 잘 익은 감귤이 주렁주렁 매달린 밭을 보는 것만으로도 여행이 더 특별해진다.
감귤 체험은 귤을 따면서 먹을 수도 있고 딴 귤은 가져갈 수 있어 남녀노소에게
인기가 좋다. 요즘은 단순히 체험만 할 수 있는 농장보다는 카페와 포토존까지 갖춘
감귤밭 카페가 더욱 인기다.

어클락 P.144

제주공항에서 멀지 않은 감귤밭 카
페로 사진 찍기 좋은 포토존이 많
고 아이는 물론 반려견 동반도 가
능하다.

제주에인감귤밭 P.214

방풍림 아래 펼쳐진 낮은 감귤밭 뷰가
멋진 곳. 돌 창고를 개조한 카페가 잘 어
울린다. 감귤밭 사이에 야외 테이블도
많아 밭 전체가 카페나 다름없다. 라봉
퐁당에이드와 청귤퐁당에이드 등 대표
음료는 맛도, 비주얼도 훌륭하다.

카페 더 콘테나 P.182

걸리버 여행기에나 나올 법하게 큰
주황색 감귤 컨테이너(수확 박스)
모양의 카페. 감귤 체험이 가능하
고 감귤밭에는 감귤 모자와 의상
같은 촬영용 소품도 준비되어 있다.

나를 위한 시간
북 카페&독립 서점

여행 트렌드가 바뀌고 있다. 바쁜 관광보다는 진정한 휴식을 위한 느린 여행으로
진화하는 중인데, 독립 서점과 더불어 근사한 북 카페도 많아졌다.

유람위드북스 P.143

제주도에 있는 북 카페에서도 방문
자 리뷰 별점이 특히 높다. 카페 주변
이 밭으로 둘러싸여 있어 조용하고,
넉넉한 공간에 소장한 도서가 다양
해 책에 파묻히기 제격이다.

카페책자국 P.185

푸르게 가꾼 정원을 가진 아담한 가
정집을 개조한 북 카페로 독립 서점
도 겸하고 있다. 아늑하면서도 친절
한 분위기에서 독서 삼매경에 빠져
볼 수 있는 곳.

책방 소리소문 P.156

감귤 창고로 쓰였던 공간이 작은 마
을의 포근하고 아늑한 책방이 되었
다. 작가의 집필실 같은 필사의 방은
마치 시골에 정착한 작가의 소담한
서가 같기도 하다.

제주에만 있다!
이색 디저트

그 어디에도 없다. 오직 제주에서만! 레몬, 우도땅콩, 한라봉, 우뭇가사리,
당근, 녹차 등 제주 로컬 재료로 만든 이색적인 디저트를 만나보자.

우뭇가사리푸딩
젤라틴 없이 해녀가 채취한
우뭇가사리 원초만을
이용해 만드는 푸딩으로
커스터드, 말차, 초코, 얼그레이,
우도 땅콩 맛이 있다.

우무 P.154

한라봉양갱
감쪽같이 한라봉처럼 보이는
이것은 한라봉이 아니다!
한라봉으로 만든 양갱으로
양금에서 한라봉 과육이
씹혀 맛이 향긋하고 상큼하다.

효은디저트 산방산카페점 P.259

제주레몬무스
레몬보다 더 레몬 같은 무스 케이크.
잘게 부순 제주당근시트로 붉은 화산송이를
표현했고 녹차 크런치와 스콘은 마치 오름과
현무암 같아 보는 재미까지 더했다.

레몬뮤지엄 P.285

제주돌빵
색과 모양, 구멍까지 모양은 영락없는
현무암이지만 촉촉하고 부드럽다.
녹차, 망고, 백년초, 톳, 초코, 땅콩, 감귤
등 여러 가지 맛이 있다.

제주바솔트 P.117

우도땅콩마카롱
동그란 우도 땅콩이 빙 둘러 콕콕 박혀 있는
마카롱. 한라봉레몬요거트, 무화과, 제주쑥,
제주유기농말차 등을 골라 담은 제주 패키지가 인기.

레아스마카롱 P.118

여행에 취하고
낭만에 취하는
제주 술집

여행지에서의 밤을 분위기 있게 마무리할 수 있는 낭만 넘치는 술집들!

달사막 P.193
함덕 해수욕장 근처에 있는 감각 술집! 제주식 구옥을 채운 국내외 빈티지 소품들, 내 집 같은 편안함과 낮은 조도의 조명, 온갖 주류와 국적이 다양한 안주 등 여행지가 주는 낭만이 가득하다.

협재술시 P.146
협재 해수욕장 인근의 시골 선술집. 인기 메뉴는 딱새우회와 닭가슴연골튀김, 부산에서 공수한 어묵으로 끓인 라면 등이다. 혼자 술을 마시는 이들에게도 제격인 곳.

동백별장 P.115
제주시의 레트로 감성 술집. 친구집 마당의 평상에서 한잔하는 듯한 캐주얼한 느낌이 좋다. 스지조림과 청귤을 올린 하이볼 등 동백별장만의 개성있는 안주와 다양한 주류가 기다린다. 혼술하기에도 그만이다.

놀멍걸으멍쉬멍 P.222
포장마차인 듯 아닌 듯 법환포구에 자리한 해산물 식당. 바다가 보이는 야외에 앉아 해산물 모둠과 해물파전에 제주막걸리를 곁들이면 술이 술술 들어간다.

심플파이브 P.258
제철재료에 따라 준비되는 다섯 가지 코스요리가 하나하나 모두 맛있는 와인 바. 해질 무렵에 가면 분위기에 먼저 취한다. 창 밖으로 보이는 박수기정과 그 뒤로 이글이글 물드는 노을이 압권이다. 특별한 날에 누군가와 함께해도 좋지만 혼자가도 좋은 곳.

제주만의 감각
기념품 숍

제주도에도 해외 관광지 부럽지 않은 기념품 숍이 많다. 그중에서도 감각으로 무장한 곳들을 모아봤다. 여행의 추억을 오래 간직하고 싶거나 누군가와 나누고 싶을 땐 여기!

물 P.118 제주도의 천연 암반수로 만든 디저트 테이크아웃 전문점이다. 투명한 워터젤리 안에 제주를 대표하는 동백, 귤, 벚꽃, 유채꽃 등이 들어있다. 맛은 상큼달달한 과일향으로 제주 여행 기념 이색 선물이나 파티 디저트로 추천한다.

냠냠제주 P.194 제주 유일의 감귤잼 전문점으로 냠냠제주에서는 마말랭이라고 부른다. 친환경 감귤에 유기농 설탕만을 넣고 졸여 만드는데 귤껍질까지 사용하여 향과 식감을 살렸다. 양파, 당근, 밤호박 등 다양한 제주 재료로 만든 마말랭도 있다.

제주별책부록 P.224 제주별책부록은 이름처럼 제주 여행에서 또 다른 특별한 선물을 경험하고 얻어갈 수 있는 곳이다. 제주올레에서 운영하는 곳으로 제주의 가치를 담은 생활용품, 패션, 디자인 등 다양한 상품을 판매한다.

팰롱팰롱빛나는 P.197 수제 비누 전문점으로 한라산, 애월 해변 등 모든 비누에 제주도의 풍광이 담겨있어 기념품으로 더할 나위없다. 청대분말, 숯, 파프리카 등 천연재료를 사용하며 순하고 매장에서 직접 사용해보고 선택할 수도 있다.

반려견과 함께하는
제주 여행

제주도는 대부분의 볼거리가 자연 경관으로 반려동물과 여행하기에 더욱 좋다. 반려동물 인구 1천만 시대로 접어들면서 그중 특히 반려견과 함께 다닐 수 있는 곳도 점점 많아지고 있다. 바다, 오름, 해안 산책로와 같은 무료 자연 관광지는 대부분 동반 가능하다. 아래에는 그 외에 사설 관광지, 맛집, 카페, 숙소 등을 지역별로 모아봤다.

구분	관광지	식당	카페	숙소
제주 시내	・도두봉 ・사라봉 ・수목원길야시장 ・한라수목원 ・연대포구	・시나르(멕시칸) ・문문선 ・돼지의 꿈 ・양대감 ・국밥촌	・미스틱 3도 ・외도339 ・커피템플 ・진정성 종점 ・컴플리트커피 ・커피구십구점구 ・카페물결(야외) ・스프레무따	・캠퍼트리 호텔앤리조트 ・아라팰리스호텔 ・테라스힐 ・스카이라인펜션
제주시 서부	・곽지 해수욕장 ・한담 해안산책로 ・항파두리 항몽 유적지 ・새별오름 ・한림공원 ・월령 선인장 군락지 ・화순곶자왈 ・수월봉 엉알길	・애월오누이(한식) ・노라바(해물라면) ・심바카레 ・어애랑(갈치조림) ・배롱정원(브런치) ・별돈별 본점(돼지)	・새빌 ・카페유주 ・명월국민학교 ・제주시차 ・브리프 애월 ・빅프렌즈미디어카페 ・카페이면	・서쪽강생이 ・제주애단비 애월 ・제주애단비 귀덕 ・멍멍플레이스 ・이큐스테이 ・하이제주호텔
제주시 동부	・스누피 가든 ・비밀의 숲 ・세화 해수욕장 ・김녕 해수욕장 ・서우봉 둘레길 ・아부오름 ・우도 ・거문오름, 산굼부리, 비자림, 사려니 숲길, 돌문화공원, 절물 자연휴양림 모두 불가	・오선 ・뜰향기 ・무거버거 ・몰마농(문어라면) ・김녕빗소리(튀김) ・달이뜨는식탁	・이에르바 ・카페글렌코 ・꼬스뗀뇨 ・안도르 ・말로 ・모알보알 ・풍림다방 ・카페리	・어썸스테이 ・가을이네 ・제주코기네 ・맘앤도그 ・농띠펜션 ・또자스테이
서귀포 시내	・이중섭 거리 ・새섬 ・외돌개 ・쇠소깍 ・소정방폭포 ・정방폭포, 천지연폭포 불가	・호루의 한끼(한식) ・앙끄레국수 ・탐라갈치 ・꼬라지오(브런치) ・친봉산장	・제주에인감귤밭 ・서홍정원 ・너본 ・봉꾸라주 ・친봉산장 ・허니문 하우스	・헤이서귀포 ・비올채움 ・시루네펜션 ・채우리네
서귀포시 서부	・중문 해수욕장 ・송악산 둘레길 ・오설록 티 뮤지엄 ・카멜리아힐 ・노리매공원 ・군산오름 ・포레스트판타지아 ・서귀포 자연휴양림, 곶자왈도립공원 불가	・산방식당 ・산방산초가집(전복) ・한와담(한우) ・모메든식당(돼지) ・커뮤니테이블(양식) ・제주해조네(보말성게) ・새물국수 ・봉유(돈가스) ・초밥충전	・인스밀 ・볼스카페 ・청춘부부 ・마노르블랑 ・더리트리브 ・풀베개 ・더클리프 ・마녀의 언덕	・제주에코스위츠 ・본본제주 ・웨스티하우스 ・바다스케치펜션 ・씨사이드아덴
서귀포시 동부	・보롬왓 ・허브동산 ・일출랜드 ・제주민속촌 ・동백포레스트 ・신천목장 ・머체왓 숲길, 성산일출봉 불가	・옛날팥죽 ・동선제면가(국수) ・당포로나인돈카츠 ・쉐프1192레스토랑 ・코코마성산점(씨푸드) ・금백조로가든(한식) ・성산마씸(한식) ・흑돼지패밀리	・담소요 ・쉬어갓 ・레몬뮤지엄 ・브라보식당 ・어니스트밀크 ・그리울땐제주 ・초가헌 ・제이아일랜드	・그림그리는펜션 ・휘게애견펜션 ・다온재 ・애견펜션하젠 ・제주와싱톤

★ 반려견 동반 가능한 곳이라도 목줄, 펫 캐리어나 켄넬 등의 사용 규정은 장소마다 다르고 변동 가능하니 미리 체크할 필요가 있다.

진짜 제주를 만나는 시간

AREA
01

여행의 시작과 끝,
하루쯤은 이곳에서!

제주 시내

제주 여행의 관문이자 제주 도민의 주요 생활권으로 대중교통이나 주요 도로 모두 제주 시내에서 시작된다. 제주 전역으로 접근성이 탁월해 숙소를 꼭 관광지 주변에 잡을 필요는 없다. 가성비 좋은 호텔들과 이름난 맛집, 술집 등이 제주 시내에 가장 많다. 제주 시내권의 핫플레이스는 원도심! 도시 재생 사업으로 새롭게 거듭난 원도심을 걸으며 과거로 여행을 떠나보자. 날짜가 맞는다면 제주시 민속오일시장까지!

03

용담-도두 해안도로

여행의 시작과 마무리는 무지개
해안도로에서 인생 사진 찍기.

#인생사진 #드라이브 #공항가기전

02

이호테우 해변

말 등대가 있는 방파제에서
노을 기다리기.

#도심해수욕장 #인생사진
#빨간말등대 #공항근처바다

05

수목원길 야시장

맛있는 푸드 트럭들이 분위기 근사한
소나무 숲에 모였다!

#야시장 #제주시맛집 #벼룩시장
#제주시밤여행

01

원도심 투어

과거의 모습이 남아 있는 제주의 옛 도심,
걸을수록 많이 볼 수 있는 곳!

#도시재생디자인 #뮤지엄 #구옥카페 #도보여행

04

아침미소목장

제주 시내의 숨은 목장.
목가적인 풍경에 다양한 스타일의
포토존은 SNS 인기 사진 명소.

#초원포토존 #이국적 #카이막

제주 시내
상세 지도

도두동 무지개 해안도로 04

바이제주 02

은갈치김밥 14

유동커피 소금공장점 04

도두봉 05

도두해녀의 집 08

✈ 제주국제공항

카페진정성 종점 03

02 이호테우 해수욕장

07 제주시 민속오일시장

02 그럼외도

03 물

식당 마요네즈 06

삼성혈 해물탕 19

레아스마카롱 04

20

앞뱅디식당 17

진미네식당

24 동백별장

10 해녀고기

커피구십구점구 05

08 수목원길 야시장

0   500m

01 원도심

18 돈물국수

06 감각인네

05 필름로그

제주바솔트 01   풍어회센타
09

하나로마트
제주점

부지깽이 11   15 남춘식당

다가미김밥 13

21 갱이네보말칼국수

16 문문선

명물 07   일통이반 12   ● 디앤디파트먼트 제주
● 아라리오 뮤지엄 탑동 시네마
● 솟솟리버스 제주

아라리오 뮤지엄 동문모텔2

정성듬뿍제주국 23   ● 마음에온
리듬앤브루스 ●   ● 아라리오 뮤지엄 동문모텔1
● 순아커피

우진해장국 22   06 동문시장

01 커피템플

03 아침미소목장

091

01 아날로그의 귀환
원도심 투어

추억을 떠올리게 하는 공간은 빠르게
변하는 현대를 살아가는 우리에게 여유
와 감동을 준다. 심지어 그곳에 살아본
적 없는 사람들도 향수에 공감한다. 제
주의 원도심도 그렇다. 원도심은 지역민
들 사이에서 공항을 중심으로 나눈 신
제주와 구제주 중 구제주다. 제주목 관
아가 있었던 곳으로 행정, 교통, 상업의
중심지였다. 조선시대에 이어 일제 강
점기까지의 흔적이 남아 있던 구옥이나
여관, 극장 등 방치되었던 공간들이 갤
러리나 카페, 책방 등으로 새로 태어났
다. 원도심은 걸어서 다녀보길 권한다.
제주목 관아와 산지천을 중심으로 둘
러보면 된다.

원도심을 제대로 즐기는 방법

아라리오 뮤지엄

원도심에 오랫동안 방치되었던 건물들이 미술관으로 재탄생했다. 그중 하나가 아라리오 뮤지엄. 폭넓은 분야의 글로벌한 현대 미술품을 만나볼 수 있는 곳으로 3개의 건물에 흩어져 있어 모두 관람하다 보면 자연스럽게 원도심을 관통한다. 아라리오 뮤지엄은 이름 뒤에 탑동 시네마, 동문 모텔 I, II 등 기존의 건물 이름을 그대로 붙였다. 기존 건물의 쓰임과 구조를 그대로 둔 채 일부분만 해체해 미술관이 과거에 어떤 곳이었는지도 알 수 있다. 지나간 시간의 흔적을 남긴 아라리오 뮤지엄의 시도는 신선했고 조용하던 구도심에 활력을 불어넣었다.

📍 제주시 탑동로 14 🅿 있음(탑동 시네마)
₩ 탑동 시네마 성인 15,000원, 청소년 9,000원, 어린이 6,000원/동문 모텔 I, II 성인 20,000원, 청소년 12,000원, 어린이 8,000원 🕙 10:00~19:00(월요일 휴무) 📞 064-720-8201
🏠 www.arariomuseum.org

솟솟리버스 제주

리버스(Rebirth), 재고품의 근사한 재탄생. 고객의 손에 닿지 못한 재고를 수거해 새로운 가치를 더하는 코오롱스포츠의 친환경 프로젝트. 실용성을 더하고 제주를 상징하는 디자인을 담아 업사이클링, 리사이클링한 상품을 전시, 판매하고 있다. 쇼케이스 선반은 해변에서 수거한 스티로폼을 활용했고 수십 년 된 낡은 건물의 개조는 최소화했다. 공간의 소재까지 100% 리사이클과 업사이클로 이뤄져 의미를 더한다. 제주시 원도심의 대표적 업사이클링 공간인 아라리오 뮤지엄과 마주해 있으니 함께 돌아보길 추천한다.

📍 제주시 탑동로 13 (1~2층) 🅿 있음(솟솟리버스 맞은편 공영주차장)
🕙 11:00~19:00 📞 064-723-8491 📷 @kolonsport_rebirth

디앤디파트먼트 제주
D&DEPARTMENT JEJU

일상에서 사용하던 물건들의 디자인 가치를 깨닫게 해주는 곳이다. 디앤디파트먼트 제주에 가면 자주 본 물건들이 묘하게 갖고 싶어진다. 세련되고 트렌디해 보이지만 가만히 들여다보면 제주에서 오래전부터 사용하던 익숙한 물건들을 판매하고 있다. 바구니, 식판, 귤을 담는 컨테이너, 옹기, 나무 반상 등 세월이 흘러도 생명력 있는 디자인을 만나볼 수 있는 곳. 디앤디파트먼트 제주는 '롱 라이프 디자인'을 추구하는 곳인 동시에 신개념 공간으로 숙박, 식당, 팝업 스토어, 전시 공간 등이 한 건물에 있다. 심플한 건물 외벽은 SNS의 인기 포토존!

📍 제주시 탑동로2길 3 🅿 있음 🕙 11:00~19:00(수요일 휴무)
📞 064-753-9902 🏠 d-jeju.arario.com

마음에온

칠성로 쇼핑 거리 사이. 초록 숲을 방불케 하는 정원길을 따라 들어가면 아담한 고택 카페 마음에온을 만날 수 있다. 창틀과 문, 서까래, 오래된 문패와 고가구가 시간의 흐름을 비웃듯 옛 정취 그대로다. 빌딩 숲 사이에 있지만 창밖으로 가득한 초록이 더욱 따뜻한 느낌을 주는 곳! 디저트로는 곶감 사이에 호두와 크림치즈가 꽉 찬 치즈곶감말이를 추천한다.

📍 제주시 칠성로길 29-1 🅿 없음 ✕ 치즈곶감말이 4,000원, 오미자에이드 6,500원 🕐 토~목 10:00~20:00, 금 12:00~20:00
📞 010-6605-0953 📷 @oncafe0707

순아커피

순아커피는 일제 강점기에 지어 100년의 시간을 견뎌낸 적산가옥에 자리했다. 마치 드라마 〈미스터 션샤인〉 속으로 들어온 느낌! 1층 주방 옆쪽에는 순아커피의 히스토리가 적혀 있는데, 이 건물의 주인이었던 큰어머님에 대한 이야기를 알 수 있다. 삐거덕 소리 나는 계단, 윤기가 흐르는 나무들과 오래된 타일 등 지나온 시간의 흔적을 발견하는 즐거움이 있다. 소박하지만 귀한 곳!

📍 제주시 관덕로 32-1 🅿 없음 ✕ 드립커피 6,500원, 제주청차 7,000원 🕐 09:00~19:00
(일·월요일 휴무) 📞 010-9202-0120 📷 @myhaihaba

리듬앤브루스
[리듬]

쌀집을 개조해 한동안 인기를 끌었던 카페 '쌀다방'이 이번엔 목욕탕으로 자리를 옮겼다. '태평탕'이라는 옛 간판과 벽면의 타일, 사우나실 등을 그대로 두어 옛 목욕탕의 흔적을 느껴볼 수 있다. Rhythm_and_Brew_s라는 이름처럼 음악과 커피가 어우러진 공간이다. 강아지들이 반겨주는데 그중에는 순하지만 꽤 큰 대형견도 있다. 강아지를 무서워하는 분들은 참고할 것.

📍 제주시 무근성7길 11 🅿 없음 ✕ 쌀라테 6,000원, 리볼브 아메리카노 4,500원
🕐 10:00~20:00(목요일 휴무) 📞 070-7785-9160 📷 @rhythm_and_brew_s

02 제주에만 있는 조랑말 등대
이호테우 해수욕장

이호테우 해수욕장은 공항에서 가장 가까운 해수욕장으로 비행시간 전후로 잠깐 들르기 좋다. 해수욕보다는 제주도에서만 볼 수 있는 조랑말 등대가 더 유명하다. 빨간 말과 하얀 말 등대와 바다, 그리고 한라산을 배경으로 인생 사진을 찍어보자. 이호테우라는 이름의 '테우'는 뗏목처럼 생긴 제주 고유의 고기잡이배로 매년 여름이면 이를 주제로 한 축제가 열린다. 전통 멸치잡이를 재현하고 테우 노젓기, 테우 끌기 등 다양한 행사가 펼쳐진다. 일몰 명소로도 소문나 있다.

📍 제주시 도리로20 🅿 있음 📞 064-740-6000(상담시간: 09:00~18:00)
🏠 www.visitjeju.net

03 마치 뉴질랜드 같은
아침미소목장

초원에서 자유롭게 풀을 뜯는 젖소들을 만나볼 수 있는 곳. 아침미소목장은 제주 최초의 젖소 목장으로 한국에서 유일하게 자유방목동물복지 인증을 받았으며 3대째 다양한 유제품을 생산해오고 있다. 목장에 방문한다면 바질, 옥수수, 당근 등 여러가지 맛의 카이막과 빵이 함께 나오는 스프레드 세트를 추천한다. 목가적인 풍경의 산책로와 포토존 그리고 동물 먹이주기 체험까지 할 수 있어서 남녀노소를 불문하고 여유롭게 힐링할 수 있는 목장이다. 제주 시내에서 가까운 것 또한 장점이다.

📍 제주시 첨단동길 160-20 🅿 있음 ✖ 카이막 스프레드 세트 16,000원, 수제 요구르트 150ml 2,000원 🕐 10:00~17:00(화요일 휴무) 📞 0507-1469-2545 📷 @tincrest_cafe

TIP 송아지 우유 주기와 동물 먹이 주기는 현장 접수, 아이스크림 만들기는 홈페이지에서 사전 예약 필수.

04 제주공항과 가까운 해안도로
도두동 무지개 해안도로

용두암부터 도두봉까지 5km 정도 해안을 따라 이어진 길로 카페와 횟집, 숙소 등이 모여 있다. 제주올레 17코스의 경유지인 만큼 드라이브뿐만 아니라 걷기에도 좋은 길이다. 일몰 무렵에 특히 아름답고, 밤에는 바다를 향해 설치된 조명 덕분에 분위기 넘치는 밤바다를 즐길 수 있다. 도두봉 옆부터 세워진 방지석은 무지개색으로 덧칠해 SNS에서 인생 사진 찍기 좋은 곳으로 유명하다. 공항에서 가까워 제주 시외로 나갈 만한 시간 여유가 없을 때 들러볼 만하다.

📍 제주시 서해안로 671 📞 064-740-6000(상담시간: 09:00~18:00)
🏠 www.visitjeju.net

05 공항 옆 키세스 오름
도두봉

공항 바로 옆 해안가에 위치한 낮은 오름으로 가볍게 오를 수 있는 것이 장점이다. 10분도 걸리지 않아 정상에 오를 수 있는데 반해 한라산과 바다, 공항 활주로까지 사방이 탁 트인 파노라마를 감상할 수 있어 기대하지 않았던 선물같은 느낌이 든다. 인근의 이호테우 해수욕장 말 등대와 더불어 제주 시내권의 손꼽히는 일몰 명소다. 정상에는 '키세스존'이라는 별칭까지 있는 인생샷 명소가 있어 관광객들이 줄을 잇는다.

📍 제주시 도두일동 1727-1(오름 입구) 🅿 있음(협소) 📞 064-740-6000(상담시간: 09:00~18:00) 🏠 www.visitjeju.net

제주동문시장
JEJU Dongmun Market 济州东门市场 济州東門市場 Gate 8

 06

야시장도 열리는 재래시장
동문시장

제주에서 가장 오래되고 규모가 큰 상설 재래시장으로 제주
공항에서 15분 거리다. 제주의 농축수산물과 여행객을 위한
기념품도 판매하고 있어 인기 코스 중 하나다. 오메기떡, 빙떡,
귤하르방빵, 한라봉주스 등 제주 먹거리가 모여 있고, 수십 년
전부터 이어져온 제주 특유의 떡볶이를 파는 분식 거리, 전통
음식 상가가 어우러져 지역민과 여행객이 사랑하는 시장이 되
었다. 저녁 6시부터 시작되는 야시장은 8~11시가 피크. 야시
장은 8번 게이트 앞에서 열린다.

📍 제주시 관덕로14길 20 🅿 있음 🕐 07:00~20:00, 야시장 18:00~
24:00 📞 064-752-3001 🏠 www.visitjeju.net

동문시장에서 꼭 먹어보자!

01 꿀호떡, 쑥호떡 우정이네 동문호떡
꿀호떡이 인기를 끌면서 종류가 하나둘 더해진 포장마차로 호떡 거리까지 생기게 한 원조 호떡집.

02 떡볶이 사랑분식
25년 넘게 도민들의 발길이 끊이지 않는 떡볶이집. 주말엔 줄을 서기도.

03 문어치즈빵 문빵9
말린 문어를 갈아 넣은 제주보리 반죽 안에 모차렐라 치즈를 넣은 문어빵.

04 흑돼지문어, 한라산딱새우, 치즈폭탄 깡통화덕
깡통화덕에 구워 겉은 바삭하고 속은 촉촉한 만두! 흑돼지, 딱새우, 치즈 등 골라 먹는 제주의 맛.

05 한라봉주스, 감귤칩 제주스
동문시장에서 가장 진하고 맛있는 생과일 주스. 바삭한 감귤칩은 비타민 충전 간식.

06 오메기떡 진아떡집
오메기떡 전문점. 쑥 향이 살짝 나며 부드러우면서도 많이 달지 않다. 인기가 많아 줄을 서기도 하지만 주변에 다른 오메기떡집도 꽤 많으니 참고하자.

동문 야시장에서 꼭 먹어보자!

01 전복버터밥 돈복이
가장 오래도록 사랑받는 메뉴로 전복버터밥과 매콤한 불 맛이 살아 있는 돼지고기에 아삭하고 향긋한 미나리까지!

02 흑돼지오겹말이 블랙포크
흑돼지 위에 양배추, 팽이버섯 등 각종 채소를 넣고 순대처럼 돌돌 말아 구운 요리.

03 전복김밥, 전복주먹밥 전복김밥
전복김밥은 곁들여 나오는 무장아찌와 찰떡궁합! 주먹밥은 전복을 하나씩 올리고 직화로 한 번 더 굽는다.

04 레드랍스터치즈구이 RED LOBSTER
착한 가격에 맛볼 수 있는 랍스터 세트 요리! 불 쇼에 시선을 빼앗기다 보면 기다리는 시간도 총알처럼~.

05 통큰 삼겹살김밥 동문삼겹살김밥
밥 위에 깻잎, 양배추, 쌈장, 청양고추와 삼겹살 두 줄을 넣어서 두껍게 만 김밥. 삼겹살 몇 점 더 얹어주는 센스까지~.

06 애플통수박 애플수박통주스
수목원길 야시장에 파인애플통주스가 있다면, 동문 야시장엔 애플수박통주스!

07 제주 제일의 만물상
제주시 민속오일시장

1905년에 처음 열려 제주에서 가장 오랜 전통을 가진 시장으로 제주도 내에서는 물론 전국에서도 손꼽히는 규모다. 여행객들도 일정 중에 들러보는 유명한 재래시장인데, 지역민들은 쇼핑할 목적이 없어도 오일장을 찾는다. 바로 먹거리를 즐기기 위해서다. 땅꼬분식, 춘향이네, 할망빙떡, 지숙이네 호떡 등 몇 곳은 유명한 맛집으로 소문이 나 있다. 이 오일장이 더욱 특별한 이유는 할머니만 입점 가능한 '할망장터'가 있다는 것. 어르신들을 위하는 마음이 엿보이는 대목이다.

📍 제주시 오일장서길 26　🅿 있음　🕐 08:00~20:00
📞 064-743-5985　🏠 http://jeju5.market.jeju.kr

 TIP 장 열리는 날
매월 2일, 7일, 12일, 17일, 22일, 27일

민속오일시장에서 꼭 먹어보자!

01 빙떡 할망빙떡
제주의 관혼상제 때 먹는 떡으로 팬에 묽게 갠 메밀 반죽을 두른 뒤 삶은 무채를 넣고 말아 심심하지만 계속 손이 간다. 육지에서 먹기 힘든 음식이니 도전해보자.

02 호떡 지숙이네 호떡
늘 줄이 길게 늘어서 있는 곳으로 오일장의 호떡 맛집이다. JTBC〈효리네 민박〉에도 나온 그곳.

03 떡볶이&튀김 도넛 땅꼬
민속오일장의 먹자골목에서 단연 사람이 많은 곳은 바로 여기. 가래떡으로 만든 떡볶이와 달달한 튀김 도넛이 스테디셀러.

08 맛과 멋이 있는 밤 여행 코스
수목원길 야시장

수목원 테마파크에서는 밤마다 4천여 평 규모의 야시장이 열린다. 일반적으로 좁고 북적이는 야시장 분위기와 달리 소나무 숲의 쾌적한 밤공기와 은은한 조명이 만나 상당히 운치 있다. 수목원길 야시장의 하이라이트는 여러 대의 개성 넘치는 푸드 트럭이다. 흑돼지, 뿔소라, 전복 등 로컬 식재료로 만든 기발한 요리가 많아 골라 먹는 재미가 있다. 벼룩시장, LED 불빛공원, 포토존과 버스킹 공연 등의 볼거리도 심심치 않다. 여러 명이 가도 오랜 시간 먹고 즐길 수 있어 맛에 멋까지 더한 밤 여행 코스로 추천!

📍 제주시 은수길 65 🅿 있음 🕐 18:00~22:00(동절기 22:00까지, 하절기 23:00까지) 📞 064-742-3700 🏠 www.sumokwonpark.com

수목원길 야시장에서 꼭 먹어보자!

01

02

03

04

05

01 고인돌고기 064푸드트럭
손으로 들고 통째로 뜯어 먹는 칠면조 다리! 웬만한 남자 주먹보다 크다. 이름처럼 구석기시대에 어울릴 법한 비주얼!

02 소고기 큐브스테이크 와이키키제주
먹기 좋은 크기로 썬 큐브스테이크에 버섯과 통마늘 구이까지 가성비 갑!

03 오겹살김밥 1984H
바로 구운 오겹살과 아삭하고 맵지 않은 오이고추, 당근이 들어간 영양 만점 김밥.

04 흑돼지왕꼬치 오빠돈
제주 흑돼지를 간식으로! 불 맛 제대로 입힌 매콤 달콤 흑돼지왕꼬치.

05 파인애플통주스 삔디
수목원길 야시장의 베스트셀러. 잘 익은 파인애플 속을 파서 갈아 통을 컵으로 즐긴다. 신선한 파인애플 향 가득! 신맛은 제로.

빙떡 제주의 관혼상제에 빠지지 않는 음식. 팬에 묽게 갠 메밀 반죽을 두른 뒤 삶은 무채를 넣고 말아 심심하면서도 고소하다.

기름떡 틀로 찍어낸 찹쌀떡을 넉넉하게 두른 기름에 노릇노릇하게 지져서 설탕을 뿌려 먹는다. 제주 제사상에 오르는 음식으로 지름떡이라고도 부른다.

제주 송편 완두콩이나 녹두 앙금이 들어 있고 모양이 일반 송편과 달리 둥글 넙적하다. 추석이 아니라도 늘 사 먹을 수 있는 제주 별미! 인기가 좋아 오전에 완판되는 경우가 많다.

제주흑돼지 제주도 여행에서 빠지지 않는 메뉴인 돼지고기. 제주 도민들은 흑돼지고기나 일반 돼지고기를 크게 가리지 않는다! 둘 다 맛있으니까~.

자리젓, 멜젓 쌈에는 자리젓(자리돔), 돼지고기에는 멜젓(멸치)이 잘 어울린다. 무게로 달아서 팔기도 하니 먹을 만큼만 사면 된다.

보석굴 제주도 여행 기념 선물로 많이 사는 귤칩의 대명사.

귤 말랭이 보석귤 다음으로 인기 있는 한 알 한 알 쪼개 말린 귤. 새콤달콤하고 쫀득쫀득~. 천연 캐러멜 그 자체다.

감귤 과줄 튀밥이 붙어 있는 모양새는 육지에서 맛본 찹쌀 과줄과 비슷하지만 맛은 다르다. 더 단단하고 겹겹이 바삭하면서 은은한 감귤 향이 난다.

마트에 제주에서만 먹을 수 있는
음식이 있다!

제주시 하나로마트는 관광객들에겐 단순한 마트가 아닌 새로운 맛을 발견할 수 있는 미식 여행 코스이기도 하다. 여행의 추억이 될 만한! 육지에서는 보기 드문, 제주 도민들이 즐겨 먹는 하나로마트 먹거리를 소개한다.

📍 제주시 남광로 206(하나로마트 제주점)
🅿 있음 🕐 08:30~22:00(명절 당일 휴무)
📞 064-729-1551

TIP 제주 공항을 중심으로 동쪽 건입동에 있는 하나로마트 제주점이 가장 크다. 서쪽으로 여행을 시작한다면 애월점을 추천한다.

제주도 생치즈 세계 유명 치즈와 견주어도 손색없을 제주도 생치즈. 짜지 않으면서 고소하고 쫀득한 것이 매력!

제주도 우유 더 고소하고 진한 청정 제주의 대표 우유!

쉰다리 남은 밥에 누룩을 넣어 발효시킨 조상의 지혜가 담긴 전통 음료.

한라산 소주 제주도 대표 소주 한라산, 17도와 21도 2가지가 있다.

제주 막걸리 제주 도민이 가장 사랑하는 술. 점심시간부터 식당의 식탁에서 자주 볼 수 있다. 달달하게 톡 쏘는 맛이 일품이니 제주도 여행 중 꼭 한 번은 맛보길.

 한국 국가대표의 커피
커피템플

월드 바리스타 챔피언십 한국 국가대표, 김사홍의 커피템플 3호점. 이곳에 가면 그의 2016년 세계대회 1등에 빛나는 '슈퍼클린 에스프레소'를 맛봐야 한다. 초미분을 걸러 쓴 맛과 텁텁한 자극을 줄인 깔끔한 맛으로 슈퍼클린이라는 네이밍에 고개가 끄덕여진다. 사용되는 모든 잔도 특별한데 제주옹기로 유명한 담화헌의 제품이다. 제주옹기는 유약을 입히지 않고 천연 흙을 구워 만든 숨쉬는 도자기다. 감귤밭 사이에 있는 돌창고를 개조해 만든 곳으로 마당의 나무 아래 야외 좌석에 앉으면 은은한 커피향과 함께 한적한 여유로움에 빠져볼 수 있다.

📍 제주시 영평길 269 중선농원 🅿 가능 ✕ 시그니처 슈퍼클린 에스프레소 가격 변동, 핸드드립 커피 변동 🕘 09:00~18:00
📞 070-8806-8051 📷 @coffeetemple_jeju

02 제주 돌멩이가 커피 속으로
그럼외도

외도 마을 안에 아담한 정원이 있는 농가주택을 개조한 카페. 인테리어에서부터 각종 메뉴에 제주 돌멩이가 모티브로 사용되었다. 주문을 하면 진동벨 대신 돌멩이 번호표를 손에 쥐어준다. 시그니처는 현무암 모양을 그대로 재현한 검은 커피 얼음이 매력인 '돌멩이커피'! 디저트로는 흑임자, 귀리, 녹차잼, 귤잼 등을 토핑한 앙증맞은 모양의 증편과 '그럼아이스'가 인기다. 공항과 가까워 여행의 마지막 아쉬움을 달래기에 좋다.

📍 제주시 월대3길 16 🅿 없음(인근 주차 용이) 🍴 돌멩이라테 6,500원, 그럼아이스 7,500원, 증편 7,000원 🕐 11:00~18:00(화요일 휴무) 📞 0507-1496-0719 📷 @jeju_glomoedo

03 진심이 와 닿는 곳
카페진정성 종점

맛과 분위기 뭐 하나 빠질게 없이 진정성이 느껴지는 곳이다. 김포 기점을 시작으로 입소문이 나기 시작해 현재 여의도, 논현 등에 이어 제주 종점에 이른 인기 카페. 푸른 바다를 실컷 볼 수 있는 도두추억愛거리 해안도로에 그와 아주 잘 어울리는 개방감 넘치는 건축 디자인은 화룡점정이다. 제주 마을마다 있는 쉼터의 풍경인 퐁낭(팽나무)을 카페 앞에 심어두어 제주의 토속적인 감성까지 담아낸 센스! 특히 밀크티와 커피에 쏟은 진심을 느껴보시라.

📍 제주시 서해안로 124 🅿 있음 (제주시 도리로 111) 🍴 아메리카노 5,000원, 플랫화이트 5,500원 🕐 09:00~21:00 📞 0507-1369-7674 📷 @cafe_jinjungsung

04 소금공장과 커피의 만남
유동커피_소금공장점

제주 3대 커피로 소문난 유동커피가 소금공장에 자리를 잡았다. 제주는 고온다습하여 소금이 귀했다. 영일 소금창고는 1982년부터 제주 소금 생산을 담당해 오던 곳이었다. 과거 공장일 때 건물 외관을 그대로 남겨두어 과거와 현재를 조화롭게 녹였고 내부 인테리어 역시 소금공장의 이미지에 현대적 해석을 더했을 뿐이다. 대표 메뉴는 커피와 소금이라는 테마를 접목시킨 소금우유라테와 소금빵이다. 단짠의 매력에 푹 빠져보자.

📍 제주시 용마서1길 30 🅿️ 있음(인근 주차 가능) 🍴 소금우유라테 6,500원, 소금빵 3,800원, 소금버터 브륄레 라테 6,500원 🕐 09:00~18:00 📞 0507-1391-6663 📷 @youdongcoffee

05 정성에 디자인을 더하다
커피구십구점구 Coffee99.9

많은 카페들이 우후죽순 생기고 또 사라지고, 대형 매장들이 수없이 들어서는 와중에도 같은 자리에서 긴 시간 자리를 지켜온 작지만 강한 카페다. 화사한 실내로 발을 딛는 순간 갤러리인가? 하는 착각이 들지도 모른다. 디자인을 겸업 중인 카페 주인장이 사랑하는 디자이너 디터 람스의 작품이 벽면을 채우고 있기 때문이다. 한국에서 찾아보기 힘든 귀한 아이템도 전시 중이다. 오래 변치 않고 지켜온 건 정성과 진심. 좋은 재료로 하나부터 열까지 직접 만드는 모든 메뉴는 맛과 멋이 조화를 이룬다.

📍 제주시 노형동 1100로 3173 🅿️ 있음 🍴 꿀몽 8,000원, 퐁당쇼콜라 6,500원, 흑임자아이스크림 6,000원 🕐 09:00~18:00(화요일 휴무) 📞 064-745-9909 📷 @coffee99.9

06 다 맛있어서 고민되는 곳
식당 마요네즈

이곳에서 가장 유명한 것은 돈카츠다. 육즙 가득하게 잘 튀겨 겉은 바삭하면서도 한 입 베어물면 이렇게 부드러울 수가 있나 싶게 입에서 녹는다. 그냥 먹어도 맛있는 제주산 돼지고기를 무려 60시간 습식숙성과 24시간 건식숙성을 거쳐 만든 돈카츠다. 매콤 크림 스파게티와 치즈 미트볼 스파게티도 딱 맞는 간에 살짝 매콤한 맛이 좋다. 여러 명이 간다면 메뉴를 다양하게 맛보길 권한다. 모두 다 맛있어서 한 가지만 추천하기가 어려운 곳이다.

📍제주시 다랑곶3길 18 🅿없음 🍴등심+안심 돈카츠 14,500원, 마요네즈 필라프 12,500원, 치즈 미트볼 스파게티 14,000원
🕐11:30~22:00(브레이크 타임 15:00~17:00) 📞010-7444-9142
📷@yangmayoh

07 객주리 요리의 원조
명물

객주리는 쥐치과의 생선으로 객주리조림은 제주도에서 꼭 먹어봐야 할 음식 중 하나다. 명물식당은 제주 공항 근처에서 쥐치 요리의 원조로 입소문 난 곳. 맛의 비결은 신선한 재료다. 사장님이 수산 유통업을 겸해서 싱싱한 제철 생선을 언제나 싸게 맛볼 수 있다. 회나 구이, 탕 등 다양한 메뉴가 있지만 칼칼하면서도 감칠맛 도는 양념에 살까지 통통한 객주리조림을 추천한다. 문을 연 지 20년 넘은 오래된 맛집으로 대통령이 다녀가서 더 유명해진 탑동 1호점과 연동 2호점이 있다.

📍제주시 탑동로11길 2-1(1호점), 제주시 연오로 8(2호점) 🅿있음
🍴쥐치조림 中/小 65,000원/55,000원, 쥐치매운탕 50,000원, 각종 회 30,000~100,000원 🕐09:00~21:00 📞064-723-5233
(전화 예약 가능)

08 성게 철에 꼭 가봐야 할 곳
도두해녀의 집

제주에는 초여름에만 맛볼 수 있는 메뉴가 있다. 바로 성게비빔밥. '도두해녀의 집'의 성게비빔밥은 성게 알이 아주 푸짐하다. 참기름 쪼르르 부어 비비면 풍미는 배가 된다. 냉동 성게로도 만들 수 있는 국이나 찌개와 달리 성게비빔밥은 딱 성게 철에만 맛볼 수 있다. 인기가 좋아 제철이라도 금세 떨어질 수 있으니 성게가 있는지 전화로 확인하고 출발하는 것이 좋다. 그 외 각종 물회나 전복죽은 일 년 내내 맛볼 수 있다. 공항에서 차로 10분 거리라 여행의 시작이나 마무리에 한 끼 식사하기 좋다.

📍제주시 도두항길 16 🅿있음 🍴전복물회 12,000원, 성게비빔밥 17,000원, 전복죽 14,000원 🕐10:00~20:00(브레이크 타임 15:30~17:00) 📞064-743-4989

09 제철 자연산만 고집하는
풍어회센타

여름철에 한치회를 찾는다면 도민들 사이에서 가장 먼저 언급되는 식당이다. 제철의 싱싱한 자연산 횟감만을 고집하면서 가성비까지 좋다. 한치회를 주문하면 참기름과 참깨가 솔솔 뿌려진 채썬 깻잎이 나오는데 한치와 아주 잘 어울린다. 한치를 주문하고 먹다보면 옥돔구이과 된장찌개까지 나온다. 식사를 겸한다면 야채밥을 주문해 비벼먹는 것이 이 식당의 코스처럼 되어있다. 여름에는 한치가 주요 메뉴고 겨울이 되면 대방어가 주요 메뉴다. 맛집이니 영업 시작 전에 대기를 해야 할 수도 있다.

📍제주시 연수중길 15 ℗없음 ✕한치(한접시) 35,000원, 한치숙회 35,000원(변동), 특방어 大/小 45,000원/35,000원 🕐16:30~21:30(재료 소진시 영업 종료) 📞064-727-0401 📷@poong_jeju

10 해녀가 직접 구워주는 흑돼지
해녀고기

제주돼지는 사실 맛이 다 좋다. 거기에 제주 여행의 추억 한 편까지 담을 수 있는 식당이 해녀고기다. 현직 최연소 해녀 이유정씨가 손님을 맞이한다. '오전엔 물질, 오후엔 가위질'을 슬로건처럼 던지며 전통 해녀복까지 장착하고 직접 잡은 제주 해산물과 함께 돼지를 구워준다. 과거 해녀들이 물질 후 나와 쉬던 불턱에서 소라, 해산물 등을 구워먹던 바로 그 느낌! 부모님이 직접 키우셨다는 샐러리나 양파로 만든 장아찌와 갈치속젓 등 정성 가득한 상차림에 젓가락이 쉴 틈이 없다.

📍제주시 과원로 80 ℗있음 ✕제주 흑돼지 오겹살, 목살(600g)+전복2미 76,000원, 해녀라면 9,000원, 성게 40,000원 🕐12:00~22:00 📞064-745 ~8855 📷@haenyeo_gogi

11 고등어회와 고밥
부지깽이

제주 시청 뒷골목에 자리한 부지깽이는 고등어회로 유명한 제주 도민 맛집이다. 고등어회는 신선함이 필수인 만큼 주문과 동시에 수족관에서 바로 꺼내 잡는다. 부지깽이만의 특징은 고밥! 고밥은 양념해서 볶은 고등어살을 올린 고등어비빔밥이다. 일반적으로 고등어회를 싸 먹을 때 흰 밥을 얹지만 여기에선 고밥을 얹어 먹는다. 김 위에 고밥과 초간장 찍은 고등어 한 점, 그리고 묵은지까지 올려 먹어보자. 회를 다 먹을 즈음 나오는 뽀얀 고등어맑은탕(지리)은 개운한 맛이 일품!

📍 제주시 광양13길 11-2 🅿 없음 ✕ 고등어회(小)와 고밥 한 그릇 50,000원, 고등어조림(小) 20,000원 🕐 11:30~23:00(브레이크 타임 14:00~17:00, 일요일 휴무) 📞 064-723-3522 (전화 예약 가능)

12 제주도 최초 해남1호의 손맛
일통이반

제주도에는 해녀 말고 해남도 있다. 일통이반은 제주도에서 정식으로 인정받은 해남 1호 문정석님이 운영하는 곳이다. 이 집의 보말죽은 예능 프로그램을 통해 오세득 셰프의 극찬을 받기도 했다. 사장님이 직접 잡는 자연산 돌멍게도 맛보자. 일통이반에서만 알려주는 맛있게 먹는 법이 있다. 숟가락 위에 문어, 미역, 톳, 멍게 순서로 쌓은 다음 초고추장을 얹어 한 입에 싹! 싱싱한 바다가 입 안에 가득 퍼진다. 애주가라면 돌멍게 껍질도 버릴 수 없다. 껍질 속을 젓가락으로 박박 긁고 소주를 담아 원샷!

📍 제주시 중앙로2길 25 1층 🅿 없음 ✕ 모둠 해산물 50,000원, 성게알 45,000원, 돌멍게 30,000원, 왕보말죽 13,000원 🕐 12:00~23:30(화요일 휴무) 📞 064-752-1028

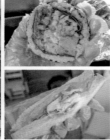

13 젓가락으로는 먹을 수 없는 대왕김밥
다가미김밥

제주도까지 가서 무슨 김밥을 먹느냐고 할 수 있지만 다가미김밥은 이야기가 다르다. 재료부터 크기까지 일반적으로 봐온 김밥이 아니다. 마늘, 쌈장, 청양고추까지 꼼꼼히 들어간 '화우쌈'은 진짜 돼지고기 쌈을 먹는 듯한 맛이다. 참치로얄, 버섯조림쌈 등 다른 김밥들도 재료의 개성이 넘친다. 크기도 놀랍다. 젓가락 대신 주는 비닐장갑을 끼고 손으로 먹어야 할 정도로 두껍다. 현장에서 주문하면 오래 기다려야 할 수 있으니 전화로 미리 주문하고 찾아가는 것을 추천한다.

TIP 도남 본점 외에 중문, 애월, 삼양, 한림, 아라점이 있으며 영업 시간은 조금씩 다르니 미리 알아보고 가자. 참고로 애월점은 테이크아웃만 가능하며 주차장 있음.

◉ 제주시 도남로 111(본점) ⓟ 없음 ✕ 참치로얄 5,500원, 화우쌈 6,500원, 다가미김밥 3,500원 ⓣ 07:00~15:00(일요일 휴무, 재료 소진 시 마감) ☎ 064-758-5810(전화 예약 가능)

14 제주도 김밥에 한계는 없다
은갈치김밥

전복김밥, 꽁치김밥에 이어 이제 은갈치김밥도 등장했다. 살만 발라서 튀긴 갈치, 달걀, 단무지, 당근, 절인 미역이 층층이 들어간 네모난 김밥이다. 생선 비린내는 전혀 없다. 뼈를 바를 필요 없는 통통한 갈치 살이 한 입에 들어온다. 튀긴 갈치가 들어가 씹었을 때 식감이 바삭하다. 매콤새콤한 한치무침은 은갈치김밥과 찰떡궁합!

◉ 제주시 용마서길 30 ⓟ 있음 ✕ 한라세트(은갈치김밥+한치김밥, 한치무침) 19,000원, 은갈치김밥 8,000원, 한치무침 4,000원 ⓣ 08:00~18:00(화요일 휴무) ☎ 064-747-2971 🏠 jejugalchi.7x7.kr

15 제주 도민들의 꾸준한 사랑
남춘식당

고기국수 전문점은 아니지만 제주 도민들에게 20년 넘게 사랑받아온 검증된 맛집이다. 점심 메뉴로 한 끼 가볍게 해결할 수 있는 고기국수와 김밥을 판다. 남춘식당의 김밥은 '냉면에 만두, 고기에 후식 냉면'처럼 분위기상 빼놓을 수 없는 메뉴다. 단무지 없이 유부와 당근, 소고기, 부추 등만 들어가는데 감칠맛이 난다. '이곳의 메인은 이거다'라고 정할 수 없을 정도로 골고루 인기가 있는데 여름엔 콩국수, 겨울엔 수제비가 또 별미다. 고기국수 하나와 계절 메뉴에 김밥까지 맛보면 완벽한 주문이다.

📍제주시 청귤로 12 🅿없음(인근 주차 용이) ✖고기국수 9,000원, 콩국수 11,000원, 수제비 9,000원(2인부터 가능), 김밥 4,000원 🕐11:00~16:30(일요일 휴무) 📞064-702-2588

16 한라산보며 우아한 브런치
문문선

제주 시내에서 조금 벗어난 오등동에 여유롭게 브런치 하기 좋은 곳이 있다. 한라산이 보이는 넓은 잔디밭이 있어서 아이를 비롯해 반려견도 함께 갈 수 있는 한적한 레스토랑이다. 꾸덕하고 진한 파스타와 꽉꽉 눌러 담아 나오는 콥샐러드가 잘 어울린다. 밝은 인테리어와 창밖으로 보이는 정원이 마치 유럽 어딘가에 여행 와 있는 느낌이 든다. 아이 식기와 의자도 따로 마련되어 있고 날이 좋으면 야외에서 식사도 가능하다.

📍제주시 오등6길 31 🅿있음 ✖꾸덕로제파스타 18,000원, 콥샐러드 14,000원, 오일파스타 17,500원 🕐목·월 10:00~17:00, 금~일 10:00~21:00(브레이크 타임 17:00~18:00, 화·수요일 휴무) 📞010-7110-8506 📷@moon.moon.sun

17 막걸리 생각나는 한 상
앞뱅디식당

앞뱅디식당에 가면 꼭 먹어봐야 할 2가지가 있다. 멜조림과 각재기국! 멜조림은 멸치와 전갱이가 주인공으로 낯설지만 한번 맛보면 빠져들게 되는 토속 메뉴다. 배춧잎에 밥과 매콤한 멜조림 한 점 올리고 강된장도 살짝 얹어 먹어보자. 양념이 잘 밴 멜이 뼈도 느껴지지 않게 입 안에서 녹는다. 각재기(전갱이)국은 살 오른 전갱이와 배추를 숭덩숭덩 썰어 넣고 된장을 풀어 맑게 끓인 국이다. 청양고추까지 들어가 칼칼하면서 시원하다. 이 2가지 메뉴에는 제주막걸리가 특히 잘 어울린다.

📍 제주시 선덕로 32 Ⓟ 있음
🍴 각재기국 10,000원, 멜조림 20,000원, 멜튀김 15,000원 🕐 06:00~21:00(일요일 14:00까지) 📞 064-744-7942

18 꿩메밀칼국수와 검은콩국수
돈물국수

식객으로 유명한 만화가 허영만이 손꼽는 제주 향토 음식, 꿩메밀칼국수. 꿩 뼈로 우려낸 걸쭉하고 진한 국물에 구수한 메밀면이 일품이다. 메밀은 밀가루와 달리 반죽이 쉽지 않아 미리 만들어두면 금세 마르고 갈라져 돈물국수에서는 언제나 주문과 동시에 반죽을 시작한다. 메밀칼국수는 툭툭 끊기고 거칠거칠하면서도 목으로는 부드럽게 넘어가는 게 매력이다. 처음엔 젓가락으로 먹다가 반은 숟가락으로 후루룩 떠먹으면 된다. 갓 버무린 배추겉절이와 궁합이 좋다. 여름에는 한 철만 파는 시원하고 진한 검은콩국수가 별미다.

📍 제주시 연무정동길 2
Ⓟ 없음
🍴 꿩메밀칼국수 10,000원, 검은콩국수(여름 한정) 10,000원
🕐 11:00~19:00(일요일 휴무)
📞 064-758-5007

19 눈에 보이는 맛의 비결
삼성혈 해물탕

해물탕 맛은 재료의 신선도가 좌우한다. 삼성혈 해물탕은 살아 움직이는 각종 해물이 큰 냄비 위에 가득 올라간다. 통째로 들어간 해물이 어느 정도 익어갈 즈음 직원이 먹기 좋게 자르고 다듬어준다. 끓일수록 국물이 진하게 우러나니 인내심을 가지고 기다리자. 해물을 어느 정도 건져 먹고 나면 라면 사리를 넣어준다. 거의 매일 자리가 꽉 차는 곳으로 다소 붐빈다. 서귀포에도 분점이 하나 있으니 참고하자.

📍 제주시 선덕로5길 20 🅿 없음 🍴 해물탕(中) 80,000원, 전복뚝배기 20,000원, 전복죽 20,000원 🕐 10:00~21:00 📞 0507-1421-3002

20 푸짐한 집밥의 행복
진미네식당

공항 근처에서 메뉴 고민 없이 가서 온 가족이 맛있게 먹을 수 있는 밥집을 찾는다면 진미네식당을 추천한다. 돔베고기, 생선구이, 강된장, 멜젓, 달걀말이, 쌈, 각종 반찬, 된장국과 흑미밥 한 상 차림이 12,000원이다. 돔베고기는 돼지고기 수육을 뜻하는 제주어다. 쌈에 깻잎장아찌를 얹고 돔베고기, 멜젓이나 강된장, 고추, 마늘 등을 얹어 먹어보자. 엄마가 차려주는 집밥처럼 맛있다.

📍 제주시 수덕5길 42 🅿 없음(인근 공영 주차장) 🍴 진미정식 13,000원(2인분 이상 가능), 돔베고기 추가 15,000원 🕐 11:00~19:00(브레이크 타임 15:30~17:00, 일요일 휴무) 📞 064-743-1349 📷 @jeju_jinmi

21 전복보다 보말
갱이네보말칼국수

이도2동 주택가에 자리한 제주 도민 맛집. 투박하게 썬 쫄깃한 면발에 진한 국물의 보말칼국수가 일품이다. 제주에서는 '고둥'을 보말이라고 부른다. 보말은 바다에서 누구나 쉽게 채취할 수 있어 음식이 귀하던 시절부터 제주의 식재료였다. 칼국수가 나오기 전에 종지에 담긴 보말죽을 서비스로 준다. 반찬은 오로지 겉절이 하나만이만 맛이 좋다. 사이드 메뉴로 부담 없이 주문할 수 있는 접시고기도 추천한다. 오전 10시부터 오후 3시까지 브레이크 타임 없이 운영하니 점심시간은 피해서 가는 것이 좋다.

📍 제주시 구남로4길 18 🅿 없음(인근 공영 주차장) 🍴 보말칼국수 13,000원, 접시고기 8,000원, 보말죽 12,000원 🕐 10:10~15:00(일요일 휴무) 📞 064-753-6042

(22) 대체 불가의 맛
우진해장국

우진해장국은 Olive TV 〈수요미식회〉에 소개된 이후 고사리육개장의 대명사가 되었다. 사실상 언제 가도 대기해야 하지만 다행히 맛은 그대로다. 흔히 먹던 육개장을 기대하고 가면 안 된다. 진한 돼지고기 국물에 잘게 찢은 고사리, 그리고 메밀가루가 살짝 들어가 죽처럼 아주 걸쭉하다. 걸쭉해서 싫어하는 사람도 있는 반면 이 맛에 한번 빠지면 다른 대체 음식을 찾을 수가 없다. 취사가 가능한 숙소에 묵는다면 기다릴 필요 없이 포장해가는 것도 좋은 방법이다.

◉ 제주시 서사로 11 ⓟ 있음 ✕ 고사리육개장 10,000원, 사골해장국 10,000원, 몸국 10,000원 ⏰ 06:00~22:00(명절 당일 휴무) ☎ 064-757-3393

(23) 제주도 생선국의 진수
정성듬뿍제주국

제주도에는 생선으로 만든 국이 많다. 육지 사람들에게는 익숙하지 않은 조합이지만 도전해볼만 하다. 국에는 멜국, 장대국, 각재기국, 몸국, 갈치국 등이 있는데 가장 추천하는 것은 각재기국이다. 팔팔 끓여 나오는 국에 간마늘과 채썬 청양고추를 넣어 먹으면 칼칼하게 시원한 맛이 일품이다. 늘 통통하면서도 신선한 재료를 고집하고 '정성듬뿍제주국'이라는 이름처럼 요리와 모든 반찬에 마음이 담긴 듯한 집밥 느낌이다. 허름한 가게로 시작해 맛으로 소문나고 지금은 깨끗한 새 건물에 자리를 옮겼다.

◉ 제주시 무근성7길 16 1층 ⓟ 없음(인근 주차 용이) ✕ 장대국 10,000원, 각재기국 10,000원, 몸국 10,000원, 멜회무침 20,000원 ⏰ 10:00~20:30 (브레이크 타임 15:00~17:30, 일요일 휴무) ☎ 064-755-9388

24 레트로 감성에 취하다
동백별장

제주에서 가장 번화한 노형오거리 빌딩숲 사이에 반전 매력을 품고 있는 레트로 감성 술집이다. 아늑한 실내 분위기도 좋지만 날씨가 좋은 봄가을에는 운치있는 야외 좌석을 추천한다. 마치 친구집 마당의 평상에서 한 잔 하는 듯한 캐주얼한 느낌! 스지조림과 청귤을 올린 하이볼 등 동백별장만의 개성있는 안주와 다양한 주류가 기다린다. 주방을 빙 둘러 바 좌석이 있어 혼술하기에도 그만이다. 인기가 많은 곳이니 오픈 시간에 맞춰가거나 늦은 시간에 방문하길 추천하며 반려견 동반도 가능하다.

📍 제주시 원노형3길 44 🅿 없음(인근 주차 용이) ✖ 스지조림 18,000원, 딱새우얼큰나베 28,000원, 함덕비치하이볼 12,000원
🕐 19:00~다음 날 01:00(화요일 휴무, 수요일만 19:30~24:00)
📞 010-8885-7876 📷 @jeju_dongback

제주 말(馬) 이야기

제주마가 초지에서 한가로이 풀을 뜯는 모습은 제주를 상징하는 풍경 중 하나다. 말의 천적인 맹수가 없고 초원과 숲이 발달한 제주는 그 자체가 훌륭한 목장 터다. 최근까지 조랑말이라고 불려왔던 제주말은 2000년부터 '제주마'를 공식 명칭으로 사용하고 있다.

제주의 탐라개국 신화에 망아지가 등장하지만, 국가 차원의 본격적인 관리는 고려시대부터 이루어졌다. 몽골에서 말 160필을 들여온 것을 시작으로 조선시대까지 대규모 국유 목장을 운영했다. 말이 흔한 제주에서도 말고기를 일상에서 먹기 시작한 역사는 길지 않다. 조정으로 공납해야 했으며, 군력과 농업에서 차지하는 비중이 커 식용을 위한 도축은 극히 제한적이었다.

- **마 방목지** 봄부터 늦가을까지 제주마를 방목하는 보호구역으로 5.16도로(1131번 도로)에 위치하고 있다. 방목하는 계절에는 언제든 무료로 관람 가능하다.
- **갑마장길** 봄이면 유채꽃과 벚꽃의 만개로 유명한 마을 가시리에 조성된 트레킹 코스다. 조선 최고의 말을 길러낸 목장 터를 활용했다.
- **잣성** 중산간 목장 지대에서 자주 볼 수 있는 돌담으로 말이 산으로 올라가거나 마을로 내려가는 걸 막기 위해 쌓아놓은 것이다.
- **말 축제** 매년 10월은 말 문화 관광의 달이다. 조선시대 헌마공신 김만일의 고장 남원읍 의귀리, 고마장(광활한 숲이 있어 수천 마리의 말을 방목했던 곳)이 있던 제주 시내의 고마로, 제주마의 경마장인 렛츠런파크에서 말 축제가 열린다.
- **마유** 말의 지방은 화상, 상처, 피부 질환 치료에 효과적이라 예부터 민간요법으로 활용해왔다. 현재는 마유크림으로 시중에 유통 중이다.
- **마육포** 말을 먹는 문화와 조리법은 대부분 몽골에서 기인했다. 마육포는 조선시대에 진상하던 육포처럼 만든다. 기념품 가게 등에서 판매한다.
- **말고기** 맛과 질감이 소고기와 비슷하다. 제주에서는 말고기만 전문으로 취급하는 식당에서 맛볼 수 있다.
- **말 등대** 이호테우 해수욕장의 상징이 된 흰색과 빨간색 한 쌍의 말 등대. 제주 조랑말을 모티프로 정근영 교수와 박동희 작가가 디자인했다. 일몰 명소, 인생 사진 명소로 자리 잡았다.

01 이 현무암 진짜 먹어도 되나요?
제주바솔트

제주바솔트는 빵으로 현무암을 재현한 브랜드다. 대한민국 관광기념품 공모전에서 국무총리상을 수상하고 청와대에서 전시 판매되기도 했다. 가장 인기 있는 제주돌빵은 녹차, 망고, 백년초, 톳, 초코, 땅콩, 감귤 등 여러 가지 맛이 있다. 색과 모양, 구멍까지 영락없는 현무암이지만 촉촉하고 부드럽다. 그 밖에 다쿠아즈를 현무암처럼 만든 돌쿠아즈, 돌카스텔라 등 다양한데 매장에 가면 종류별로 플레이팅된 시식 빵을 맛볼 수 있다. 모든 상품은 박스로만 판매하며 패키지가 고급스러워 선물용으로 좋다.

📍제주시 가령골3길 6 🅿있음 🍴제주돌빵(5개입) 13,000원, 돌쿠아즈(5개입) 16,500원, 돌아우니(6개입) 15,000원, 돌테라(1롤) 15,000원 🕐10:00~19:00(수요일 휴무) 📞064-721-7625 📷@jeju_basalt

02 제주 최대 소품 숍
바이제주

"제주 작가 300인이 함께하는 소품 숍"이라는 슬로건답게 제주도 기념품 상점 중 규모가 가장 크다. 공항에서 가까운 용담 해안도로가의 탁 트인 매장에 1층과 2층을 꽉 채워 다양한 기념품이 있고 주차까지 편하다. 1층엔 옷, 가방, 지갑, 손수건, 액세서리 같은 패션 용품부터 치약, 비누 같은 미용 제품, 냉장고 자석, 열쇠고리, 브로치, 작은 장식품 같은 수공예품과 사진, 그림엽서, 메모지 등 디자인 문구류 등이 있다. 2층에는 말린 과일, 과자, 초콜릿, 면류, 육포, 술 등 선물하기 좋은 먹거리 상품이 있다.

📍제주시 서해안로 626 에이동 🅿있음 🕐09:00~21:30 📞064-745-1134 📷@byjeju365

03 삼다수로 만든 이색 디저트
물 mu:l

'물'은 제주도의 천연 암반수, 용암 해수로 만든 디저트 테이크아웃 전문점이다. 물(mu:l)의 시그니처는 제쥴리(Jeju+jelly)라는 워터젤리다. 물방울처럼 투명한 워터젤리 안에 동백, 귤, 벚꽃, 유채꽃 등이 들어있다. 건강까지 고려해 젤라틴 대신 식물성 한천만 사용하고 젤리에 들어가는 식용 꽃과 허브들을 매장에서 직접 키우며 시즌별로 다양하게 교체된다. 맛은 상큼달달한 과일향이다. 파란 돌고래 젤리가 헤엄치는 남방 큰돌고래 에이드는 시원한 맛에 보는 재미까지 더했다. 공항 근처와 함덕점이 있다.

📍 제주시 삼무로11길 9 남해오네뜨 1층 🅿 없음(인근 공영 주차장) 🍴 워터젤리(제쥴리) 5,000원, 에이드 6,500원, 꼬마젤리 10개(제철 과일) 9,800원 🕐 10:00~18:00(수요일 휴무) 📞 0507-1483-8294 📷 @jeju_m.ul

04 마카롱 마니아라면
레아스마카롱

여행자도 단골로 만드는 정통 수제 마카롱집! 레아스마카롱은 코크의 식감이 쫀득하고 필링에 재료가 살아 있어 마카롱 마니아들 사이에서 평이 좋다. 여행자라면 우도땅콩, 한라봉레몬요거트, 무화과, 제주쑥, 제주유기농말차, 제주우유마카롱 등을 골라 담은 제주 패키지를 추천한다. 그 외 망고코코넛, 더블치즈, 흑임자, 앙버터, 고추냉이 등 25가지 맛이 매일 조금씩 교체된다. 공항과 가까워 여행 마지막에 들르기 좋으니 제주 디저트 선물로 추천한다.

📍 제주시 수덕로 78 🅿 있음 🍴 마카롱 3,000원, 아메리카노 3,500원 🕐 11:00~19:00(토요일 17:00까지, 일요일 휴무) 📞 064-748-3335 🏠 leasmacaron.modoo.at 📷 @leas_macaron

05 색다른 추억을 만들어주는
필름로그

다시 돌아온 복고 열풍으로 아날로그 감성 가득 묻은 필름 사진이 인기다. 제주공항 근처에 필름 카메라 전문점이 있다. 시중에서 구하기 어려운 각종 필름과 여러 가지 카메라가 구비되어 있다. 필름 카메라에 대해서 잘 몰라도 매장에서 친절한 설명을 들을 수 있어 본인에게 맞는 상품을 찬찬히 골라볼 수 있다. 매장 밖에는 자판기가 있어서 영업하지 않는 시간에도 24시간 아무때나 필름과 카메라를 구매할 수 있고 언제든 현상을 맡길 수 있는 필름박스도 있다. 사진은 파일로도 받을 수 있다.

📍 제주시 서광로11길 37　Ⓟ 없음(인근 공영 주차장)
🕐 13:00~18:00(일·월요일 휴무)　📞 064-753-6655
📷 @filmlog_official

06 제주 해녀의 물질 옷과 디즈니 인형의 협업
감각인네

인어공주처럼 바닷속을 누비는 해녀의 모습에 감동을 받아 해녀의 물질 옷과 소품을 미니어처로 제작하는 권선미 작가의 가게다. 작가가 만든 해녀 옷을 입은 커다란 눈의 디즈니 인형은 깜찍함으로 시선을 뗄 수 없게 만든다. 옷뿐만 아니라 물질할 때 필요한 소품도 함께 구성하고 있다. 망시리를 들고 물안경에 납 벨트, 오리발까지 신고 있는 걸 보면 그 귀여움에 미소가 절로 나온다. 인형들은 여러 종류의 해녀 물질 옷을 입고 손님을 맞이한다. 한번 들어가면 그들에게 매료되어 절대 빈손으로 나오지 못할 것이다.

◆ 사전 예약 후 방문 가능

📍 제주시 고마로5길 26　Ⓟ 없음(인근 골목 주차 가능)
🕐 14:00~18:00(토·일요일 휴무)　📞 064-726-0077
📷 @her_sense

AREA
02

에메랄드빛 바다와 백사장,
둥근 오름의 조화로움

제주시 서부

현무암 절벽과 맞닿아 있는 시원한 애월 바다, 산책하기 좋은 한담 산책로, 코끼리를 닮은 비양도까지 다채로운 해안이 이어진다. 바다뿐만 아니라 오름, 목장, 테마 관광지, 유명 카페, 맛집 등이 골고루 분포해 제주에서 여행객이 가장 많이 방문하는 지역이다. 여름 바다, 억새 핀 가을 오름은 꼭 봐야 한다. 어느 곳에서든 멋진 일몰을 볼 수 있는 것 또한 제주시 서부의 매력이다.

01

새별오름

은빛 억새로 가득한 일몰 명소.
매년 정월대보름 무렵 열리는
들불 축제가 압도적이다.

#가을여행 #억새 #일몰
#카페새빌 #들불축제

02

협재·금능 해수욕장

비양도 전망. 수심이 낮은 에메랄드빛 바다와
고운 모래로 이뤄진 눈부신 백사장.

#인생사진 #비양도 #일몰 #에메랄드빛바다

03

신창 풍차 해안도로

하얀 풍력발전기와 바다가
어우러진 드라이브 코스로
일몰 때 특히 멋지다.

#드라이브코스 #풍차
#이국적 #일몰

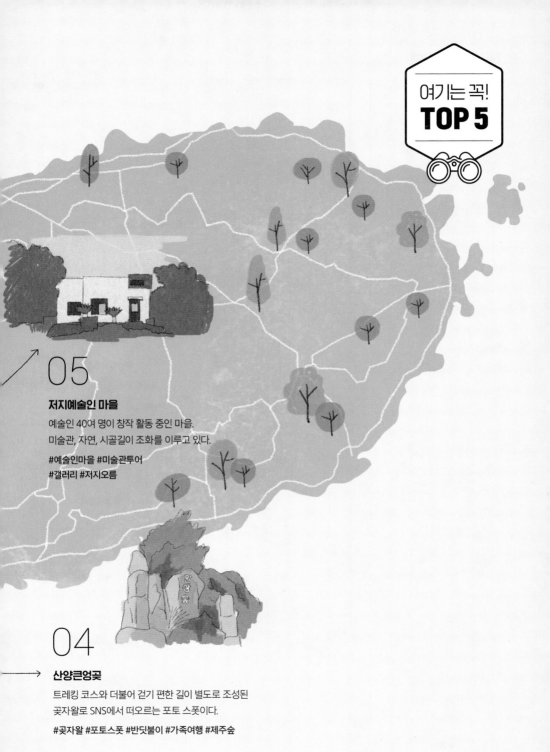

05

저지예술인 마을

예술인 40여 명이 창작 활동 중인 마을.
미술관, 자연, 시골길이 조화를 이루고 있다.

#예술인마을 #미술관투어
#갤러리 #저지오름

04

산양큰엉곶

트레킹 코스와 더불어 걷기 편한 길이 별도로 조성된
곶자왈로 SNS에서 떠오르는 포토 스폿이다.

#곶자왈 #포토스폿 #반딧불이 #가족여행 #제주숲

제주시 서부
상세 지도

애월, 귀덕~한림,
신창 풍차 해안도로 02

한담 해안 산책로,
월령 선인장 군락지 산책로 05

귀덕–한림 해안도로

수풀 05

한림족발 15

한림칼국수 16

우정해장국 19

일억조 14

안녕협재씨 18

카페유주 03

협재온다정 17

우무 02

협재·금능
해수욕장 01

03

명월국민학교 09

제주멜톤

한림공원 06

협재술시 11

월령 선인장 군락지 산책로

울트라마린 04

책방 소리소문 04

클랭블루 10

저지예술인마을 12

신창 풍차 해안도로

환상숲
곶자왈공원

유람위드북스 05

07

명리동식당 21

차귀도

수월봉
▼

산양큰엉곶 04

양가형제 20

0 1km

06 슬로보트
13 신의 한모

애월 해안도로

06 오마이솔트
토토 아뜰리에 15
애월 어촌계회센타
23
07 어클락

한담 해안 산책로
03
곽지 해수욕장
22 모들한상

항파두리 항몽 유적지 •

소길별하 01 12 TONKATSU서황

아르떼뮤지엄 02 이끼숲소길
13
14 9.81 파크

새별오름 10 01 새빌

11 금오름
08 성이시돌목장 테쉬폰
08 우유부단
09 정물오름   새별오름 나 홀로 나무

쌍둥이 해변에 반하다
협재·금능 해수욕장

어린 왕자가 그린 '보아뱀을 삼킨 코끼리 그림'과 닮은 섬 비양도와 푸른 바다. 제주도 바다 사진에서 가장 익숙한 이 풍경을 만끽할 수 있는 곳이 협재와 금능 해수욕장이다. 두 해변이 나란히 이웃하고 있는 만큼 서로 많이 닮았다. 여름철에 캠핑장으로 활용되는 소나무 숲, 새하얗고 부드러운 모래, 짙은 검은색 암반, 투명한 옥빛 바다를 똑같이 나눠 가졌다. 수심이 비교적 고르고 낮아 물놀이하기에 좋으며, 사계절 언제나 실패 없는 사진을 건질 수 있는 스폿이기도 하다. 여름철에는 거의 매일 저녁 붉은 노을이 서쪽 하늘을 물들이고, 칼바람 부는 겨울에도 예쁜 바다 빛을 잃지 않는다. 특히 금능 해수욕장 동쪽에 조성된 야자수길은 웨딩사진 촬영지로 인기가 많다.

📍 **협재 해수욕장** 제주시 한림읍 한림로 329-10, **금능 해수욕장** 제주시 한림읍 금능길 119-10 🅿 있음 📞 064-740-6000(상담시간: 09:00~18:00) 🏠 www.visitjeju.net

제주시 시내

제주시 서부

제주시 동부

서귀포시 시내

서귀포시 동부

서귀포시 서부

비양도

0 165m

협재 해수욕장

야자수길

● 금능 해수욕장

02 서부 해안 드라이브 코스
애월, 귀덕~한림, 신창 풍차 해안도로

제주시 서부 해안을 따라 애월, 귀덕~한림, 신창 3개의 해안도로를 경유할 수 있고, 각기 다른 형태와 풍경을 보여준다. 제주에서 가장 유명한 애월 해안도로는 하귀리~애월리 구간 약 9km다. 구불구불한 곡선 도로에 높낮이가 계속 바뀌어 지루할 틈이 없다. 멋진 경관 덕분에 제주에서 가장 먼저 카페 거리가 형성되었다. 귀덕~한림 해안도로는 귀덕리~한림리 구간 약 6km다. 다른 서부권 해안도로에 비해 돋보이는 풍경이 적어서인지 가장 늦게 알려졌다. 신창 풍차 해안도로는 신창리~용수리 구간 약 5km가 이어진다. 푸른 바다와 하늘을 배경으로 늘어선 하얀 풍력발전기들이 꽤 장관이다. 일몰 무렵 특히 아름답다. 경사가 거의 없어 자전거를 타기에도 좋다. 해안도로 입구에 전기 자전거, 전동 바이크 대여점이 있다.

📍 **애월 해안도로** 제주시 애월읍 애월해안로, **귀덕-한림 해안도로** 제주시 한림읍 한림해안로 738, **신창 풍차 해안 도로** 제주시 한경면 한경해안로 565 📞 064-740-6000 (상담시간: 09:00~18:00) 🏠 www.visitjeju.net

TIP 🛵 **전기 자전거를 대여하고 싶다면**

추천 업체: 제주환상전기자전거 📍 제주시 한경면 한경해안로 565 제주 바다목장 다이브 리조트 1층 🕙 10:00~해 질 녘(일요일은 13:00시부터 오픈) 📞 064-773-3705

128

03 애월 대표 해수욕장
곽지 해수욕장

검은 현무암 해안도로가 지그재그로 뻗은 멋진 애월. 그 사이에 모래사장이 350m에 이르는 곽지 해수욕장이 있다. 평균 수심이 1.5m로 얕아 물놀이를 하기에도 적당하다. 곽지 해수욕장만의 특징을 꼽는다면 용천수가 샘솟는 야외 노천탕! 남녀 노천탕이 높은 돌담으로 나뉘어 있지만 출입구가 개방형이기 때문에 잘 확인하고 들어가야 한다. 비누 사용이나 내부 사진 촬영은 금지되어 있다. 그 외 패들보드, 제트보트 등 해양 스포츠를 즐길 수 있고 석양이 아름답기로 유명하다.

📍 제주시 애월읍 곽지리 1565 🅿 있음 📞 064-740-6000(상담시간: 09:00~18:00)
🏠 www.visitjeju.net

04 요정과의 조우를 꿈꾸는 숲
산양큰엉곶(산양곶자왈)

한라산 아래 햇살이 비치는 양지바른 마을 산양리(山陽里)에 위치한 숲으로 겨울에도 초록숲을 자랑한다. 제주만의 독특한 숲인 곶자왈 트레킹 코스 산양큰엉곶 숲길과 평탄해서 걷기 편한 달구지길로 구성되어 있다. 최근 달구지길에 들어선 여러 사진 스폿 덕분에 제주 서쪽의 핫플레이스로 거듭났다. 숲길 한 쪽의 문을 열면 나타나는 기찻길은 가장 유명한 포토존이다. 곳곳의 작은 오두막에서는 요정을 만날 것 느낌이다. 반딧불이가 나오는 여름이면 신비로움이 더한다.

TIP 6월 중순부터 반딧불이 체험을 진행하며 사전 예약 필수

📍 제주시 한경면 청수리 956-6 🅿 있음 💰 성인 8,000원, 만 36개월 이상~만 18세 6,000원, 경로 6,000원, 제주도민 4,000원 🕐 하절기(4~10월) 09:30~18:00, 동절기(11~3월) 09:30~17:00 / 폐장 1시간 전 입장 마감 📞 0507-1341-4229

항파두리 항몽 유적지

고려 시대 삼별초가 몽골에 맞서 끝까지 항전했던 유적지다.
삼별초 항쟁을 기록한 전시관과 순의비를 세워 역사 교육의
장으로 운영 중이다. 의미 있는 유적지이나 사계절 꽃밭이
조성되어 인생 사진 찍기 좋은 곳으로 더 알려졌다. 한겨울
을 제외하곤 언제 가더라도 꽃에 파묻힐 수 있다.

♀ 제주시 애월읍 항파두리로 50 Ⓟ 있음 ⏱ 09:00~18:00
☎ 064-710-6271 🏠 http://jeju.go.kr/hangpadori/index.htm

REAL GUIDE

사계절 꽃밭 항파두리 항몽 유적지에서
인생 사진을 남겨보자

계절별로 피는 꽃도 다양한 항파두리 항몽 유적지.
한겨울을 제외하곤 언제 가도 사진 찍기 좋으니 다음 사진을 참고하자.

4월
유채꽃, 청보리

5월
양귀비

7월
백일홍

6~7월
해바라기

8~10월
코스모스

10~11월
단풍 숲, 국화

05 한담 해안 산책로, 월령 선인장 군락지 산책로

'한담 해안 산책로'는 애월의 핫한 카페 거리 한담동에서 곽지 과물 해수욕장까지 1.2km 정도 이어진다. 에메랄드빛 바다를 끼고 자연 지형을 최대한 살려 조성했다. 자전거, 오토바이 등의 출입을 금지해 오롯이 산책에 집중할 수 있다. 소문난 일몰 명소로 산책로를 걸으면서 혹은 인근 카페에서 해 질 녘의 분위기에 취해도 좋다. '월령 선인장 군락지 산책로'는 손바닥선인장이 자생하는 월령리 마을 해안에 조성되어 있다. 길이도 짧고 데크가 놓여 있어 걷는 데 부담이 없다. 푸른 바다와 초록 선인장, 하얀 풍력발전기를 배경으로 사진 찍기에도 그만이다. 선인장에 노란 꽃이 피는 6월에 가장 예쁘고, 열매가 자주색으로 익는 겨울에도 볼 만하다.

📍 **한담 해안 산책로** 제주시 애월읍 애월리 2459-1, **월령 선인장 군락지 산책로** 제주시 한림읍 월령3길 27-4 🅿 있음 📞 064-740-6000(상담시간: 09:00~18:00) 🏠 www.visitjeju.net

06 일 년 내내 꽃 축제
한림공원

한림공원은 1971년에 처음 생긴 역사 깊은 사설 공원
이다. 수학여행의 단골 코스이기도 했지만 다시 가도 또
다른 매력을 느낄 수 있다. 매화, 벚꽃, 튤립, 야생화, 수
국, 연꽃, 핑크뮬리 등 일 년 내내 꽃 축제가 끊이지 않는
다. 또한 250만 년 전에 생성된 용암동굴을 비롯해 민속
마을, 연못, 아열대 식물원, 석분재원, 워싱턴 야자수길,
사파리 조류원 등 볼거리가 풍성하다. 반려견 입장이 가
능하고 온 가족이 함께 즐기기에 좋다.

📍 제주시 한림읍 한림로 300 🅿 있음 💴 성인 15,000원, 청소
년 10,000원, 어린이 9,000원 🕐 3월~8월 09:00~17:00, 9월
~10월 09:00~17:30, 11월~2월 09:00~16:30 📞 064-796-
0001 🏠 www.hallimpark.com

07 곶자왈에 대해 얼마나 알고 있나요?
환상숲 곶자왈공원

곶자왈은 제주어인 곶(숲)과 자왈(돌)의 합성어로 나무
와 풀, 돌들이 얼기설기 엉켜 있는 제주 특유의 원시림이
다. 곶자왈은 여행 중에 어렵지 않게 만날 수 있지만 환
상숲은 매 시간 해설사와 함께하기에 조금 더 특별하다.
곶자왈에 대해 웬만한 제주 도민보다 더 많이 알 수 있
고 이해하기 쉽게 설명해준다. 곶자왈에 많이 가본 사람
이라도 입장료가 아깝지 않은 경험을 얻어갈 만한 곳이
다. 가볍게 한적한 숲을 산책하는 코스로 가족 여행에
추천한다.

📍 제주시 한경면 녹차분재로 594-1 🅿 있음 💴 성인 5,000
원, 어린이·청소년 4,000원 🕐 09:00~17:00(일요일만 13:00
개장) 📞 064-772-2488 🏠 www.jejupark.co.kr

08 이국적인 목장 풍경
성이시돌목장 테쉬폰 &
새별오름 나 홀로 나무

성이시돌목장에서 가장 알려진 곳은 '테쉬폰'과 '새별오름 나 홀로 나무'다. 테쉬폰은 이라크 바그다드에서 기원하는 독특한 형태의 건축물이다. 성이시돌목장은 1960년대에 아일랜드 출신 신부가 개간했으며 테쉬폰은 당시 인부들의 숙소로 사용하기 위해 만들었다. 20여 년 전부터 색다른 빈티지함에 반한 제주 지역의 소수 웨딩 사진작가들이 찾던 숨은 스폿이었지만 최근 몇 년 사이 유명한 촬영지로 거듭났다. '나 홀로 나무'는 테쉬폰에서 차로 4분 거리에 있다. 초록 초지에 새별오름과 이달봉을 배경으로 홀로 자라는 나무를 사진에 담기 위해 먼 길도 마다하지 않고 찾아가는 이가 많다.

📍 테쉬폰 제주시 한림읍 금악리 135, 나 홀로 나무 제주시 한림읍 금악리 산 30-8 🅿 있음(테쉬폰) ₩ 무료
🏠 www.visitjeju.net

09 가을의 일몰 맛집
정물오름

정물오름은 정상에서 보는 바다 일몰과 목장 전망이 근사하고, 가을이면 분화구 안이 억새로 가득 덮인다. 동쪽 능선을 오를 때 보이는 성이시돌 목장은 제주의 여느 목장과 달리 무척 이국적이다. 정상에 다다르면 또 다른 풍경을 만나게 되는데 뒤로는 한라산이 넉넉하게 오름들을 품고 앞으로는 서남부의 해안이 그림처럼 펼쳐진다. 가을의 늦은 오후, 오름 정상에서 맞이하는 일몰은 황홀하다. 수평선으로 해가 넘어가면서 서쪽 하늘을 붉고 노랗게 물들인다. 아직 덜 알려진 덕분에 나만의 장소로 만끽할 수 있는 곳이다.

📍 제주시 한림읍 금악동2길 25 🅿 있음 ₩ 무료 📞 064-740-6000(상담시간: 09:00~18:00) 🏠 www.visitjeju.net

10 가을에 여기는 꼭!
새별오름

나무숲 없이 온통 억새로 뒤덮인 새별오름. 시야가 막힘이 없어 오르는 내내 경치가 탁월하다. 둥근 능선과 풍성한 억새가 어우러져 가을에 절정을 맞이하니 10월과 11월에 방문한다면 필수 코스로 빼 놓을 수 없다. 사방으로 바다와 비양도, 그리고 한라산 정상과 주변 오름들이 빙 둘러 펼쳐지는 시원한 장관을 연출한다. 정상까지 오르는 데 20~30분이면 충분하고 빨갛게 물드는 일몰 시간대에 가면 분위기가 더욱 근사하다. 주차장에서 오름을 마주보았을 때 오른쪽 등산로는 완만하고 왼쪽 등산로는 다소 가파르니 오른쪽으로 올라가는 것을 추천한다. 그리고 일몰을 감상하면서 반대편으로 내려오면 가장 멋진 풍경을 만날 수 있다. 최근에는 근처에 대형 베이커리 카페과 푸드트럭이 많이 생겼다. 몸이 불편하다면 꼭 오름을 오르지 않더라도 억새를 마주하고 먹거리를 즐기며 감상하는 것도 괜찮다.

📍 제주시 애월읍 봉성리 4554-12　ⓟ 있음　📞 064-740-6000(상담시간: 09:00~18:00)　🏠 www.visitjeju.net

11 360도 파노라마 뷰
금오름

금오름의 가장 큰 매력은 360도 파노라마 뷰다. 한라산부터 바다까지 사방으로 서부권 조망이 가능하다. 새벽에는 한라산 너머의 일출, 저녁에는 수평선을 물들이는 노을이 아름답다. 낮 시간에 방문한다면 1.2km 길이의 분화구 능선으로 한 바퀴 돌아보자. 중산간 풍경을 제대로 만끽할 수 있다. 금오름은 지대가 높아 패러글라이딩 P.063 장소로도 유명하다. 주변 풍경과 하나 된 패러글라이더가 그림 같다. 분화구 능선에 앉아 날아다니는 모습을 감상만 해도 좋지만, 직접 즐겨보면 금상첨화.

📍 제주시 한림읍 금악리 1210 🅿 있음 📞 064-740-6000(상담 시간: 09:00~18:00) 🏠 www.visitjeju.net

12 도민들의 문화 예술 충전소
저지예술인마을

제주 지역의 문화 예술 발전을 위해 계획적으로 만든 저지예술인마을. 제주의 정취가 가득한 마을 안에서 여유롭게 산책하며 미술관 투어를 하기에 좋다. 다양한 분야 예술가들이 개인 작업실과 갤러리를 통해 창작 활동을 이어가고 있다. 또한 김흥수 화백의 작품이 상설 전시된 도립 현대미술관과 물방울 작가로 세계적으로 유명한 도립 김창열미술관, 유동룡미술관(이타미준뮤지엄)도 필수 코스다.

📍 제주시 한경면 저지리 🅿 있음 🏠 www.visitjeju.net

TIP **저지예술인마을에서 가볼 만한 곳**
제주 도립 현대미술관, 김창열미술관, 유동룡미술관, 장정순 갤러리, 갤러리 노리, 방림원, 저지오름, 생각하는 정원

13 나도 모르게 빠져드는
아르떼뮤지엄

코엑스에 선보여 세계가 극찬한 'WAVE'(유리벽 너머로 쓰나미처럼 몰아치는 거센 파도 영상)를 제주 아르떼뮤지엄에서 볼 수 있다. 10m 높이와 1,400평에 달하는 거대한 미디어 아트 전시관으로 신비로운 자연을 담은 입체적인 영상과 웅장한 사운드에 압도된다. 제주에 이어 여수, 강릉에도 개관했으며 각 지역의 매력도 엿볼 수 있다. 제주 아르떼뮤지엄은 봄의 생명력이 느껴지는 유채꽃(FLOWER)을 시작으로 WATERFALL, BEACH, WAVE, GARDEN, STAR 등 손에 잡힐듯 생동감있는 미디어아트를 선사한다.

📍 제주시 애월읍 어림비로 478 🅿 있음 ₩ 성인 17,000원, 청소년 13,000원, 어린이 10,000원 🕐 10:00~20:00 📞 1899-5008
🏠 https://artemuseum.com

14 국내 최초 그래비티 레이싱 테마파크
9.81파크

친환경 제주와 걸맞은 액티비티가 있다. 9.81파크의 국내 최초 무동력 카트 레이싱이다. 중력 가속도로 최대 시속 40km까지 달릴 수 있다. 가속페달 대신 브레이크만 있으니 스릴을 즐기려면 브레이크는 아낄 것! 지대가 높아 트랙에서 비양도까지 내려다 보이는 풍경이 압권이다. 농구, 축구, 야구, 양궁 등을 스크린으로 즐기는 스포츠랩도 인기가 좋다.

📍 제주시 애월읍 천덕로 880-24 🅿 있음 ₩ 마스터챌린지 서바이벌 49,500원, 1인승 레이싱 3회 42,500원, 2인승 레이싱 2회 39,500원 🕐 09:00~18:20(파크 종료 40분 전 마지막 탑승 가능) 📞 1833-9810 🏠 www.981park.com

> **TIP** 무동력 카트는 만 14세 이상, 신장 150cm 이상 운전 가능, 키 100cm 이상 150cm 미만 어린이는 보호자 동반 필수! 기상악화시 실외 액티비티는 임시 중단 혹은 조기 종료 될 수 있다.

15 텃밭에서 시작하는 요리 강습
토토 아뜰리에

토토 아뜰리에는 텃밭체험과 함께 당근, 감귤, 전복 등 제주 식재료를 이용해 요리를 만들어 보는 곳이다. 성인은 물론 요리를 처음 해보는 아이들도 쉽게 따라해 볼 수 있다. 넓고 경치 좋은 잔디밭과 텃밭, 개방된 현대식 키친에 부모님들의 휴식공간까지 있다. 체험하는 동안 직원이 사진을 찍어주고 휴대폰으로 받을 수 있다. 요리는 주기적으로 바뀐다.

📍 제주시 애월읍 고성북길 112 🅿 있음 ₩ 체험료 3만원 대(요리에 따라 다름) / 약 1시간 소요 *요리는 주기적으로 바뀜(제주통밀 당근파운드케이크, 제주통밀 귤머랭파이, 제주메밀면&떡갈비, 제주귤마카롱, 제주모둠초밥&시금치장국) 🕐 10:00~18:00(월요일 휴무) 클래스 시간표 10:00/11:00/13:30/14:30/15:30/16:30 📞 064-745-7676 📷 @thankstoto_atelier

자연이 빚은
웅장한 화산재 지층
수월봉 지질 트레일

화산 활동으로 형성된 섬 제주도.
섬 전체가 유네스코 지정 세계지질공원이며,
13개 지구에 지질 트레일 코스가 마련되어
있다. 그중 수월봉 지질 트레일이 단연 독보적이다.
마치 아이슬란드의 어느 곳에 온 듯 신비한
풍광이 눈길을 사로잡는다.

수월봉-엉알길-당산봉-차귀도로 이어지는 트레일은 풍광이 아름답고 수만 년의 시간과 화산이 빚어낸 제주의 특징을 가장 잘 나타낸다. 이곳을 모두 돌아보려면 거의 하루가 소요된다. 1시간 이내로 짧지만 알차게 화산섬 제주의 시간을 여행할 수 있는 코스는 수월봉 아래 화산재 지층의 엉알 해안~엉알길 구간이다. '엉알'은 높은 절벽 아래 바닷가라는 뜻의 제주어로 '엉알길'은 해안 절벽을 따라 놓인 길을 말한다. 수월봉 아래 절벽부터 자구내포구(차귀도포구)까지 약 1.5km. 전 구간에 걸쳐 겹겹이 화산재 지층 절벽이 형성되어 있고 주변 경관이 뛰어나다. 전기 자전거를 빌려 타고 바닷바람을 맞으며 엉알길을 달려도 좋다. 시간 여유가 된다면 차귀도P.313까지 돌아보는 걸 추천한다.

📍 **수월봉(정상)** 제주시 한경면 고산리 3760 🅿 **수월봉 정상** 있음
🏠 www.visitjeju.net

ⓣⓘⓟ 🔵 **지질 트레일 코스를 제대로 즐기려면**

추천업체	정보
수월봉 전기 자전거 본점	·**주소** 제주시 한경면 노을해안로 1142 1층 ·**운영시간** 10:00~18:00, **전화번호** 010-7591-7388 ·**대여료** 1인승 40분 10,000원, 60분 13,000원, 90분 23,000원 ·**기타** 강풍 또는 우천 시 휴무, 동절기 방문 전 사전 문의
노을해안1014 (전기 바이크)	·**주소** 제주시 한경면 노을해안로 1014 ·**운영 시간** 10:30~18:30, **전화번호** 0507-1302-1837 ·**대여료** 1인승 40분 10,000원, 60분 15,000원, 80분 18,000원 ·**기타** 강풍 또는 우천 시 휴무, 동절기 방문 전 사전 문의

01 웅장한 새별오름 뷰 베이커리 카페

새빌

눈에 띄는 언덕 위에 오랫동안 방치되었던 건물이 빈티지함으로 무장하고 제주 서부의 최대 베이커리 카페로 재탄생했다. 당일 만든 빵은 당일 판매가 원칙이다. 방문객이 많아서 계속 만들어내기 때문에 언제 가더라도 신선한 빵을 맛볼 수 있다. 카페 문을 열고 들어가면 2층 높이 유리창 너머로 거대한 새별오름, 그 뒤로 이달오름과 금오름, 목장까지 한눈에 들어온다. 가을이면 카페 앞 언덕에 핑크뮬리가 만개해 장관을 이룬다. 새별오름 뒤로 해가 사라지는 일몰 무렵에 더욱 아름답다.

📍 제주시 애월읍 평화로 1529 🅿 있음 🍴 핑크뮬리 쉬폰 11,000원, 여러 종류의 크루아상 5,500원~7,500원, 아메리카노 7,000원, 한라봉에이드 8,500원 🕐 09:00~19:00 📞 064-794-0073
📷 @saebilcafe

02 곶자왈 숲을 보며 커피 한 잔
이끼숲소길

제주도에는 곶자왈이라고 부르는 특유의 숲이 있다. 돌이 많아서 지형이 울퉁불퉁하고, 나무와 덩굴들, 양치류 등이 우거져 있는데 워낙 습하다보니 그 수많은 돌을 콩자개와 이끼가 뒤덮고 있다. 이끼숲소길은 이끼가 멋진 곶자왈 숲의 일부를 정돈하여 산책도 하고 커피한 잔 하며 힐링할 수 있는 장소로 탈바꿈시켜 놓았다. 수국길, 동백길, 이끼숲, 숲터널, 소나무숲, 철쭉동산, 잔디공원 등 산책로의 구성도 다채롭다. 창 밖의 초록 이끼정원을 바라보고 이끼숲소길 에이드 한 모금이면 기분까지 청량해진다.

📍 제주시 애월읍 장소로 621 🅿 있음 ✕ 이끼숲소길 에이드(레몬말차에이드) 8,500원, 유자커피 8,000원 🕐 09:00~17:30(금~일 8:30 오픈) 📞0507-1359-9603 🅞 @ikki_cafe

03 분위기 좋은 디저트 맛집
카페유주

옹포리에 위치한 디저트 맛집! 유행을 따르기보다 좋은 재료를 사용하고 기본에 충실한 정통 디저트를 맛볼 수 있다. 카눌레, 피낭시에, 다쿠아즈 등의 작은 디저트와 케이크를 매일 매장에서 직접 만든다. 그중에서도 카눌레는 카페유주의 인기 메뉴! 돌 창고를 개조해서 만든 카페는 안팎으로 아늑함이 묻어나는데 햇살이 들어오는 창가 자리가 특히 좋다. 해피라는 이름의 귀여운 강아지가 카페를 지키고 있으며, 반려견은 입장 가능하며, 아이의 경우 12세 이상 입장 가능하다.

📍 제주시 한림읍 한림상로 17 🅿 있음 ✕ 오키나와 흑당라테 6,500원, 카눌레(가격 변동), 백향과소다 7,000원 🕐 11:00~18:00(목~일요일은 10:00 오픈) 📞 0507-1319-1393 📷 @cafe_yuzu

제주시 서부

04 가슴 뻥 뚫리는 색
울트라마린

시원시원한 오션 뷰 맛집으로 소문난 울트라마린. 1층과 2층 카페의 전면이 모두 바다를 향해 열려 있다. 좌석도 많고 넓어 어디에 앉아도 아쉬움 없이 파란 바다와 하늘을 누릴 수 있다. 한낮에는 카페의 이름처럼 파란색 뷰로 가득 차지만 일몰 때는 이글이글한 분홍빛 석양이 내려앉기도 한다. 커피도 좋다. 각자의 취향에 따라 원두를 선택할 수 있고 말차앙버터, 비스킷, 스콘, 마들렌 등 디저트가 매일 준비된다.

📍 제주시 한경면 일주서로 4611 🅿 있음
✕ 아메리카노 6,000원, 제주유채꿀레몬에이드 7,500원, 선셋아이스티 7,500원 🕐 11:00~19:00(수·목요일 휴무) 📞 064-803-0414
📷 @ultramarine_jeju

05 심야 책방도 열리는 북 카페
유람위드북스

제주도 내에서 방문자 리뷰 별점이 가장 높은 북 카페. 그만큼 구비된 책과 분위기가 훌륭하다는 뜻일 거다. 마을에서 조금 떨어져 있고 밭으로 둘러싸여 주변이 고요하다. 따뜻한 볕이 드는 너른 창가, 홀로 푹신한 의자에 파묻혀도 좋을 2층 다락, 눈에 띄지 않는 계단 밑 등 곳곳에 취향껏 책을 읽을 공간이 넉넉하다. 금·토요일 밤에는 심야 책방이 열린다. 여행 중 밤에 갈 곳이 술집뿐이겠는가. 서쪽의 작은 책방에서 시골의 밤을 만끽하며 책에 빠져보는 건 어떨까.

📍 제주시 한경면 조수동2길 54-36 🅿 있음 ✕ 아메리카노 6,000원, 카페라테 6,500원, 에이드 7,000원 🕐 월·목·일 11:00~19:00, 금·토 11:00~22:00(화·수요일 휴무)
📞 070-4227-6640 📷 @youram_with_books

TIP 음료 주문 없이 공간 이용 시 4,000원

143

 06 애월 바다가 작품이 되는
슬로보트

 07 나만 알고 싶은 감귤밭 카페
어클락

건축물이 돋보인다는 것은 주변 자연환경과 잘 어우러져 서로가 시너지를 이룰 때다. 슬로보트가 그런 곳이다. 2층의 창을 통해 보이는 애월 바다 풍경은 시시각각 다양한 영감을 주는 작품이 된다. 사진가의 작업실로 쓰이다가 카페로 개방된 곳으로 멋진 사진과 작품집을 만나볼 수 있다. 감성 맛집이지만 핸드드립 커피맛도 일품이다. 내부에 좌석이 많지 않고 구조상 계단과 작품들이 전시된 곳으로 노키즈로 운영되니 참고할 것.

📍 제주시 애월읍 하귀2길 46-16　🅿 있음　✕ 핸드드립커피 7,500원, 유기농티 7,500원, 까눌레 3,500원　🕐 10:00~19:00　📞 0507-1389-1455　📷 @slowboat_atelier

제주도 겨울 여행에서 빼놓을 수 없는 감귤 체험이 가능한 카페 어클락. 아이를 동반한 가족 여행객의 만족도가 높다. 매년 10월부터 12월 중순까지 예약 없이 체험이 가능하다. 감귤 체험은 비용은 카페까지 이용하면 5,000원, 감귤 체험만 하면 6,000원이다. 체험을 하면서 귤을 마음껏 먹을 수 있고, 직접 딴 귤은 2kg 정도 가지고 갈 수 있다. 감귤밭 사이사이에 사진 찍기 좋은 포토존이 많고 반려견 입장도 가능하다.

📍 제주시 애월읍 고성북동길 18　🅿 있음　✕ 어클락 7,000원, 아메리카노 4,000원, 감귤체험(2kg) 5,000원~6,000원　🕐 11:00~18:00(일요일 16:00 마감, 목요일 휴무)　📞 0507-1317-1315　📷 @Oclock_jeju

08 우유부단
저 푸른 초원 위에서 오늘은 우유!

성이시돌목장에 위치한 우유부단(優柔不斷 넘칠 우, 부드러울 유, 아닐 부, 끊을 단). 너무 부드러워서 끊을 수 없이 치명적이고, 우유를 위한 부단한 노력을 하는 우유 전문 카페다. 모든 메뉴에 성이시돌목장의 유기농 우유를 사용한다. 대표 메뉴는 쫀득하고 차진 수제 아이스크림과 부드럽고 진한 밀크티. 젖소와 말이 노니는 초원, 카페와 마주한 이국적인 건축물 테쉬폰, 우유갑을 모티프로 한 조형물은 필수 포토 스폿이다.

📍 제주시 한림읍 금악동길 38 🅿 있음 ✗ 아이스크림 5,000원, 유기농 아쌈 밀크티 5,500원~6,000원 🕐 10:00~18:00
📞 064-796-2033 📷 @uyubudan

09 명월국민학교
추억이 방울방울

명월리에 있던 폐교를 고쳐서 만든 카페로 국민학교를 다녔던 세대라면 더 많은 추억이 떠오를 만한 곳이다. 교실과 복도, 뒷마당, 운동장까지 안팎으로 좌석이 꽤 많다. 뒤뜰에 있는 푹신한 빈 백에 앉으면 지대가 높아 바다와 비양도가 정면으로 내려다보인다. 쫀드기 같은 옛날 과자, 명월국민학교의 디자인 상품들과 액세서리, 비눗방울이나 연 같은 추억의 장난감 등을 쇼핑하는 재미도 쏠쏠하다. 아이들, 반려견과 함께 나들이하기 좋은 카페다.

📍 제주시 한림읍 명월로 48 🅿 있음 ✗ 버터크림라테 6,500원, 에이드 3종 6,500원, 너에게사과 6,500원 🕐 11:00~18:30 📞 070-8803-1955
📷 @_lightmoon.official

10 클랭블루
신창 풍차 해안의 사계를 담다

파란 제주 바다에서 영감을 얻어 신창 풍차 해안도로에 오픈한 카페다. 매일 아침 제주 농장과 직거래를 통해 공급받은 신선한 계절 과일과 채소로 만드는 제철 주스와 케이크는 호평이 자자하다. 이곳에서 유명한 또 하나는 2층의 창문. 커다란 정사각형 창을 통해 신창 풍차 해안의 사계절과 모든 시간이 그대로 담겨 그림이 된다. 특히 일몰 무렵이 가장 근사하다.

📍 제주시 한경면 한경해안로 552-22 🅿 있음 ✗ 제주한라봉주스 9,000원, 진저인허브청귤 8,000원 🕐 10:00~18:00
📞 010-8720-5338 📷 @kleinblue_jeju

 11 안주가 맛있는 혼술의 성지
협재술시

협재 해수욕장 인근에 위치한 선술집으로 안주가 맛있고 식사 대용으로도 손색없이 푸짐하기로 소문이 자자하다. 활기차고 친근한 주인장 덕분에 혼자 방문해도 전혀 어색하지 않아 혼술의 성지로 알려져 있다. 인기 메뉴는 딱새우회, 난코츠 가라아게, 오뎅탕면 등이다. 먹기 좋게 껍질이 벗겨져 나오는 뽀얀 딱새우회는 신선하고 탱글탱글하다. 닭 가슴 연골 튀김인 난코츠 가라아게는 오독오독한 식감이 일품이다. 주인장의 고향인 부산에서 공수한 어묵으로 끓인 라면은 든든한 한 끼 식사가 된다.

📍 제주시 한림읍 협재2길12 🅿 있음 ✕ 딱새우사시미 45,000원, 난코츠가라아게 18,000원, 세박이 23,000원 🕐 19:00~다음 날 01:00(일요일 휴무) 📞 0505-1375-0684 📷 @hyeobjae_sulsi

 12 인생 카츠란 이런 것
TONKATSU서황

제주시 서부권에서 가장 유명한 돈가스 전문점으로 제주산 흑돼지 안심과 등심만을 사용한다. 또한 생선가스는 매일 아침 공수해오는 3~4종류의 자연산 계절 생선으로 만들며, 메뉴판에 그날의 생선 이름을 올려둔다. 신선한 재료로 만든 만큼 상당히 담백하다. 돈가스에 곁들이기 좋은 건 '샐러드우동'. 국물 없이 드레싱에 비벼 먹는 차가운 우동으로 통통한 면에 신선한 채소와 큼직한 새우가 올라가 있다. 따로 제공되는 참깨 드레싱이 고소하고 향이 좋아 끊임없이 식욕을 자극한다.

📍 제주시 애월읍 장소로 205-2 🅿 없음(가게 건너편 메디치 타운하우스 앞 공터 주차 가능) ✕ 서황카츠 12,000원, 안심카츠 14,000원, 샐러드우동 12,000원 🕐 11:30~20:00(재료 소진 시 조기 마감, 브레이크타임 15:00~17:30, 월·화요일 휴무) 📞 064-799-5458 📷 @seo_hwang

13 두부 요리의 모든 것
신의 한모

제주공항에서 차로 20여 분 거리, 애월읍 하귀리 바닷가에 자리한 두부 요리 전문점이다. 공동 대표 3명이 일본에서 직접 배워 온 일본식 순두부 '오보로도후'를 활용해 덮밥, 구이, 튀김, 샐러드, 국수 등 다양한 두부 요리를 선보인다. "두부 한 모 한 모 열심히 만들다 보면 언젠가 신이 만든 것 같은 맛있는 두부를 만들 수 있지 않을까?"라는 희망을 담아 가게 이름을 '신의 한모'라 지었다고 한다. 이름처럼 최고의 두부 요리를 내기 위해 직접 두부를 만든다.

📍 제주시 애월읍 하귀14길 11-1 🅿 있음
🍴 아게다시도후 15,000원, 두부함박스테이크 17,000원, 모찌리두부샐러드 10,900원
🕐 11:30~21:00(브레이크 타임 15:00~17:30, 월요일 휴무) 📞 064-712-9642 📷 @jejutofu

14 리얼 지역민의 일상 맛집
일억조

제주에 흔치 않은 접짝뼈국을 파는 가게로 식사 시간이 되면 마을 주민들로 가득 차는 리얼 지역민 맛집이다. 접짝뼈를 장시간 끓여 메밀가루, 대파, 무 등을 넣은 국이 접짝뼈국이다. 뽀얗고 진한 국물이 무의 시원함과 어우러져 느끼하지 않다. 접짝뼈는 돼지 앞다리와 몸이 만나는 사이 뼈라고도 하고 돼지 등뼈를 일컫는 제주도식 표현이라고도 한다. 그래서 판매점마다 취급하는 뼈 부위가 다르다. 일억조에서는 돼지 등뼈를 사용한다.

📍 제주시 한림읍 한림상로 140
🅿 없음(갓길 주차 가능) 🍴 접짝뼈국 10,000원, 차돌된장찌개 10,000원, 뼈전골 13,000원
🕐 09:00~19:00(브레이크 타임 15:00~16:00, 일요일 휴무)
📞 064-796-2270
📷 @ileogjo_jeju

15 탱글탱글 살아 있는 쫀득함
한림족발

발골 기술자가 운영하는 가게로 직접 고기를 손질해서 삶는다. 유통 과정이 짧아 신선하고, 한림족발만의 비법으로 삶은 족발은 쫀득하면서도 부드럽다. 매일 일정량의 제주산 생족을 삶아 당일 판매를 원칙으로 하기 때문에 지역민들은 가게 오픈 시간을 손꼽아 기다린다. 인기 메뉴는 불족발. 매콤하면서 달달한 양념에 불 맛이 더해져 계속 손이 가는 마성의 족발이다. 다양한 맛을 즐기고 싶다면 반반족발과 비빔막국수도 같이 추천한다. 채소가 듬뿍 들어간 비빔막국수는 족발과 환상의 짝꿍이다. 모든 메뉴는 포장 가능하다.

📍 제주시 한림읍 한림상로 219 🅿 없음(주변 도로 갓길 주차 가능) 🍴 한림족발(小) 33,000원, 반반족발(大) 48,000원, 비빔막국수 12,000원 🕐 16:00~22:00(일요일 휴무) 📞 064-796-9258 📷 @hallim_jokbal

16 보양식처럼 즐기는 칼국수
한림칼국수

어촌 마을 한림의 항구 옆에서 아담한 가게로 시작했는데 그 맛을 찾는 이들이 늘어나 제주 공항점, 제주 여상점, 세화점까지 문을 열었다. 밀면을 파는 산방식당과 더불어 손꼽히는 제주 토종 식당이다. 매일 직접 반죽해서 면을 뽑아내는 한림칼국수에서는 매생이와 보말이 주재료인 메뉴를 선택하면 실패가 없다. 자연산 제주 보말로 육수를 낸 보말칼국수는 걸쭉하고 진한 국물이 일품이고, 매생이와 보말로 채워진 매생이보말전은 고소하다. 보말이 가득 들어간 영양보말죽은 여느 보양식 못지않다.

📍 제주시 한림읍 한림해안로 141 🅿 있음 🍴 보말칼국수 10,000원, 영양보말죽 10,000원, 매생이바당전 9,000원 🕐 07:00~19:30(브레이크 타임 15:00~17:00, 일요일 휴무) 📞 070-8900-3339 📷 @hanrimkalgugsu

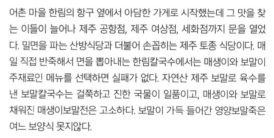

17 정성 가득 맑은 곰탕 한 그릇
협재온다정

협재온다정의 곰탕은 담백하면서도 깔끔한 국물에 깊은 맛까지 가졌다. 육수는 조미료 한 톨 넣지 않고 오로지 각종 채소와 흑돼지고기로만 우린다. 제주 고사리로 지은 밥을 사용하고, 뜨겁고 맑은 국물을 유지하기 위해 톳을 끓인 물로 밥을 토렴한다. 얇게 저며 올린 돼지고기는 한 점씩 건져 온다정만의 된 장멜젓 소스에 찍어 먹는다. 곰탕을 담은 놋그릇은 마지막 한 방울까지 따끈하게 먹을 수 있게 해준다. 사이드 메뉴로 저염명란도 있다. 감칠맛을 위해 양파 등 각종 채소를 잘게 썰어 토핑하는데 곰탕과 잘 어울린다. 맑은 곰탕이 대표 메뉴였 지만 갈비찜, 족발국수, 등뼈곰탕, 미나리곰탕 등 새로운 메뉴 개발에 도 부지런한 인기 식당이다.

📍 제주시 한림읍 한림로 381-4 🅿 있음 🍴 흑돼지맑 은곰탕 11,000원, 마농 돼지갈비찜 13,000원, 저염명란 6,000원 🕐 08:00~20:00 📞 0507-1461-9223
📷 @ondajung

18 집 나간 입맛이 돌아온다
안녕협재씨

제주에서 보기 드문 해산물장 비빔밥 전문점이다. 이곳만의 특제 간장에 수일간 숙성시켜 완성하는 딱새우장, 돌문어장, 전복장을 각종 채소와 함께 비벼 먹는다. 대표 메뉴는 딱새우장비빔밥. 부드러운 조림 무와 톡톡 터지는 날치알, 달걀노른자의 조합이 향긋하다. 곁들이기 좋은 메뉴는 잘 삶은 돼지고기를 특제 간장에 숙성시킨 수육 도마 반 판, 도마 한 판이다. 2인 기준 해산물장 2개, 도마 반 판이면 다양한 맛을 즐기기에 충분하다.

📍 제주시 한림읍 금능길 12 1층 🅿 없음(인근 협재어촌계 복지회관 앞 주차 가능)
🍴 딱새우장비빔밥 17,000원, 돌문어장비빔밥 18,000원, 통전복내장비빔밥 17,000원, 수육 도마 반 판 13,000원 🕐 09:00~16:00 📞 064-796-0624
📷 @ hihyeopjae

19 속 풀리는 한 끼
우정해장국

제주도가 다른 지역에 비해 해장국이 유독 인기 있는 이유는 인구 폭증에 따른 건설 현장의 인부들과 여행객들이 든든한 한 끼를 많이 찾아서다. 제주 곳곳에 분점을 여럿 둔 해장국 브랜드도 수두룩하지만 협재 해수욕장 인근에서라면 지역민들에게 사랑받는 우정해장국을 추천한다. 양과 곱창 등 다양한 내장이 아낌없이 들어간 내장탕과 수육, 선지, 우거지, 콩나물, 당면이 푸짐한 소머리 해장국 두 가지가 인기다. 평일 점심에도 좌석이 꽉 차는 곳이니 조금 일찍 가는 것을 추천한다.

📍 제주시 한림읍 한림상로 139 🅿 있음(협소)
🍴 우정해장국 10,000원, 내장탕 11,000원, 소머리수육 35,000원 🕐 06:00~14:00(목요일 휴무) 📞 064-796-4280

20 양가형제
육즙 팡팡 패티의 자부심

오랫동안 비어 있던 청수리 평화동 마을회관이 수제 버거집으로 다시 태어났다. 겉모습뿐만 아니라 실내 인테리어와 소품에서도 아날로그 느낌이 물씬 난다. 레트로 스타일은 부수적인 매력일 뿐, 양가형제는 맛으로 더 유명하다. 메뉴를 완성하는 데 많은 시간과 공을 들였다. 핵심 인기 비결은 소고기만 사용한 패티. 육즙 가득한 패티의 풍미를 온전히 즐기려면 커팅은 금물, 손에 들고 입으로 베어 먹는 걸 추천한다! 사이드 메뉴로는 어니언 링이 인기 만점!

📍 제주시 한경면 청수동8길 3 🅿 있음 🍴 경버거 12,000원, 양버거 14,000원, 석버거 12,000원, 어니언링 11,000원 🕐 11:00~19:30(브레이크 타임 15:00~16:00, 목요일 휴무) 📞 010-4938-5455 📷 @yangbrothersburger

21 명리동식당
맛도 가격도 착한 자투리 고기

명리동식당은 연탄불에 구워 먹는 자투리 고기 전문점이다. 자투리 고기란 돼지고기를 부위별로 해체하는 과정에서 남은 중간 부위들을 말한다. 명리동식당의 자투리 고기는 신선해서 빛깔이 곱고 쫀득쫀득한 식감이 매력이다. 고기는 100% 제주산 흑돼지를 사용하고 직원이 먹기 좋게 구워준다. 고기를 먹은 다음 김치전골 뚝배기는 필수! 비교적 한산한 저지리에 있지만 오픈한 지 10년이 훌쩍 넘은 도민 맛집이다. 허름했던 본점이 새로 리모델링했고 애월과 구좌에 분점도 있다.

📍 제주시 한경면 녹차분재로 498 🅿 있음 🍴 흑돼지자투리고기(200g) 15,000원, 흑돼지삼겹살(200g) 20,000원, 김치전골(뚝배기 1인분) 7,000원 🕐 11:30~21:00(브레이크 타임 14:30~16:00, 월요일 휴무) 📞 064-772-5571

 로컬식재료로 더 맛있는 양식
모들한상

1층과 2층이 모두 시원하게 트인 통창 구조로 하가리 연못을 내려다 보면서 식사할 수 있는 퓨전 레스토랑이다. 남녀노소 모두 만족시킬만한 메뉴 구성으로 어린 아이들과 함께 하는 가족여행에도 괜찮다. 제주보말과 고사리가 들어간 오일파스타는 제주여행에서만 맛볼 수 있는 별미다. 해물가지커리도 모들한상의 대표 메뉴로 바삭하게 잘 튀긴 해물과 가지가 양이 꽤 많은데 살짝 매콤한 맛과 중간중간 씹히는 병아리콩이 일품이다.

📍 제주시 애월읍 하가로 180 🅿️ 있음 ✕ 고사리보말파스타 17,500원 모들해물가지커리 13,000원 🕐 11:00~19:00(브레이크 타임 15:30~17:00, 수요일 휴무) 📞 0507-1431-3504
📷 @modle_hansang

 애월의 숨은 맛집
애월 어촌계회센타

오로지 입소문만으로 손님이 끊이지 않는 맛집이다. 애월항에 있는 작은 식당으로 허름하지만 주말 식사 시간이면 테이블이 꽉 찬다. 도민들만 알던 곳인데 이제 관광객이 점점 많아지고 있다. 회는 말할 것도 없이 싱싱하며 사장님 손맛 또한 셰프 못지않아 생선조림이나 매운탕, 물회 등이 인기다. 붉게 물드는 일몰 시간에는 야외에서 술 한잔하는 사람도 많다. '애월 어촌계'로 검색하면 여러 주소가 나오니 '애월 어촌계회센타'로 정확히 찾을 것.

📍 제주시 애월읍 애월로13길 45 🅿️ 있음 ✕ 자리물회 13,000원, 한치물회 13,000원, 생선조림(小) 40,000원, 매운탕(小) 40,000원 🕐 11:00~22:00(방문 전 휴무 확인 필요) 📞 064-799-0312

01 로컬 브랜드 스토어로 변신한 효리네 민박
소길별하

제주 도민이 된 가수 이효리 부부가 TV 예능프로그램 〈효리네 민박〉을 통해 사는 집을 공개했었다. 이후 그들은 떠났고 그 자리에 소길별하가 문을 열었다. 제주 지역 자원과 창작자의 스토리가 담긴 브랜드를 발굴하여 선보이는 로컬 브랜드 스토어. 김택화미술관, 김현수 작가도 참여 중이다. 상품들이 가진 브랜드 고유의 가치를 전달하고자 한 가지씩만 작품처럼 전시하는 형식을 취하고 있다. 덕분에 작가의 창작성이 돋보이는 제품을 전시한 2층은 기존 공간이 주는 분위기와 어우러져 갤러리를 연상케한다. 예약 필수이며 이용 시간은 1시간, 예약 시간 15분 전부터 입장 가능하다.

📍제주시 애월읍 소길남길 34-37 🅿있음 ₩6,000원 🕐12:00~17:00(수요일 휴무, 네이버 예약을 통해 사전 예약 필수) 📞070-8691-3437 📷@sogil_bh

02 제주 바다 우뭇가사리로 만든 마성의 디저트
우무

제주 바다에서 해녀가 채취하는 우뭇가사리는 칼로리가 낮고 식이섬유가 풍부한 제주의 대표적인 해조류다. 제주에서는 우뭇가사리를 오랜 시간 끓여 만든 물을 묵처럼 굳혀 새콤하게 무쳐 먹는데, '우무'에서는 이걸 이용해 푸딩을 만든다. 우뭇가사리 끓인 물 베이스에 커스터드, 말차, 초콜릿을 넣어 맛, 색, 향을 입힌다. 우무푸딩은 젤라틴을 사용하지 않아 상당히 부드럽고 입에 넣자마자 녹는 마법을 보여준다. 얼그레이, 우도땅콩푸딩이 계절 메뉴로 추가된다. 원하는 질감과 맛이 나지 않으면 전량 폐기해 만든 지 24시간 이내의 푸딩만 판매한다. 제주시 원도심에 위치한 제주 공항점에서도 우무푸딩을 만날 수 있다.

📍제주시 한림읍 한림로 542-1 🅿 없음(도보 1분 거리 공영 주차장 두 곳 이용 가능: 한림상로 2, 한림상로 17) ✖ 푸딩 6,800원 (커스터드, 말차, 초코, 오트비건, 시즌 한정으로는 초당옥수수, 당근) 🕐 09:00~20:00 📞 010-6705-0064 📷 @jeju.umu

제주 봄 바다의 보물
우뭇가사리

제주에서는 4~6월 사이, 해녀들이 공동으로 우뭇 가사리(천초)를 채취한다. 몇 시간의 물질을 끝내 고 망사리(그물망) 가득 우뭇가사리를 담아 물 밖 으로 나오면 남자들은 그것을 받아 트럭이나 경운 기에 실어 마을로 옮긴다. 이 무렵에는 해변의 길 가, 공터, 마당에서 우뭇가사리 말리는 모습을 쉽 게 볼 수 있다.

다른 곳에서는 보기 드문 대규모 공동 작업이다. 일정한 약속하에 개인 작업도 이뤄진다. 제주 해녀 에게는 1년 소득의 절반을 차지할 만큼 큰 수입원 이라 우뭇가사리 수확 철에는 해녀의 신경이 곤두 서기도 한다. 이 시기에는 예민해진 해녀의 마음을 상하게 하지 말라는 뜻으로 "봄 잠녀(해녀)는 건들 지 말라"는 말이 있을 정도다.

제주 우뭇가사리는 품질이 좋아 일제강점기에는 일본에서 수탈을 일삼았다. 일본인들은 밀양으로 가져가 한천을 만들고 전투 식량 으로 양갱을 만들었다. 지금도 밀양에서는 겨울이면 제주의 우뭇 가사리를 삶아 한천을 만들고 생산량의 80%를 일본으로 수출하 고 있다.

홍조류인 우뭇가사리는 자주색이 짙은 갈색이다. 볕에 잘 말려서 방망이로 두들긴 다음 물에 적셔 다시 말린다. 밝은 크림색으로 바뀌어야 비로소 식재료로서의 역할을 하게 된다. 색이 밝아진 우 뭇가사리 삶은 물을 식힌 것이 한천으로 제주에서는 '우미', '우무' 등으로 불린다.

예전 제주에서는 주로 여름에 채 썬 우무에 찬물을 붓고 잘게 썬 부추, 식초 몇 방울과 볶은 콩가루나 미숫가루를 조금 넣은 단순 한 조리법으로 우미냉국을 만들어 먹었다. 최근에는 우뭇가사리 로 만든 '우무푸딩'이 제주에서 인기가 많다. 또한 우뭇가사리 양 갱 '달하루'는 온라인에서 판매 중이며, 우뭇가사리 비누 '우무 솝 (인스타그램 @umusoap)'은 제주에서 구매 가능하다.

03 제주에서 찾은 캐러멜
제주멜톤

수제 캐러멜 전문점 멜톤은 'Caramel+tone'의 합성어로 다양한 맛과 톤을 의미한다. 5종의 제주 맛 이외에 7가지 다양한 맛의 캐러멜을 선보이고 있다. 신선한 유크림, 우유, 버터, 천연 재료와 건강한 제주 특산물을 사용하고 당일 제조 및 판매를 원칙으로 한다. 촉촉하고 부드러운 생캐러멜이라 디저트로는 물론 와인이나 위스키 안주로도 어울린다. 6개, 12개 세트 구입도 가능해 선물용으로도 유용하다. 하얀 벽과 햇살이 예쁜 매장은 규모가 아담해 두 팀씩만 입장 가능하고, 테이크아웃 전용이다.

📍 제주시 한림읍 한림로 528 🅿 없음(매장 앞에서 우회전 후, 무료 공영 주차장 이용 가능: 한림읍 옹포리 239-1) 🆆 수제캐러멜 낱개 2,000원, 하프 세트 13,000원, 풀 세트 24,000원
🕙 10:00~18:00(화요일 휴무) 📞 010-4300-4009
📷 @meltone_jeju

04 작은 마을의 작은 글(小里小文)
책방 소리소문

책 한 권을 계기로 사랑에 빠져 하나가 된 부부의 아담한 서점이다. 감귤 창고로 쓰였던 공간을 다채로운 북 큐레이션과 10년간 책방 근무 경력을 가진 주인장의 내공으로 채웠다. 작가의 집필실 같은 필사의 방까지 마련되어 있어 마치 시골에 정착한 작가의 소담한 서가 같기도 하다. 책방 인근에 거주하는 아이들이 책과 함께 성장할 수 있는 책방으로 만들고 싶다는 소망을 담아 운영 중이라고 한다. 작은 마을의 포근하고 아늑한 책방에서 마음을 채워주는 작은 글 하나 만나보자.

📍 제주시 한경면 저지동길 8-31 🅿 있음
🕙 11:00~18:00(화·수요일 12:00 오픈)
📞 0507-1320-7461 📷 @sorisomoonbooks

제주시 서부

제주시 중부

제주시 동부

서귀포시 서부

서귀포시 중부

서귀포시 동부

05 양초, 유리, 도자기
수풀

문을 열고 들어서면 기분 좋은 향기가 먼저 반겨준다. "수풀에서 발견해낸 보물들로 당신만의 수풀을 가꿔보세요"라는 수풀의 SNS 계정 문구에 끌려 나만의 공간을 꿈꾸며 장바구니를 채우게 되는 소품 숍이다. 주로 유리, 도자기, 양초로 채워져 있다. 한눈에도 핸드메이드임이 확실한 유니크한 찻잔부터 저렴한 가격대의 유리 소품까지 다양하다. 양초는 직접 만든 수제품이다. 그 양초들과 세트를 이룰 만한 유리 촛대들도 다양하게 구비되어 있다.

📍 제주시 한림읍 명랑로 8 2층 🅿 없음(주변 도로 갓길 주차)
🕐 12:00~18:00 📞 0507-1302-7204 📷 @supul_supul

06 제주를 담은 건강 소금
오마이솔트

감귤, 당근, 표고, 다시마, 비트, 부추, 톳, 조릿대 등의 제주 로컬푸드를 신안 천일염과 블렌딩해 전통 방식으로 제조한 소금을 판매한다. 저염의 요리용 소금으로 영양이 풍부하고 재료 고유의 맛과 향이 좋다. 비트, 감귤, 당근 등의 화려한 자연의 색이 그대로 살아 있으며 병과 라벨 디자인이 예뻐 제주 여행 선물로도 제격이다. 비건 인증을 받은 제주 감자부각과 김부각 역시 인기 상품이다. 자극적이지 않고 담백해 누구나 부담 없이 즐길 수 있다. 대한민국 관광기념품, 제주관광기념품 금상을 수상했다. 온라인 구입도 가능하다.

📍 제주시 애월읍 번대동길 66 🅿 없음(주변 골목 주차)
💰 톳소금 15,000원, 당근소금 15,000원, 김부각&감자부각(가격 변동) 🕐 12:00~18:00(매주 월·화요일, 설 명절 휴무, 임시 휴무 인스타그램 공지 참조) 📞 0507-1305-3983 🏠 ohmysalt.co.kr
📷 @ohmysalt

AREA
03

제주의 청정 자연에 더해
시골 돌담 풍경까지!

제주시 동부

제주도 북동쪽은 함덕을 시작으로 김녕, 월
정, 평대, 세화, 하도까지 에메랄드빛 제주
해변을 만끽할 수 있는 최적의 코스다. 더불
어 절물 자연휴양림과 사려니 숲, 비자림 등
손꼽히는 3대 휴양림과 중산간에 올록볼록
펼쳐진 오름들까지 한라산 아래 화산섬의
온갖 풍경을 다 가지고 있다. 제주도 서쪽에
비해 비교적 천천히 개발되어 좁은 돌담 올
레길이나 시골 돌집 등 제주 본연의 시골 정
취를 더 많이 간직하고 있다.

02

절물 자연휴양림

삼나무 숲이 하늘로 뻗은 삼울길은 꼭!
이 외에도 분위기와 난이도에 따라
산책로가 다양한 휴양림.

#인생사진 #장생의숲길 #놀이터
#30분부터반나절까지

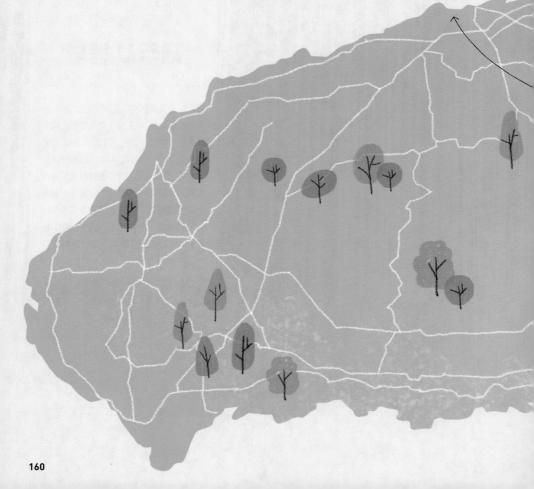

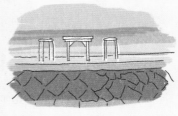

01

함덕 해수욕장

투명한 물빛, 모래사장, 잔디밭, 현무암, 오름과
둘레길까지 부족함 없이 완벽한 제주 바다.

#에메랄드 #바다앞카페 #제주와이키키 #서우봉둘레길

05

세화 해수욕장

제주도에서 가장 물빛이 예쁜 바다라고
자신 있게 말할 수 있는 곳.

#투명에메랄드 #인생사진 #겨울바다
#세화오일장

03

제주 돌문화공원

신들의 섬 제주! 설문대 할망과 오백 장군 등 유명 신화를
모티프로 만든 압도적 스케일의 돌 공원.

#힐링명소 #한적한산책 #제주자연 #제주설화

04

비밀의 숲

안돌오름 아래 숨겨졌던 숲이 드디어
개방되었다. 민트색 트레일러와 함께
인생 포토존 핫플레이스!

#SNS사진명소 #이국적 #사유지

함덕 골목

무거버거 16

함덕 해수욕장

글로시말차 11
김택화미술관 21
함덕 해수욕장 01

18

버드나무집 15

17 동카름
14 백리향
〈걸어가는 늑대들〉, 전이수 갤리리 23
25
달사막

01 남남제주

01 이에르바

김녕 해수욕장 03

03 카페 더 콘테나

05 5L2F(오엘이에프)

낭뜰에쉼팡 22

고사리커피 08

안도르 12
으뜨미 13

비밀의 숲 11

07 에코랜드

05 제주 돌문화공원
아부오름 15

02 절물 자연휴양림
교래안다미로식당

스누피 가든 22

말로(길갈팜랜드) 07
19
09 산굼부리

02 카페글렌코

06 제주마방목지

12 사려니 숲길(비자림로 입구)

사려니 숲길

12 사려니 숲길(붉은오름방면 입구)

06 팰롱팰롱빛나는

04 월정리 해변

06 카페치즈태비

24 떡하니문어 떡볶이

20 월정리갈비밥

05 혜리스마스

평대성게국수 **21**

세화 해수욕장

해맞이 해안로

13

10

해맞이 해안로

연미정 **23**

02 제주풀무질

카카오패밀리 **04**

04 꼬스뗀뇨

지미봉 **14**

17 해녀의 부엌

우도

20 메이즈랜드

16 비자림

09 카페책자국

달리센트 **03**

10 모뉴에트

18 아끈다랑쉬오름

19 용눈이오름

08 금백조로

0   1.3km

01 세상의 모든 푸른 물감이 여기에
함덕 해수욕장

제주시 동부권의 대표 해수욕장이다. 수심이 얕고 파도가 잔잔해 아이들이 물놀이하기 좋다. 작은 텐트나 그늘막 설치가 가능한 넓은 잔디밭이 무료인 점도 매력이다. 해수욕장 동쪽 끝에 자리한 서우봉 둘레길은 반드시 올라가 보자. 세상의 모든 파란색 물감을 풀어놓은 듯한 바다가 눈앞에 펼쳐진다. 햇빛을 순광으로 받을 때 바다색이 가장 예쁘다. 푸른 바다 빛을 제대로 감상하려면 해가 서쪽으로 넘어가기 전, 늦어도 낮 1시 이전에는 올라가야 한다. 해 질 녘에 오르면 파란 바다 대신 황금빛으로 물드는 해변을 만날 수 있다. 서우봉 둘레길은 꽃의 언덕이기도 하다. 함덕마을 주민들이 심어놓은 유채꽃, 청보리, 해바라기, 황화코스모스 등이 계절을 갈아타며 꽃을 피운다.

📍 제주시 조천읍 조함해안로 525 🅿 있음 📞 064-740-6000(상담시간: 09:00~18:00) 🏠 www.visitjeju.net

02 울창한 삼나무 숲속으로
절물 자연휴양림

휴양림 내에 장생의 숲, 절물오름, 생이소리길 등 다양한 산책 및 트레킹 코스가 있다. 휴식용 평상, 놀이터, 목공예 체험과 같은 편의시설도 갖추고 있고 제주 시내에서 가까워 지역민의 사랑을 받는 휴양림이다. 피톤치드를 내뿜는 삼나무가 많아 제주의 맑은 공기를 만끽하고자 하는 여행객에게도 인기가 많다. 절물 자연휴양림에서 가장 유명한 숲은 삼나무가 울창한 '삼울길'이다. 높이 솟은 삼나무 숲 안으로 산책길이 뻗어 있다. 오후 빛이 길게 삼나무 사이로 뻗어 들어오거나, 비가 촉촉하게 내리거나, 안개가 끼면 무척 몽환적인 분위기를 보여준다. 특히 겨울에 많은 눈이 덮인 삼나무 숲의 설경은 장관이다. 계절과 날씨 상관없이 방문하기 좋다.

📍 제주시 명림로 584 🅿 있음 ₩ 성인 1,000원, 청소년 600원, 어린이 300원
🕐 07:00~18:00 📞 064-728-1510 🏠 www.foresttrip.go.kr

03 매혹적인 코발트빛 바다
김녕 해수욕장

하얀 풍력발전기들이 보디가드처럼 서 있는 김녕 해수욕장. 결이 고운 모래로 이뤄진 백사장에 수심이 깊지 않고, 썰물 때 드러나는 바위 구멍마다 작은 물고 기들이 남아 있어 아이들이 무척 좋아한다. 잔디밭에 조성된 야영장도 훌륭하 다. 여름에 인기가 많은 해변이지만, 아름다운 풍광을 보기 위한 이들의 발길이 사계절 이어진다. 코발트빛 바다를 배경으로 사진을 남기고 싶다면 김녕 해수 욕장 건너편 세기알 해변으로 꼭 가보자. 방파제에 걸터앉아 투명한 바다를 배 경으로 부감 샷을 찍으면 그걸로 제주에서의 인생 사진은 완결이다.

◎ 제주시 구좌읍 해맞이해안로 7-6 ℗ 있음 ☎ 064-740-6000(상담시간: 09:00~ 18:00) 🏠 www.visitjeju.net

04 달이 머무는 물가
월정리 해변

월정리 해변의 옛 이름은 '한모살'로 '크고 넓은 모래밭'이라는 뜻이다. 초승달처럼 흰 눈부신 백사장과 푸른 바다가 펼쳐진다. 그림 같은 풍경에 반해 모여드는 사람들 로 인해 조용했던 바닷가 마을은 몇 년 사이 극심한 변화를 겪었다. 그럼에도 여전히 풍광이 아름다워 여행자들의 발길이 끊이지 않는다. '달의 물가'라는 마을 이름 '월정 (月汀)'은 밤에 배를 타고 바다에 나가 마을을 바라보니 반달 모양 같아 붙여진 것이 다. 달이 뜨는 밤, 바다에 비친 또 하나의 달을 보고 싶게 하는 낭만적인 이름이다.

◎ 제주시 구좌읍 해맞이해안로 480-1 ℗ 있음 ☎ 064-740-6000(상담시간: 09:00~18:00) 🏠 www.visitjeju.net

05 혼자 알기 아까운 힐링 산책 코스
제주 돌문화공원

제주인의 삶에서 돌은 어떤 의미일까? 돌문화공원에 가면 그 의미를 알 수 있다. 300만 ㎡의 대지에 조성된 웅장한 공원으로 선사 시대부터 현대를 아울러 고인돌, 돌하르방, 정주석, 산담, 비석, 동자석, 전통 마을 등을 볼 수 있다. 특히 신화를 표현한 오백 장군 군상은 압도적인 스케일을 자랑한다. 꼭 전시 관람이 아니라도 주변 산새와 풍광만으로도 매력적이다. 워낙 넓어서일까. 북적거리는 법이 없고 입장료까지 저렴하다. 사계절 중 억새가 풍성한 가을이나 눈이 소복하게 쌓인 겨울에 특히 운치 있다.

📍 제주시 조천읍 남조로 2023 Ⓟ 있음 ₩ 성인 5,000원, 청소년 3,500원, 어린이 무료(네이버 예매 시 최대 14% 할인)
🕐 09:00~18:00(매주 월요일 휴무) 📞 064-710-7733
🏠 www.jeju.go.kr/jejustonepark

06 조랑말들의 천국
제주마방목지

한라산 중턱의 초지에서 조랑말들이 풀을 뜯거나 자유롭게 누워 있거나 젖을 먹고 있는 제주마방목지에서라면 아무나 찍어도 멋진 풍경 사진을 건질 수 있다. 특히 뭉게구름이 둥둥 뜨는 날은 지대가 높아 천상계 같다. 감사하게도 4월부터 11월까지 꽤 오래 볼 수 있는 풍경이다. 제주시에서 51.6도로를 통과하면 지나는 곳으로 딱히 목적지로 정해두지 않았어도 저절로 차를 세우게 된다. 주차장도 아주 넓다. 그냥 바라보는 것만으로도 힐링이 되는 곳!

📍 제주시 516로 2480 🅿 있음 💰 무료 📞 064-740-6000(상담시간: 09:00~18:00)
🏠 www.visitjeju.net

07 기차 타고 숲속 여행
에코랜드

에코랜드는 제주에서는 보기 드문 호수와 풍차, 라벤더 정원 등 마치 유럽 같은 풍경을 가진 공원이다. 클래식한 증기기관차를 몇 차례 타고 내리며 관람하는 것이 특징! 양치식물 가득한 곶자왈을 헤치고 달릴 때는 제주의 원시 모습도 만날 수 있다. 에코로드라고 하는 곶자왈 산책로에서는 해설사의 설명을 듣거나, 10분 도보 코스가 있으니 꼭 한 번 걸어보길 권한다. 화산재 알갱이인 붉은 화산송이길을 맨발로 걸어보고 지하 암반수로 시원하게 마무리하는 에코 테라피 체험도 제주를 제대로 즐길 수 있는 방법이다.

📍 제주시 번영로 1278-169 🅿 성인 16,000원, 청소년 13,000원, 어린이 11,000원 ⏰ 하절기 08:30~18:00, 동절기 08:40~17:30 📞 064-802-8000 🏠 theme.ecolandjeju.co.kr

은빛 억새 반짝이는 드라이브 코스
금백조로

구좌읍 송당리와 성산읍 수산리를 연결하는 약 10km 길이의 도로다. 오름 군락, 목장, 새하얀 풍력발전기가 어우러져 동부권 중산간 도로의 매력을 한껏 보여준다. 이 도로가 특히 아름다울 때는 억새가 출렁이는 가을이다. 구불구불하게 이어지는 은빛 억새길을 드라이브하는 것만으로도 가슴이 트인다. 사진을 찍고 싶다면 안전하게 도로 중간에 위치한 범선 모양의 전망대(수산자연생태체험 안내센터 앞)에 올라보자. 은빛 억새가 덮인 들판과 거대한 풍력발전기, 성산일출봉까지 한눈에 품을 수 있다.

📍 제주시 구좌읍 송당리 2234-4 🅿 있음(서귀포시 성산읍 수산리 4097-3) 📞 064-740-6000(상담시간: 09:00~18:00)

09 유모차 끌며 아이와 함께하는 억새밭
산굼부리

들판을 꽉 채운 억새가 넘실대고 올드 팝까지 흘러나오는 산굼부리. 완만한 경사를 타고 억새 물결이 끝없이 펼쳐져 가을의 필수 여행지로 꼽힌다. 사유지라서 제주 억새밭으로는 유일하게 입장료가 있지만, 산책로가 잘 조성되어 유모차가 다닐 수 있고 휠체어는 무료로 대여해준다. 억새 명소인 만큼 특히 가을에 추천하는 여행지지만 천연기념물로 지정된 분화구도 유명하다. 굼부리라는 이름은 분화구를 뜻한다. 우리나라에 하나밖에 없는 마르형 분화구로 바닥이 주변의 평지보다 100m가량이나 낮게 내려앉아 있다.

📍 제주시 조천읍 교래리 165-1 🅿 있음 💰 성인 7,000원, 청소년·어린이 6,000원 🕐 하절기(3~10월) 09:00~18:40, 동절기(11~2월) 09:00~17:40 📞 064-783-9900
🏠 www.sangumburi.net

10 하늘을 담은 바다
세화 해수욕장

해안도로가 뚫리기 전까지는 월정리와 더불어 숨은 보
석과 같은 해변이었다. 막힐 것 없이 뻗어나간 에메랄드
빛 바다는 하늘과 만난다. 간조에는 물빛이 신비롭게 투
명해져 보는 이로 하여금 절로 감탄사를 내뱉게 한다.
이 해변의 매력을 일찍 알아본 카페 주인들이 방파제를
멋진 포토존으로 만들어놓았다. 이곳을 찾는 이들은 누
구나 방파제에 놓인 의자에 앉아 바다를 배경으로 사진
을 찍는다. 낡은 의자와 테이블의 기적이라 할 만하다.
해수욕장 옆에서 열리는 오일장에서 즐기는 시골 먹거
리도 별미다.

📍 제주시 구좌읍 해녀박물관길 27 🅿 있음 📞 064-740-6000
(상담시간: 09:00~18:00) 🏠 www.visitjeju.net

> **TIP** 오일장 열리는 날
> 매월 5일, 10일, 15일, 20일,
> 25일, 30일

11 안돌오름의 숨겨진 숲
비밀의 숲

인생 사진 스폿으로 떠오른 이곳은 초원 깊숙한 곳에 위
치한 사유지다. 개방된 지금도 비밀의 숲이라는 이름이
어울릴 만한 분위기다. 마치 숲의 요정이 도열한 듯 양쪽
으로 늘어선 편백나무길은 신비롭고, 가지를 잘라내 정
비한 삼나무는 자작나무를 닮았다. 진입로는 두 곳인데,
한 곳은 비포장도로로 길이 많이 파여 승용차의 경우 차
량 손상에 유의해야 한다. 먼저 비자림로 1741-1을 입력
해서 찾아간 후 거기에서 비밀의 숲 주소를 다시 검색해
서 가면 시멘트 포장도로로 안내한다.

📍 제주시 구좌읍 송당리 2170 🅿 있음 ₩ 성인 4,000원, 7세
이하 2,000원, 3세 이하 무료, 65세 이상 3,000원
🕐 09:00~17:30(17:00 입장 마감, 휴무일은 인스타그램 계정
으로 공지) 📷 @secretforest75

12 에코 힐링 로드
사려니 숲길

자연림과 인공림이 조화를 이룬 숲으로 총 길이는 10km다. 사려니 숲길의 출입구는 1112번 도로(비자림로)와 1118번 도로(남조로/붉은오름 입구) 두 곳이며, 각 출입구의 분위기가 완전히 다르다. 1118번 도로 붉은오름 입구 쪽은 울창한 삼나무 숲이다. 요즘 SNS에서 인기 있는 삼나무 숲 인생 사진을 찍고자 하거나 차에서 내려 많이 걷고 싶지 않다면 이 출입구를 추천한다. 1112번 도로 방향은 사람의 손이 타지 않은 자연림으로 사려니 숲길 특유의 신비로움을 느낄 수 있다. 다만 주차장에서 입구까지 거리가 약 2.5km로 1시간 정도 숲길을 걸어야 한다. 풀코스로 다 걸을 경우 자가용보다는 대중교통이 편하다.

📍 **1112번 도로(비자림로) 출입구** 제주시 조천읍 교래리 산 137-1, **1118번 도로(남조로/붉은오름 입구) 출입구** 서귀포시 표선면 가시리 산 158-4 🅿 있음 ₩ 무료 📞 064-740-6000 (상담시간: 09:00~18:00) 🏠 www.visitjeju.net

13 제주에서 가장 긴 해안도로
해맞이 해안로

제주에서 가장 긴 해안도로다. 성산읍 오
조리~구좌읍 김녕리 구간으로 30km 정
도 된다. 검은 바위와 고운 백사장이 어우
러진 해안을 따라 도로가 이어진다. 해맞
이 해안로 경유지마다 유명한 해안이 포진
해 있다. 오조-종달-하도-세화-평대-한
동-행원-월정-김녕. 마을마다 여행자의
발길을 붙잡는 비취색 해변을 자랑한다. 이
런 곳에는 어김없이 카페 거리가 형성되어
있다. 행원-월정-김녕리 구간은 바다와 뭍
에 세워진 하얀 풍력발전기가 조화를 이뤄
더욱 근사한 풍광을 연출한다. 이름은 해
맞이 해안로지만 사실 노을이 훨씬 근사하
다. 특히 해안로 인근의 행원육상양식단지
는 손꼽히는 일몰 포인트다.

📍 제주시 조천읍 교래리 165-1 🅿 있음
📞 064-740-6000(상담시간: 09:00~18:00)
🏠 www.visitjeju.net

0   1.8km

김녕 해수욕장 · 월정 · 행원
한동
평대 · 해맞이 해안로
세화 · 하도
종달리
오조

14 풍경이 부자
지미봉

제주 동쪽 땅끝에 있는 지미봉(地尾峰). 이곳 정상에서 보는 풍경은 아주 풍요롭다. 투명하게 빛나는 파란 바다는 기본이고 성산일출봉과 우도까지 코앞에 펼쳐진다. 바로 아래 종달리 마을 또한 일 년 내내 꽃밭 못지않은 화려한 풍경을 보여준다. 유채꽃이나 당근이 자라는 넓은 밭은 자투리 천을 이어 붙인 조각보를 닮았다. 거기에 옹기종기 모여 알록달록한 색을 뽐내는 수많은 지붕까지! 다소 가파른 계단을 올라야 하지만 20분 정도면 정상에 다다른다.

📍제주시 구좌읍 종달리 산 2　🅿️있음　📞064-740-6000(상담시간: 09:00~18:00)
🏠www.visitjeju.net

15 10분이면 정상
아부오름

오르기 쉬운 오름을 찾는다면 단연 아부오름이다. 쉬지 않고 올라가면 10분도 채 걸리지 않는다. 오르기 쉬운 만큼 피크닉 용품을 대여해 인생 사진을 찍으러 가는 사람도 많아졌다. 정상에 오르면 큼지막한 분화구가 아주 멋지다. 분화구 안쪽에는 특이하게 반지처럼 동그란 삼나무 숲이 있는데 아부오름에서만 볼 수 있는 독특한 광경이다. 분화구를 한 바퀴 도는 데 20분이면 충분하니 한번 둘러보자. 오름 주변으로 길게 줄지어 선 방풍림이 시선을 끈다.

📍제주시 구좌읍 송당리 산 175-2　🅿️있음　📞064-740-6000(상담시간: 09:00~18:00)
🏠www.visitjeju.net

제주 시내

애월 서귀포

제주시동부

성산 표선

서귀포 서부

서귀포 동부

16 신비로운 숲
비자림

비자림은 절물 자연휴양림, 사려니 숲길과 함께 제주를
대표하는 휴양림이다. '비(非)' 모양의 잎사귀를 가득 달
고 있는 비자나무가 군락을 이루고 있는데 단일 수종으
로는 세계적 규모다. 비자나무 외에도 단풍나무, 후박나
무 등 오랜 시간을 짐작케 하는 신비로운 나무가 많다.
사계절 푸른 숲이고 비올 때 가도 짙은 피톤치드 향과
함께 분위기가 운치 있다. 40분 코스와 1시간이 조금 넘
는 코스가 있는데, 짧은 코스는 길이 험하지 않아 유모
차를 끌거나 휠체어를 타고도 산책할 수 있다.

📍 제주시 구좌읍 비자숲길 55 P 있음 ₩ 성인 3,000원, 청
소년 1,500원, 어린이 1,500원 🕐 평일 09:00~18:00, 주말
08:00~18:00(입장 마감 17:00) 📞 064-710-7911
🏠 www.visitjeju.net

17 해녀가 초대하는 극장식 레스토랑
해녀의 부엌

최소 한 달 전에는 예약을 해야 함에도 42석 전 좌석이 매회 매진되는 공연이 있다. 대한민국 최초 해녀 다이닝! 타이틀부터 심상치 않은 해녀의 부엌이다. 해녀의 부엌은 평생 물질을 이어 온 종달리 해녀들과 한국예술종합학교 출신의 예술가들이 뭉쳐서 제작한 새로운 개념의 공연으로, 사용하지 않고 방치되던 활선어 위판장에 진행된다. 공연은 '해녀이야기'와 '부엌이야기' 두 가지가 있다. '해녀이야기'의 1부는 해녀의 삶을 연극으로 보여준다. 예술인들과 물질을 오래하신 고령의 해녀 할머니들이 함께 어우러져 연기를 펼친다. 연극을 마친 후 해산물에 대한 몰랐던 이야기를 들어보는 시간도 흥미롭다. 공연 내내 감동과 웃음이 공존하며 흡입력있게 펼쳐진다. 2부에는 해녀가 직접 잡은 전복, 뿔소라, 군소, 톳 등으로 만든 요리를 맛보며 함께 이야기를 나누는 시간이 다. 권영희 할머니가 가장 좋아하시는 '라떼는 말이야' 시간에는 배꼽 잡는 할머니의 입담을 들을 수 있다. 관람 후기는 가히 뜨겁다. 가장 제주다운 식사, 가장 기억에 남는 여행, 감동적인 만남, 세상에 없던 공연, 관객과 해녀 모두에게 치유의 시간! 해녀의 부엌은 해녀문화의 현재와 미래에 대해 더 많은 이들이 함께 공감하고 나눌 수 있는 통로, 그 시작에 서 있다.

◆ 영상 연출이 추가되며 새로 선보인 '부엌이야기'는 해녀의 부엌 2호점(북촌점)에서도 관람할 수 있다.

📍 제주시 구좌읍 해맞이해안로 2265 ℗ 있음 ₩ 부엌이야기(1시간 40분, 목 12:00, 17:00) 1인당 49,000원 / 해녀이야기(2시간 30분, 목~일 12:00, 17:00) 1인당 59,000원 / 만6세 이상 관람가 🕐 해녀이야기 목~일 12:00, 17:00 📞 070-5224-1828 🏠 haenyeokitchen.imweb.me

18 은빛 왕관
아끈다랑쉬오름

아끈다랑쉬오름의 '아끈'은 작다는 뜻의 제주어이고 '다랑쉬'는 바로 앞에 마주하고 있는 큰 오름이다. 다랑쉬오름은 해발 382.4m로 동쪽의 오름 중에서 도드라지게 솟아 있으며 산새가 우아해 오름의 여왕이라는 별칭이 있는데, 아끈다랑쉬오름은 그 앞에 놓인 왕관에 비유되기도 한다. 아끈다랑쉬오름은 이름처럼 낮고 아담해서 10분 정도면 정상에 오를 수 있다. 아주 작은 오름이지만 어른 키를 훌쩍 넘는 풍성한 억새가 분화구를 꽉 채우고 있어 가을에 꼭 가봐야 할 오름으로 손꼽힌다.

📍 제주시 구좌읍 세화리 2593-1 🅿 있음 📞 064-740-6000(상담시간: 09:00~18:00)
🏠 www.visitjeju.net

19 유려한 능선 속으로
용눈이 오름

부드럽고 완만한 곡선미를 자랑하는 용눈이 오름. 가파르지 않아 남녀노소 모두 어렵지 않게 오를 수 있다. 숲이 없어 정상에 오르면 봉긋봉긋한 주변 오름의 능선이 펼쳐지고 자연에 방목된 소들도 볼 수 있어 제주도 중산간의 매력을 제대로 느껴볼 수 있다. 날이 맑은 날엔 한라산은 물론 우도와 성산일출봉까지 보이고 가을엔 억새와 수크령이 아름답다. 사진이 목적이라면 일몰 전 오후 늦은 시간이나 이른 아침에 오르길 추천한다.

📍 제주시 구좌읍 종달리 4650 🅿 있음 📞 064-740-6000(상담시간: 09:00~18:00) 🏠 www.visitjeju.net

20 3개의 미로 탈출
메이즈랜드

돌을 쌓아 만든 돌 미로, 측백나무의 바람 미로, 동백과 랠란디나무로 만든 여자 미로 등 3개의 미로와 미로퍼즐박물관으로 구성된 대규모 미로 공원이다. 특히 돌하르방 형상의 돌 미로는 세계에서 가장 긴 석축 미로로 제주 현무암을 쌓아서 만들었다. 여름에는 돌 미로 위에서 뿜어내는 안개 분수 덕에 더위를 잊고 즐길 수 있다. 퍼즐박물관에는 퍼즐 마니아라면 열광할 수밖에 없을 전 세계의 퍼즐을 전시 중이다. 박물관 전망대에서 3개의 미로와 주변 풍광을 한눈에 조망할 수 있으니 꼭 올라가 보자. 매년 5월이면 장미정원도 개장한다.

📍 제주시 구좌읍 비자림로 2134-47 🅿 있음 ₩ 성인 12,000원, 청소년 10,000원, 어린이 9,000원 🕐 09:00~18:00 📞 064-784-3838 🏠 http://mazeland.co.kr

21 애주가라면 바로 알아볼 그림
김택화미술관

제주 여행을 하면서 한 번쯤은 한라산 소주를 접해봤을 것이다. 파란 하늘 아래 하얗게 눈이 쌓인 백록담 정상. 그 병에 붙은 라벨이 김택화 화백의 작품이다. 1993년에 그렸으니 무려 25년 넘게 보아온 제주 도민들에게는 더욱 익숙하다. 김택화미술관에 가면 그 원화를 가까이에서 감상할 수 있다. 또한 제주를 대표하는 서양화가로 40년 넘게 꾸준히 담아온 제주의 아름다운 풍경을 그림으로 만나볼 수 있다. 2층 카페는 넓은 창을 통해 함덕의 시골 풍경을 마주할 수 있고 3층 옥상은 바다가 내려다보여 전망이 시원하다.

📍 제주시 조천읍 신흥로 1 🅿 있음 ₩ 성인 15,000원, 청소년·군인 12,000원, 어린이 9,000원 🕐 10:00~18:00(목요일 휴관) 📞 064-900-9097 🏠 www.kimtekhwa.com

22 스누피랑 제주 산책
스누피 가든

어른들이 더 좋아하는 캐릭터 스누피. 미국 만화가 찰스 슐츠의 연재만화 〈피너츠(Peanuts)〉의 주인공 스누피가 제주에 상륙했다. 스누피 가든은 5개의 실내 테마홀과 야외 정원 곳곳에 찰리브라운, 스누피, 우드스톡 등 〈피너츠〉 친구들이 전하는 휴식과 위로의 메시지를 녹여냈다. 스누피를 전혀 모르는 사람도 송당리의 자연 속을 거닐며 힐링의 시간을 가질 수 있는 산책 코스로 손색없다. 약 8만 2,000㎡ 규모의 꽤 넓은 야외 정원은 여행객들의 방문으로 더 풍성해지고 있다.

📍 제주시 구좌읍 금백조로 930 📌 있음 ₩ 성인 19,000원, 청소년 16,000원, 어린이 13,000원 🕐 3~9월 09:00~19:00, 10~2월 09:00~18:00 📞 064-903-1111 🏠 www.snoopygarden.com/

23 어른들 마음에 위로를
〈걸어가는 늑대들〉, 전이수 갤러리

10대 청소년 동화 작가 전이수의 그림과 글을 전시하고 있는 갤러리다. 자연, 사람, 일상 등 세상 모든 이야기를 어린 작가의 따뜻하고 순수한 시선으로 만날 수 있다. 전이수 작가가 마음 가는 대로 그려낸 그림, 미사여구 덧씌우지 않고 자필로 쓴 그림에 대한 이야기가 어른들의 마음을 위로한다. 1일 9회, 한 번에 10명만 입장 가능하며 50분의 관람시간이 주어진다. 전시해설이나 다른 방해없이 조용하고 아늑한 느낌으로 그림을 감상할 수 있다. 네이버 예약으로 사전 예매 필수다.

📍 제주시 조천읍 조함해안로 556 📌 있음 ₩ 성인 10,000원, 36개월~초등학생 2,000원 🕐 10:00~19:00 📞 010-2592-9482

제주시 동부

그림 같은 시골 돌 창고 카페
이에르바

제주 현무암으로 지은 돌 창고를 단정하게 개조한 시골 카페
다. 간결한 나무 의자와 테이블이 놓여 있고 넓은 창밖으로는
시골 전경이 펼쳐진다. 창밖의 밭은 카페 대표 어머니의 손길
덕에 봄 유채, 여름 해바라기, 가을 메밀꽃 등 계절마다 풍경
이 바뀐다. 이곳의 시그니처 디저트는 '엄마손봄쑥전'. 봄 쑥으
로 만든 떡 위에 달콤한 벌꿀을 뿌려주며 적당히 차지고 부드
럽다. 다채로운 제철 과일까지 더해져 디저트로 손색이 없다.
아메리카노와의 조합도 좋고 로즈레몬티, 청귤소
다와도 잘 어울린다.

📍 제주시 조천읍 신촌남1길 33-8 🅿 있음 ✗ 엄마
봄쑥전 13,000원, 엄마손도넛 9,000원, 청귤소다
6,500원 🕐 11:00~18:00(금·토요일 휴무)
📞 010-5682-7741 📷 @cafe_hierba

02 제주 최고의 핑크 물결
카페글렌코

스코틀랜드의 글렌코 초원을 모티프로 한 카페로 무려 66,115㎡(2만여 평)의 넓은 잔디 정원이 제대로 눈길을 끈다. 봄에는 유채꽃, 여름에는 유럽수국, 가을에는 핑크뮬리를 볼 수 있다. 카페글렌코의 핑크뮬리 밭은 제주도에서 가장 색이 곱다. 최고로 넓기도 해서 사람이 많아도 한적한 인생 사진을 건질 수 있다. 꼭 가을이 아니라도 아이를 동반한 가족 나들이 장소로 추천하며 반려견도 데려갈 수 있다. 일몰 시간을 전후로 분위기가 무르익으며 밤에는 조명이 근사하다.

📍 제주시 구좌읍 비자림로 1202 🅿 있음 🍴 생강차 9,000원, 아메리카노 7,000원 🕐 09:30~18:00 📞 010-9587-3555 📷 @cafe_glencoe

03 소인국의 감귤밭
카페 더 콘테나

조천을 달리다 보면 잘못 봤나 싶을 정도로 눈에 띄는 주황색 감귤 컨테이너(수확 박스)를 만날 수 있다. 걸리버 여행기에나 나올 법하게 커 자신도 모르게 차를 멈추게 되는 곳이다. 감귤밭 카페로 이름은 제주 어르신들의 '컨테이너' 일상 발음을 그대로 따서 '콘테나'다. 카페 더 콘테나만의 유일무이한 게 하나 있다. 2층에서 주문하고 1층 좌석에 앉으면 도르래로 음료를 내려준다. SNS에서 그 동영상이 인기다. 귤 밭의 포토존에는 감귤 모자나 의상 같은 촬영용 소품까지 준비되어 있다. 시그니처는 감귤주스!

📍 제주시 조천읍 함와로 513 ⓟ 있음 🍴 감귤주스 7,500원(시즌 메뉴), 풋귤에이드 8,000원, 제주 쑥 인절미(5개) 5,000원, 감귤체험 6,000원~10,000원 시즌에 따라 변동(1인 1kg) ⏰ 10:30~18:00(수요일 휴무, 휴무 변동은 인스타그램 계정에서 공지) 📞 064-784-5130 📷 @cafe_the_container

---

04 트로피칼 오션뷰
꼬스뗀뇨

요즘 환경운동의 일환으로 재생 건축이 대세다. 제주에도 마늘창고, 귤창고, 고구마 전분공장, 소금공장, 폐교 등을 리모델링해서 재탄생한 카페나 식당이 많다. 꼬스뗀뇨는 폐냉동창고를 개조한 카페다. 하도 해수욕장 맞은편 쪽으로 높은 지대에 위치해 있어 내려다보이는 풍경이 더욱 압권이다. 날씨가 좋은 날 야외에 앉아 코코넛커피를 즐기다보면 키 큰 야자수들과 푸른 바다와 뭉게구름이 어우러져 동남아에 온 듯한 착각이 들 정도다. 카페 앞을 지나는 해맞이 해안도로는 6월이 되면 수국 드라이브 코스로도 유명하다.

📍 제주시 구좌읍 해맞이해안로 2080 ⓟ 있음 🍴 코코넛커피 12,000원, 아메리카노 6,000원, 카페브륄레 9,000원 ⏰ 11:00~19:00 📞 0507-1395-6912 📷 @_costeno

05 숲속의 로스터리 카페
5L2F(오엘이에프)

성경의 오병이어(五餅二魚, 5 Loaves 2 Fish)에서 따온 카페 이름에서 따뜻함이 느껴진다. 동화에 나올 법한 건물과 인위적이지 않은 정원이 사랑스러운 카페. 식물이 가득한 실내는 곳곳의 창을 통해 햇살과 정원 풍경이 그대로 카페 안으로 들어와 아늑하고 포근하다. 카페에서 2~3일마다 스페셜티 커피를 미디엄 로스팅하고, 모든 커피 메뉴는 원두 선택이 가능하다. 유기농 과일청 음료, 유기농 밀가루와 원당으로 만든 디저트를 판매한다. 직접 구워주는 군밤도 챙겨야 할 먹거리다.

📍 제주시 조천읍 와흘상길 30 🅿 있음
🍴 뜬구름시나몬 7,500원, 크림크레마 7,000원
🕙 10:00~18:00(일·월요일 휴무)
📞 064-752-5020 📷 @5l2f_coffee

06 작고 낡은 교회의 힙한 변신
카페치즈태비

규모는 작지만 여러 매력을 가진 카페다. 50년 된 낡은 교회 건물, 눈부신 모래 정원, 고가의 오리지널 북유럽 가구, 40년 된 브라운 아뜰리에 빈티지 스피커, 알록달록 수제 젤리가 돋보이는 젤리소다 등을 꼽을 수 있겠다. 특히 하얀 모래와 카나리아 야자수, 선인장이 어우러진 아름답고 이국적인 정원은 SNS를 통해 사람들의 호기심을 자극하며 발길을 이끌고 있다. 최근 티빙 〈환승연애3〉 촬영지로 알려지면서 더욱 관심을 받고 있다.

📍 제주시 구좌읍 행원로 7길 18-9 🅿 있음
🍴 젤리소다 8,500원 ⏰ 11:00~17:00(목·금요일 휴무) 📞 0507-1324-1464
📷 @cafe_cheesetabby

07 사랑스러운 목장
말로(길갈팜랜드)

말을 사랑하는 부부가 2015년부터 일구기 시작한 목장 카페다. 오랜 시간 모아왔다는 말 관련 소품들이 입구부터 시선을 끈다. 특히 13,000여 평의 초원에 미니어처 포니와 말, 알파카 등이 평화롭게 풀뜯는 목장 풍경은 그냥 보는 것만으로도 마음이 녹는다. 목장의 조경이 완성되어감에 따라 최근 길갈팜랜드로 별도 운영을 시작했다. 카페 영수증 지참 시 길갈팜랜드 30%를 할인받을 수 있고 카페를 거치지 않고 목장만 유료 이용해도 된다. 목장에서 제공하는 당근컵을 들고 있으면 동물들이 스스럼 없이 다가오니 아이들이 더 좋아한다.

📍 제주시 조천읍 남조로 1785-12 🅿 있음 🍴 아메리카노 6,000원, 말로나라테 7,500원 (길갈팜랜드 성인 9,500원, 청소년 6,500원) ⏰ 11:00~18:00(휴무일은 인스타그램 계정으로 공지) 📞 0507-1317-5197 📷 @cafe_malloh

08 비 오는 날 더 운치있는
고사리커피

습한 기후를 좋아하는 고사리는 비가 온 후 더욱 싱그럽게 살아난다. 고사리커피도 그렇다. 통창으로 들어오는 초록초록한 풍경 덕에 비 오는 날 훨씬 분위기가 좋다. 대표 메뉴는 가마솥에 덖어낸 귤피차에 에스프레소를 섞어 마시는 고사리커피로 맛과 향이 제주 그 자체다. 디저트로는 우리쌀 누룽지로 만든 치즈케이크와 글루텐프리 쌀 다쿠아즈를 추천한다.

📍 제주시 구좌읍 중산간동로 2064
🅿 있음 ✕ 고사리커피 7,000원, 고사리라테 6,500원, 쌀다쿠아즈 7,500원, 누룽지치즈케이크 8,500원 🕐 11:00~18:00(수요일 휴무) 📞 0507-1340-9316 📷 @gosari.coffee

09 오롯이 나만의 시간
카페책자국

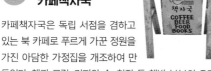

카페책자국은 독립 서점을 겸하고 있는 북 카페로 푸르게 가꾼 정원을 가진 아담한 가정집을 개조하여 만들었다. 책과 그림, 커피와 술, 찻잔 등 책방 부부의 오랜 관심사가 묻어난다. 또 하나 흥미로운 건 '책자국 비밀책장'이다. 인스타그램 프로필 링크로 가면 제목이나 저자의 정보 없이 안내문을 통해 끌리는 책을 주문해서 볼 수 있다. 어떤 책이 도착할지 설레는 묘미를 경험해보시라.

📍 제주시 구좌읍 종달로1길 117 🅿 없음(갓길 주차) ✕ 청귤카푸치노 6,000원, 아메리카노 5,000원 🕐 10:30~18:00(화요일 휴무) 📞 010-3701-1989 🏠 blog.naver.com/coolcool220

10 오감만족
모뉴에트

음악에 관심 있다면 더 좋아할 곳! 카페 모뉴에트에는 진공관 앰프를 비롯해 다양한 음향 기기, 안목 있는 선곡이 귀를 행복하게 한다. 추천 메뉴는 직접 구운 카눌레. 카눌레는 프랑스 디저트로 겉은 바삭하고 속은 촉촉한 작은 빵이다. 원래는 카눌레를 만들 때 럼주가 들어가는데 이곳에서는 럼주 대신 한라산 소주를 넣어 한라산 카눌레를 만들었다. 파리 원조 카눌레와 견줄 만한 맛!

📍 제주시 구좌읍 종달동길 23 🅿 있음 ✕ 한라산카눌레 3,500원, 모뉴에트라테 7,800원, 천혜향 풋귤에이드 7,000원 🕐 11:00~19:00(수요일 휴무, 별도 휴무일은 인스타그램 계정으로 공지) 📞 010-5746-5316 📷 @monuet__

11 제주 말차에 진심
글로시말차

말차버터, 말차라테, 말차 빙수, 말차 테린느, 말차 모히또 등 제주산 최상급 말차를 다양하게 만나볼 수 있는 곳이다. 말차색의 동그란 버터가 올라간 앙 말차버터 토스트는 보기에도 예쁘지만 건강한 재료에 맛도 좋다. 가구, 조명, 굿즈 외 각종 인테리어소품과 더불어 잔디정원까지 온통 초록초록한 곳이다. 어린아이를 위한 유아 의자와 반려견을 위한 도그파킹존, 슬리퍼까지 세심한 배려가 느껴지는 편안한 카페다.

📍 제주시 조천읍 조함해안로 112 🅿 있음 🍴 글로시말차라테 6,500원, 아메리카노 6,000원, 그린레몬에이드 7,500원, 앙 말차버터토스트 6,500원 🕐 10:30~18:30 📞 0507-1391-7850 📷 @glossy_matcha

12 안돌오름 아래 빵 맛집
안도르

제주도 여행 포토존에 관심있는 사람이라면 송당무끈모루라는 곳을 들어봤을 것이다. 송당은 지명이고 무끈모루는 언덕이라는 뜻이다. 카페 안도르는 카페 안에 이 자연포토존이 있다. 나뭇잎들이 시시각각 다른 프레임이 되어 주고 그 뒤로 넓은 제주 들판과 오름이 들어오는 인생샷을 건질 수 있다. 건축상을 받은 건물도 주변 경관과 조화롭고 창이 넓어 비가 와도 좋은 곳이다. 베이커리 맛집으로도 유명해 빵지순례 코스로도 인기다.

📍 제주시 구좌읍 비자림로 1647 1층 🅿 있음 🍴 돌땅크라테 8,500원, 안돌오름 9,000원, 한라봉무스케이크 9,500원, 아메리카노 7,000원 🕐 10:00~20:00 📞 0507-1468-5536 📷 @andor_jeju_official

매력 만점
구좌 당근

겨울이 제철인 당근. 겨울에 제주 동쪽으로 여행하다 보면 한창 수확 중인 당근밭을 어렵지 않게 볼 수 있다. 구좌 당근은 우리나라에서도 가장 맛있기로 소문나 있다.

구좌 당근이 맛있는 이유

구좌에서 당근을 재배하기 시작한 건 1969년으로 역사는 그리 깊지 않다. 하지만 지금은 전국 당근 생산량의 70%를 차지할 정도로 감귤만큼이나 사랑받는 제주의 대표 농산물이다. 구좌 당근은 특히 더 달고 향도 짙다. 그 이유는 토질! 제주의 흙은 물 빠짐이 좋고 유기물 함량이 많은 화산회토라서 당근 재배에 최적이다.

구좌 당근으로 만든 음식

제주 동쪽에서 많이 만날 수 있는 구좌 당근 푸드! 여행하는 동안 현지에서 구좌 당근의 신선한 맛을 만나보시라.

마말랭 당근을 얇게 채 썰어 만든 마멀레이드. 크래커나 빵에 얹어 먹으면 씹는 맛도 좋다.
냠냠제주(당근마말랭) P.194

주스 진한 당근 향! '이 맛에 당근주스를 먹는구나!'라는 생각이 들 정도.
카페리, 돌담너머당근, 카페마니

케이크 당근이 유명한 구좌읍의 카페 중엔 유독 당근케이크 맛집이 많다.
구좌상회, 미엘드세화, 카페리, 카페한라산

13
바삭하고 촉촉한 밥도둑 우럭튀김
으뜸미

바다와는 다소 거리가 먼 중산간마을 송당리에 위치한 으뜸미식당의 대표 메뉴는 뜻밖에도 우럭튀김정식이다. 커다란 우럭 한 마리를 통째로 튀기고 큼직큼직하게 자른 생양파가 잔뜩 들어간 매콤한 양념장을 끼얹어서 나온다. 생양파의 아삭함과 껍질은 바삭하고 속살은 부드럽게 튀겨진 우럭이 무척 조화롭다. 곁들여 나오는 반찬에 손이 가지 않을 정도로 양념의 간이 약간 센 덕분에 밥 한 공기 정도는 순식간에 비우게 된다. 우럭튀김정식은 2인분 이상 주문 가능하다.

📍 제주시 구좌읍 중산간동로 2287 🅿 있음 🍴 우럭정식(2인 이상) 13,000원, 전복해물뚝배기 12,000원 🕐 09:30~15:00(브레이크 타임 유동적, 목요일 휴무, 노키즈존) 📞 064-784-4820

14
푸짐하게 먹는 갈치구이집
백리향

가성비와 맛으로 승부하는 조천의 도민 맛집. 갈치정식을 주문하면 갈치와 제육볶음 밥과 국 등 메인 요리가 나오고 쌈과 나머지 반찬들은 셀프 서비스다. 가정식 뷔페처럼 여러 가지 반찬을 푸짐하게 골라먹는 재미가 있다. 관광식당의 단골 메뉴인 통갈치구이는 아니지만 집에서 구워주는 느낌의 바삭한 갈치구이와 넉넉한 한 상 차림에 늘 손님이 북적인다. 관광객들은 주로 갈치구이를, 도민들은 고등어정식을 많이 찾는다.

📍 제주시 조천읍 신북로 244 🅿 없음(인근 주차 용이) 🍴 고등어정식(2인 이상) 9,000원, 갈치구이 16,000원, 순살닭볶음탕 10,000원 🕐 08:00~21:00(일요일 휴무) 📞 0507-1394-9600

15 해물칼국수는 여기
버드나무집

함덕에서 10년 넘게 꾸준히 사랑받고 있는 버드나무집 해물칼국수. 꽃게, 바지락, 홍합, 새우, 미더덕 등이 넉넉하게 들어가 국물이 진하고 시원하며 면발은 쫄깃하다. 얼큰한 맛, 보통 맛, 순한 맛 중 선택할 수 있는데 보통 맛도 꽤 매콤한 편이다. 2인분부터 주문 가능해 혼자 여행하는 사람들에겐 아쉽지만 양은 푸짐하다. 늘 대기가 많았는데 최근 맞은편으로 확장 이전해 반기는 이가 많다.

📍 제주시 조천읍 신북로 540 🅿 있음 ✕ 해물손칼국수 12,000원, 매생이굴손칼국수 12,000원 🕐 10:00~20:30(브레이크 타임 15:00~17:00, 목요일 휴무) 📞 064-782-9992

16 자연주의 이색 버거
무거버거

당근버거, 시금치버거, 마늘버거. 이름만 들어도 맛이 궁금해지는 메뉴다. 심지어 속재료와 번까지 모두 유기농 재료를 사용해 만드는 독특한 건강 버거. 가장 인기있는 버거는 당근버거로 당근으로 색을 낸 주황색 번에 소고기패티, 상추, 양파, 당근소스와 더불어 잘게 썬 당근 튀김이 매력 포인트다. 당근 싫어하는 아이들 입맛까지 사로잡았다. 그 외에 마늘향이 은은하게 퍼지는 마늘버거와 푸릇한 번의 시금치버거도 개성 넘친다. 파란 함덕 바다를 내려다보며 식사할 수 있는 곳!

📍 제주시 조천읍 조함해안로 356 🅿 있음 ✕ 당근버거 11,500원, 시금치버거 11,500원, 마늘버거 11,500원 🕐 10:00~20:00(라스트오더 19:00) 📞 010-9622-5076 📷 @mooger__burger

17 오로지 낙지볶음
동카름

'동카름'은 동쪽 마을을 뜻하는 제주어다. 이름처럼 제주 동쪽 신촌리의 골목 끝에 자리하고 있다. 농가를 예쁘게 개조한 실내로 들어서면 긴 창에 채워진 바다가 보인다. 덕분에 좁은 실내가 그리 답답하게 느껴지지 않는다. 메뉴는 오직 낙지볶음뿐이다. 한 가지 메뉴만을 파는 자신감이 엿보인다. 낙지볶음의 맛을 좌우하는 양념은 맵기 단계 조절이 가능하지만 기본적으로 매운 편이다. 연신 간이 되지 않은 아삭한 콩나물과 미역냉국을 찾으면서도 젓가락질을 멈출 수 없게 하는 기분 좋은 매콤함이다.

📍 제주시 조천읍 신촌9길 40-3 🅿 없음(40m 거리 동동노인정 주변 주차장) ✕ 낙지볶음(2인) 25,000원, 된장찌개 2,000원, 공기밥 1,000원 🕐 11:00~20:00(브레이크 타임 14:30~17:00, 월요일 휴무) 📞 064-784-6939

18 후회 없을 기다림
함덕 골목

한적한 골목에 유독 사람들이 줄을 이었던 식당인데 이제 장소를 넓혀 확장이전하고 제주 시내에 분점도 생겼다. 함덕 골목은 해장국과 내장탕 딱 2가지 메뉴만 파는데 특이하게 쌈 채소와 갈치속젓이 함께 나온다. 국에 들어간 고기와 내장이 아주 푸짐하기 때문! 건더기를 건져 올려 갈치속젓을 곁들인 배추쌈은 한번 먹어보면 자꾸 생각나는 별미다. 술 마신 다음 날 아침 해장으로 이만한 것이 없다. 노하우가 오래 쌓인 식당으로 회전율이 꽤 빠른 곳이니 대기가 있어도 기다려보길 권한다.

📍 제주시 조천읍 조천리 1209 -13(공항 근처 분점: 제주시 오라로 124) 🅿 있음 🍴 사골 해장국 11,000원, 한우내장탕 11,000원 🕖 07:00~13:30 (목요일 휴무, 분점은 화요일 휴무) 📞 064-784-5511

19 샤부샤부로 즐기는 토종닭
교래안다미로식당

교래리는 토종닭이 유명한 마을이다. 그에 걸맞게 닭 요리를 파는 식당이 많은데 특히 다른 지역에서는 보기 드문 닭샤부샤부를 추천한다. 토종닭 코스 요리를 주문하면 한 마리로 샤부샤부, 백숙, 녹두죽 3가지 요리를 맛볼 수 있다. 샤부샤부로는 닭 가슴살과 모래집을 데쳐 채소와 곁들여 먹는다. 회칼로 얇게 썬 신선한 닭 가슴살은 살짝만 데쳐도 아주 부드럽다. 부들부들하게 푹 익은 백숙과 푹 고아낸 닭 육수로 만든 녹두죽까지 먹으면 아주 든든하다.

📍 제주시 조천읍 비자림로 648 🅿 있음 🍴 토종닭코스요리(3, 4인) 80,000원, 토종닭능이백숙 85,000원 🕙 10:00~20:00 📞 064-783-0668 🏠 andamiro-m.kr

20 월정리갈비밥
한 그릇에 즐기는 흑돼지갈비와 밥

오픈 이래 꾸준한 메뉴 개발을 이어가고 있
는 식당이다. 갈비밥은 350℃ 그릴에서 직화
로 맛을 낸 제주산 흑돼지구이를 밥 위에 얹
어주는 메뉴다. 한 그릇에 흑돼지구이 300g
이 담기니 밥만으로도 양이 찬다. 그 외 전복이나
뿔소라 등 계절에 따라 다른 제주의 제철 식재료를
사용한 사이드 메뉴와 반찬와 국까지 나오니 푸짐
하다. 또한 얇게 저민 한라봉을 겹겹이 얼려 세운 제
주타워는 이 곳의 대표 음료로 식사와 잘 어울린다.

📍 제주시 구좌읍 월정7길 46
🅿 있음 🍴 제주를 담은 한
상차림 19,000원, 제주타워
7,000원 🕐 11:00~20:00(브
레이크 타임 15:00~17:00)
📞 064-782-0430
📷 @jeju__galbibob

21 평대성게국수
해녀의 손맛

제주 동쪽 바다를 따라 이어진 해맞이 해안로를 달리다
보면 해녀 3대가 운영하는 성게국수집을 만날 수 있다.
성게, 뿔소라, 돌문어 등 평대리 앞바다에서 나는 싱싱
한 재료에 해녀 할머니의 손맛까지 가미된 음식들이 기
다리고 있다. 육지에서는 맛보기 힘든 바다향 가득한 성
게국수와 뿔소라비빔국수는 간단한 식사로 좋고 굴멩
이(군소)볶음, 톳 돌문어부침개 등은 제주막걸리와 아
주 잘 어울린다.

📍 제주시 구좌읍 해맞이해안로 1172 🅿 있음 🍴 성게국수
12,000원, 뿔소라비빔국수 12,000원, 톳돌문어부침개 12,000
원 🕐 10:00~18:00(월요일 휴무) 📞 0507-1404-2466

22 착한 가격의 건강한 밥집
낭뜰에쉼팡

제주에서는 찾아보기 힘든 7,000원짜리 식사 메뉴를 파는 가게다. 오랜 세월 큰 가격 변동 없이 넉넉하고 좋은 밥상을 제공하고 있다. 매일 새로 만드는 반찬은 자극적이지 않고 깔끔하다. 손님이 많지만 직원들은 항상 친절하고 음식은 정갈한 사기그릇에 담겨 나온다. 인기 메뉴는 7,000원짜리 쌈채정식. 다양한 쌈 채소가 듬뿍 나온다. 고기가 없어 서운하다면 단품으로 제육볶음이나 고등어구이를 추가해보자. 완벽한 밥상이 된다. 메뉴가 다양하고 좌석 수도 넉넉해 많은 인원도 부담 없이 방문할 수 있다.

📍제주시 조천읍 남조로 2343 **P** 있음
✖쌈채 7,000원, 낭뜰에정식 1인(2인 이상) 14,000원, 돌솥비빔밥 8,000원, 냄비우동 5,000원 🕐 09:00~20:00(브레이크 타임 16:00~17:00, 수요일 15:30 마감) 📞064-784-9292

23 인심 좋은 전복돌솥밥 맛집
연미정

세화리 주민들이 찾는 전복돌솥밥집은 여기다. 연미정에서 전복돌솥밥을 시키면 반찬 외에 광어회와 큼직한 고등어구이가 함께 나온다. 인심 좋은 푸짐한 상차림이다. 가마솥밥의 뚜껑을 열면 전복이 잔뜩 올라가 있고, 전복 아래 밥은 흰쌀밥이 아니라 전복 내장을 넣은 게우밥으로 전복 향이 진하다. 여기에 호박, 대추, 밤 등도 넣어 영양까지 골고루 채웠다. 밥을 별도의 그릇에 퍼놓고 물을 부어놓았다가 밥을 다 먹은 다음 누룽지처럼 먹는다. 전복 맛이 배어들어 더욱 고소하다.

📍제주시 구좌읍 세평항로 14 연미정 **P** 있음 ✖전복돌솥밥 15,000원, 전복죽 12,000원, 전복구이 25,000원 🕐 09:00~21:00(브레이크 타임 15:00~17:00) 📞064-784-8856

24 제주도까지 가서 먹을 만한
떡하니문어떡볶이

제주도 떡볶이라면 이 정도는 돼야! 돌문어가 통으로 들어가는 떡하니문어떡볶이를 추천한다. 맛으로는 이미 소문이 자자하다. 살짝 데친 문어를 참기름장에 찍어 먹는 맛도 일품! SNS의 인기 떡볶이답게 아름답기까지 하다. 창밖으로 보이는 제주 시골 마을의 풍경도 떡하니의 매력 포인트. 식당이 아담한 시골집이라서 4인 이상은 떨어져 앉거나 오래 기다려야 할 수 있다. 재료 소진으로 일찍 문을 닫는 날도 있으니 참고하자.

📍 제주시 구좌읍 행원로9길 9-5 🅿 있음(협소, 행원리사무소 주차장 이용) ✗ 문어떡볶이 10,500원, 고기떡볶이 10,000원 🕐 11:30~17:00(화·수요일 휴무) 📞 0507-1472-1566 📷 @tteog_hani

25 무국적 낭만 술 가게
달사막

가게 분위기가 술을 마시게 한다면 달사막을 가리킨 얘기일 것이다. 취향껏 꾸민 내 집 같은 편안함과 낮은 조도의 조명은 술잔을 내려놓지 못하게 한다. 개조한 제주식 구옥을 채운 국내외 빈티지 소품들은 익숙하면서도 무척 이국적이다. 이 공간에서 제주 토박이들은 잠시 외국으로 떠나온 착각을, 여행자들은 다른 여행지로 옮겨간 기분을 만끽한다. 칵테일부터 와인까지, 감바스부터 바지락 술국까지 온갖 주류와 국적이 다양한 안주가 준비되어 있다. 달사막 SNS 계정의 소개처럼 무국적 낭만 술집이다.

📍 제주시 조천읍 함덕로 26 🅿 없음(인근 골목 주차 가능) ✗ 달카츠 21,000원, 고기떡볶이 19,000원, 감바스알아히요 22,000원 🕐 18:00~다음날 02:00 📞 010-7702-7278 📷 @dalsamac_chichinango

01 감귤 섬에서 만든 감귤잼
냠냠제주

냠냠제주는 감귤 섬 제주의 유일한 감귤잼 전문점이다. 오직 수제 잼만을 만드는 냠냠제주에서는 11월에 생산한 감귤만을 사용한다. 맛과 향이 풍부하고 산미가 높아 잼을 만들기에 가장 적합하기 때문이다. 친환경 감귤에 다른 첨가물 없이 유기농 설탕만을 넣고 졸인다. 귤껍질까지 사용하고 아주 잘게 써는 방법으로 만들어 향과 식감이 살아 있다. 양파, 당근, 밤호박, 풋귤 등의 다른 친환경 농산물로도 잼을 만드는데 베스트셀러는 역시 감귤잼이다. '마말랭'이라는 귀여운 이름이 붙은 수제 잼은 낱개 및 세트 포장이 가능해 제주 여행 선물, 결혼식 답례품, 명절 선물로도 인기가 많다. 제철재료로 만드는 마말랭, 마말랭스콘 만들기 체험도 있다(네이버 예약 필수).

📍 제주시 조천읍 신조로 121 🅿 있음 ✖ 감귤마말랭/당근마말랭/양파마말랭/땡귤마말랭 각 8,000원 🕐 10:00~17:00(일요일 휴무) 📞 064-784-5507 🏠 www.yumyumjeju.com

02 서울에서 제주로
제주풀무질

이렇게 작은 마을에 이렇게 예쁜 책방이 있다는 것도 놀라운데 일부러 찾아오는 사람도 많다면? 사장님의 안목에 대한 믿음이 한몫하지 않을까 싶다. 제주풀무질은 서울 성균관대학 앞에서 무려 26년간 풀무질이라는 인문사회과학 서점을 운영했던 은종복님의 새로운 제주 책방이다. 아담한 책방이지만 인문학 고전, 문학 일반, 독립 출판물, 아이들을 위한 동화까지 분야는 꽤 다양하다. 남녀노소 여행객부터 동네 초등학생들까지 취향에 맞는 책 한 권쯤 골라갈 수 있는 곳!

📍 제주시 구좌읍 세화11길 8 🅿 있음 🕐 11:00~18:00(수요일 휴무) 📞 064-782-6917 📷 @jejupulmujil

03 세련된 빈티지 셀렉트 숍
달리센트

제주 동쪽 끝 마을 종달리 출신으로 서울에서 잡지 에디터로 활동했던 주인의 취향을 반영한 셀렉트 숍이자 편집 숍이다. 외관은 전형적인 제주 스타일 창고지만, 가게 문을 열고 들어가면 제주와는 전혀 다른 분위기다. 직접 해외에서 공수해온 그릇, 디퓨저, 향초, 문구류 등은 독특하고 감각적이며 진열된 공간은 이국적이다. 거기에 낡은 창틀과 고가구 궤짝이 절묘하게 어울린다. '이런 곳에 가게가 있을까?' 싶은 위치에 아주 작은 간판, 낡은 콘크리트 건물을 만나도 당황하지 말자. 그곳이 달리센트다.

📍 제주시 구좌읍 종달리 1991 🅿 있음
🕐 13:00~17:00(인스타그램 계정으로 휴무 공지) 📞 010-3268-5247
📷 @dalriscent_official

 04 카카오의 신세계
카카오패밀리

카카오패밀리는 카카오 생두를 산지에서 직접 들여와 만드는 수제 카카오초콜릿 전문점이다. 마야인들의 전통 방식 그대로 매일 로스팅해서 48시간 동안 맷돌에 갈아 만든다. 카카오칩, 카카오닙스, 카카오파우더, 카카오 스프레드, 카카오볼 등 평소에 보지 못했던 다양한 카카오 상품들이 많다. 매장에 가면 모든 손님에게 카카오티를 주는데 구수하면서도 은은한 초콜릿 향이 감돈다. 그 외에도 몇 가지 시식 상품들이 있으니 맛을 보고 구매할 수 있다. 또한 공간을 나눠 카카오 음료를 경험하고 갈 수 있는 작은 에스프레소바(카밀라스)가 새로 마련되었다.

📍제주시 구좌읍 구좌로 60 🅿없음(인근 주차 용이) 🍴각종 카카오음료 3,000~4,500원, 카카오칩 11,500원, 카카오볼 12,500원 🕘09:00~18:00(일요일 휴무) 📞064-782-1238
🏠cacaofamily.kr

05 세상에 하나뿐인, 당신만을 위한
혜리스마스

세화리 예쁜 계단 골목을 오르면 혜리스마스라는 작은 상점이 있다. 이곳의 슬로건은 '세상에 하나뿐인, 당신만을 위한'이다. 여기에도 있고 저기에도 있는 제주 기념품 상점에 식상해졌다면 여기는 그런 마음을 환기시킬 수 있는 상점이다. 주인장이 직접 바다에서 구한 재료들로 만든 아기자기한 기념품들이 기다리고 있다. 특히 마그넷과 인센스홀더, 북홀더링 등은 사이즈가 작으면서도 어디에도 없는 디자인으로 선물이나 기념품으로 딱이다.

📍 제주시 구좌읍 구좌로 51-1 🅿️ 없음 🕐 11:00~17:00(비정기 휴무) 📞 064-783-3997 📷 @hyerismas

06 반짝반짝 빛나게 씻어요
팰롱팰롱빛나는

'팰롱팰롱'은 제주어로 '반짝반짝'을 뜻한다. 팰롱팰롱빛나는은 수제 비누 전문 숍이다. 월정 밤바다, 구름 동동 뜬 한라산, 해 질 녘 애월 바다 등 비누에 제주의 그림 같은 순간을 담았다. 저온 숙성 수제 비누로 약 한 달의 건조 기간을 거쳐서 완성한다. 청대 분말과 멘톨, 숯가루, 파프리카 가루 등 천연 재료가 듬뿍 들어가 민감성 피부에도 사용할 수 있다. 매장 안에 세면대가 있어 직접 사용해보고 구매할 수 있다. 그 외에 한라봉 양초, 뜨개질 소품 등의 아이템들도 판매하며 애월에도 분점이 있다.

📍 제주시 구좌읍 월정3길 58 🅿️ 있음 ✖️ 핸드메이드 비누 8,000~10,000원 🕐 10:30~17:30 📞 064-784-5556 📷 @twinkle_jeju

AREA
04

예술가들이 사랑한
이국적인
해안 풍광의 소도시

서귀포 시내

제주도 남부 지역으로 거리마다 야자수가
늘어서 있고 대부분의 해안이 절벽으로 이
뤄져 이국적인 분위기를 물씬 풍기는 곳이
많다. 서귀포 앞바다에 떠 있는 천연기념물
범섬, 문섬, 섶섬의 바닷속은 세계적인 연산
호 군락지로 스쿠버 다이버들의 천국이다.
서귀포는 미술의 도시이기도 한데 기당미술
관, 왈종미술관, 이중섭미술관이 있고 이중
섭, 변시지 화가가 살았다. 왈종미술관의 이
왈종 화백은 20여 년 넘게 서귀포에서 그림
을 그리고 있다.

02

서귀포 매일올레시장

지역민은 물론 여행객도 많이 찾는
전통시장으로 다양한 제주의
먹거리가 풍성하다.

#푸드투어 #가족여행
#이중섭거리와함께 #야시장

03

외돌개

바다에 홀로 서있는 20m 높이의 기암.
짙푸른 바다와 주변 절벽이 어우러진 자연 명소.

#서귀포비경 #멋진해안풍광 #산책하기좋은

04

정방폭포

바다로 직접 떨어지는 폭포. 주변의
주상절리대와 조화를 이루는 그림 같은 풍경.

#서귀포비경 #바다폭포 #웅장함
#왈종미술관

01

쇠소깍

청록색 물빛이 신비로운 비경.
바다와 만나는 계곡에서
전통 나룻배를 타고 유유자적.

#제주협곡 #나무카약 #신비로운
#청록색물빛 #테우체험

05

볼레낭개 호핑 투어

제주도에 하나뿐인 호핑 투어.
배를 타고 바다로 나가 섬 풍경과
바닷속 풍경을 함께 구경.

#여름에꼭 #스노클링 #섬에서스노클링
#물고기떼 #초보가능

서홍정원 03
서귀포 동경우동 14
제주부싯돌 09
천짓골식당 06
관촌밀면 07
네거리식당 10
서귀포 매일올레시장 05
제주별책부록 02
천지연폭포 08
이중섭미술관
기당미술관 11
이중섭거주지
월종미술관 07
정방폭포 06
허니문 하우스 05
이중섭 거리 04
대도식당 15
솔동산 고기국수 13
외돌개 03
새섬&새연교 09
제주에인감귤밭 01
섬돼지 08
놀멍걸으멍쉬멍 16
제스토리 01

02 상효원수목원

10 돈내코계곡

04 친봉산장

12 오가네전복설렁탕

01 쇠소깍

02 테라로사

12 소천지

11 보목해녀의 집

01 테우 타고 즐기는 화산섬의 비경

쇠소깍

쇠소깍은 용천수와 바닷물이 만나는 계곡으로 기암괴석과 소나무 숲, 파랗고 투명한 물색이 절경을 이룬다. 제주올레 5코스의 끝이자 6코스의 시작점으로 화산섬의 매력이 돋보인다. 쇠소깍을 즐기는 방법은 2가지다. 계곡 위쪽 산책로를 따라 걷거나 물 위에서 즐길 수 있다. 산책로에서 내려다보면 뗏목처럼 생긴 테우와 전통 조각배가 떠다니는 모습에서 옛 정취가 느껴진다. 배를 타보면 용암이 만들어낸 암벽과 투명한 물색을 보다 가까이에서 볼 수 있다. 테우는 여러 명이 함께 뱃사공의 해설을 들으며 탈 수 있고, 조각배는 직접 노를 저어야 하지만 동반자와 오붓하게 탑승할 수 있는 장점이 있다.

📍 서귀포시 쇠소깍로 104 🅿 있음 ₩ 무료/**테우 체험** 성인 10,000원, 어린이 5,000원(약 25분 소요)/**전통 조각배 1척** 성인 2인 이하 20,000원, 성인 2명+어린이 1명 25,000원(약 25분 소요) ⏰ 하절기 09:00~18:00, 동절기 09:00~17:00
📞 064-732-9998 🏠 www.visitjeju.net

02 1년 내내 다채로운 꽃 축제
상효원수목원

KC코트렐 이달우 회장이 제주의 자연을 많은 이들과 공유하고자 설립했다. 뒤로는 한라산, 앞으로는 서귀포 바다를 품은 이곳은 해발 400m에 위치해 있다. 본래의 자연을 최대한 살려 조성한 상효원은 제주 고유의 자생식물 보유, 100년 이상의 노거수와 상록 거목이 밀집해 수종의 다양성, 희귀성 측면에서도 가치가 높다. 16개의 테마로 조성된 각 정원에서는 월별로 다양한 꽃축제가 열린다. 8만 평부지 내에 카페와 식당도 구비하고 있어 온종일 시간을 보내도 좋을 만한 곳이다.

📍 서귀포시 산록남로 2847-37 🅿 있음 ₩ 성인 9,000원, 청소년 7,000원, 어린이 6,000원 🕐 3~9월 09:00~19:00, 10월~2월 09:00~17:00 📞 064-733-2200
🏠 sanghyowon.com/uses/guide

03 동양화 같은 해안 비경
외돌개

20m 높이의 바위가 바다에 홀로 외롭게 서 있어 외돌개다. 외돌개를 감싸는 듯한 절벽, 수평선의 범섬, 오랜 수령의 소나무가 어우러진 풍광은 동양화 그 자체. 날씨가 좋다면 소나무 숲으로 난 산책로를 좀 더 걸어보자. 방향에 따라 보이는 풍경이 달라진다. 추천 산책 코스는 황우지 해안-폭풍의 언덕-외돌개-외돌개 소공원에 이르는 약 1km 구간이다. 외돌개와 황우지 해안은 같은 주차장을 사용한다.

📍 서귀포시 서홍동 780-1 🅿 있음 📞 064-740-6000(상담시간: 09:00~18:00) 🏠 www.visitjeju.net

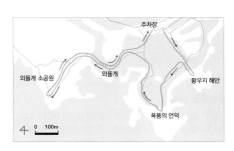

이중섭의 예술혼이 깃든 곳
이중섭 거리

황소 화가로 유명한 이중섭 화백. 그가 한국 전쟁 당시 머물렀던 서귀포 거주지를 중심으로 이중섭 거리가 형성됐다. 궁핍했던 시절이지만 가난 속에서도 그의 그림에 대한 열정은 식을 줄 몰랐다. 담뱃갑 안에 들어 있던 은박지도 화폭이 됐다. 그렇게 제주에 체류하는 동안 남긴 은지화는 독창성을 인정받았다. 이중섭미술관에 가면 은지화를 비롯해 제주에서의 작업들, 그리고 황소 그림도 직접 볼 수 있다. 미술관 근처에 맛집이나 카페, 아기자기한 기념품 가게 등이 많이 모여 있으며 주말마다 제주도에서 가장 오래된 문화 예술 벼룩시장도 열린다. 맞은편에 있는 서귀포 매일올레시장까지 함께 둘러보면 먹거리와 볼거리를 모두 잡는 코스가 된다.

📍 서귀포시 서귀동 512 일대 🅿 올레시장 공영 주차장 이용
🏠 www.visitjeju.net

> **TIP** 이중섭미술관 정보
>
> 이중섭미술관은 2024년 11월 철거, 신축 후 2027년 재개관 예정이다. 미술관 내 작품은 이중섭 거리 내 '이중섭 창작 스튜디오'에서 전시 중이다.

05

골라 먹는 재미
서귀포 매일올레시장

매일올레시장은 서귀포에서 가장 크고 오래된 시장으로 도민들의 식재료뿐만 아니라 먹거리도 다양하다. 제주식 떡볶이인 모닥치기, 마늘이 들어간 마농치킨, 꽁치김밥 등은 꾸준히 잘 팔리는 메뉴이. 이 외에도 새로운 메뉴가 꾸준히 등장한다. 요즘 인기 있는 메뉴는 귤하르방빵, 우도 땅콩만두, 흑돼지고로케, 감귤호떡 등이다. 따로 야시장이 열리는 건 아니지만 이른 아침부터 밤 9시까지 즐길 수 있다. 통로를 따라 가운데에 의자가 있어 걸어 다니면서 주전부리하기 좋다. 여기저기 구경하며 골라 먹는 맛!

📍 서귀포시 중앙로62번길 18 🅿 있음 🕐 하절기 07:00~21:00, 동절기 07:00~20:00 📞 064-762-1949

서귀포 매일올레시장에서
꼭 먹어보자!

01 모닥치기 언니네 새로나분식
떡볶이, 김밥, 김치전, 김말이, 만두가 한 접시에 담겨 나오는 '모닥치기' 맛보기!

02 마농치킨 중앙통닭
갓 튀긴 치킨에 즉석에서 으깬 마늘을 버무린다. 알싸한 마늘 향으로 느끼함을 완벽하게 잡아 〈수요미식회〉도 반해버린 맛! 시장 안에 1호점과 2호점이 있다.

03 꽁치김밥 우정회센타
뼈를 제거한 꽁치 한 마리를 잘 구워 머리부터 꼬리까지 통째로 넣은 김밥.

04 땅콩만두 우도돼지네
땅콩 모양의 귀여운 만두. 실제로 만두피에 땅콩이 콕콕 박혀 있어 씹는 맛도 있다. 고기 맛, 김치 맛 2가지!

05 흑돼지꼬치 하영꼬치
가볍게 즐기는 흑돼지 간식! 소스를 선택할 수 있고 가다랑어포를 뿌려준다. 유튜브로 입소문 난 인기 메뉴로 시장 안에 서로 다른 꼬치집이 여럿 있다.

06 흑돼지고로케/치즈듬뿍고로케
겉은 바삭, 속은 촉촉한 흑돼지 수제 크로

켓! 치즈, 오리지널, 감자, 카레, 매운맛 중 최고 인기는 오리지널 맛.

07 귤하르방빵
상큼한 귤 크림이 들어간 앙증맞은 하르방 모양의 빵. 갓 구운 빵은 꼭 식혀 먹을 것!

08 오메기떡 제일떡집
오메기떡의 다양한 변신! 팥, 카스텔라, 흑임자, 견과류 4가지 맛 중 선택할 수 있다.

06 제주도 폭포 중 으뜸
정방폭포

정방폭포는 보기 드물게 바다로 떨어지는 폭포다. 제주도에서 폭포 하나쯤 보고 싶다면 빼놓을 수 없다. 폭포 양쪽으로 주상절리가 발달한 수직 암벽과 시원한 바다, 그리고 언덕 위의 소나무 숲이 조화를 이뤄 한 폭의 동양화를 보는 듯하다. 계단으로 내려가 가까이서 보면 어마어마한 폭포수 소리까지 더해 웅장하다. 가까이에 '소정방폭포'도 있다. 정방폭포를 지나는 올레 6코스를 따라 동쪽으로 5분 정도 걷다 보면 무료로 만날 수 있다. 이름처럼 작지만 역시 바다로 떨어지는 폭포다.

📍 서귀포시 동홍동 299-3 🅿 있음 ₩ 어른 2,000원, 청소년·어린이 1,000원 🕐 09:00 ~17:50(일몰 시간에 따라 당일 변경)
📞 064-733-1530 🏠 www.visitjeju.net

서귀포 시내

07 그림으로 만나는 제주
왈종미술관

왈종미술관에는 '제주 생활의 중도(中道)'를 주제로 그린 이왈종 화백의 작품 300여 점이 전시되어 있다. 그의 그림은 젊고 경쾌하다. 주로 제주를 대표하는 동백꽃, 수선화, 귤꽃 등이 화폭을 채우고 그 안에 새, 노루, 사람, 자동차 등 만물이 모두 평등하고 위트 있게 등장한다. 기분까지 산뜻해지는 화사한 색감이 특징으로 그림을 잘 모르는 사람도 어렵지 않게 감상할 수 있다. 미술관은 정방폭포 바로 위에 있고 창이 넓어 섶섬, 문섬과 함께 서귀포 앞바다가 시원하게 펼쳐지는 환상적인 전망을 자랑한다.

📍 서귀포시 칠십리로214번길 30 🅿 있음 ₩ 성인 10,000원, 청소년·어린이 6,000원
🕐 10:00~18:00(월요일 휴무) 📞 064-763-3600 🏠 walartmuseum.or.kr

 08 하늘과 땅이 만나다
천지연폭포

22m 높이에서 수심 20m의 못으로 떨어지는 천지연폭포. 물이 잘 고이지 않는 제주 지형에도 불구하고 꽤 웅장한 규모를 자랑한다. 입구부터 폭포까지 10분 정도 걸어 들어가야 하지만 산책로 옆으로 물이 흐르고 나무도 울창해 경치가 좋다. 폭포 아래엔 천연기념물 무태장어가 서식한다. 천지연폭포는 제주도 폭포 중 유일하게 밤 조명을 밝힌다. 저녁 10시까지 알록달록하게 퍼지는 폭포수를 볼 수 있어 여름밤 더위를 식히기에 그만이다.

📍 서귀포시 남성중로 2-9 🅿 있음 ₩ 어른 2,000원, 청소년·어린이 1,000원 🕘 09:00~22:00(매표 마감 21:20)
📞 064-760-6304 🏠 www.visitjeju.net

 09 서귀포항의 빛나는 밤
새섬&새연교

서귀포항에 밤이 내리면 새연교의 화려한 조명이 시선을 끈다. 새연교는 제주의 고기잡이배인 테우를 형상화한 모양으로 서귀포항과 새섬을 연결하는 다리다. 새섬은 1.2km 정도의 산책로가 있는 작은 무인도다. 한라산을 배경으로 한 서귀포항 일대와 바다 위 문섬 등의 풍광을 만날 수 있다. 해가 지기 전에 새섬을 먼저 산책하고 일몰을 보며 새연교를 건너는 방법을 추천한다. 저녁 8시 30분부터는 약 20분간 다리 양옆으로 시원한 음악 분수도 가동된다.

📍 서귀포시 서홍동 707-4 🅿 있음 🕘 새연교 점등시간 하절기 20:00~23:00, 동절기 19:00~22:00(음악 분수 운영시간 20:30~20:50), 새섬 일출~22:00 📞 064-740-6000(상담시간: 09:00~18:00) 🏠 www.visitjeju.net

10 한라산의 차가운 보석
돈내코계곡

돈내코계곡은 한라산에서부터 내려오는 용천수가 흐르는 계곡으로 물이 아주 맑고 차가워 여름 휴양지로 인기가 높다. 계곡 주변은 깊은 골짜기, 울창한 상록수림이 어우러져 절경을 이룬다. 그중에서도 원앙폭포는 보석처럼 투명한 물색이 매력적인 인기 스폿이다. 폭포 자체는 아담하지만 주변 바위가 크고 험하며 가장 깊은 곳의 수심이 4m 정도이기 때문에 조심해야 한다. 아이가 있다면 계곡 하류를 추천한다. 나무 그늘이 넓고 수심이 얕아 가족 물놀이에 알맞다. 돈내코계곡 입구에 가면 두 갈래 길이 있는데 원앙폭포로 가는 길은 오른쪽, 계곡 하류로 가는 길은 왼쪽이다.

📍 서귀포시 돈내코로 114 🅿 있음 🕐 08:00~19:00(우천 시 통제) 📞 064-740-6000(상담시간: 09:00~18:00)
🏠 www.visitjeju.net

11 폭풍의 화가와 만나다
기당미술관

1987년에 개관한 우리나라 최초의 공립 미술관으로 서귀포 출신 재일교포인 기당 강구범 선생이 건립하고 기증했다. 미술관의 긴 역사만큼 우수한 작품을 다수 소장하고 있고 연중 3~4회에 걸쳐 테마별로 전시가 열린다. 또한 폭풍의 화가 변시지 화백 P.225의 작품도 상설 전시 중이다. 제주도 농촌의 '눌'을 형상화한 미술관 건물 자체도 하나의 작품이다. '눌'은 짚이나 곡식 등을 차곡차곡 둥그렇게 쌓아 올린 더미를 일컫는 제주어다. 전시실 내부는 경사진 나선형 동선, 나무 서까래 천장으로 이뤄졌고 곳곳의 자연 채광으로 무척 화사하다.

📍 서귀포시 남성중로153번길 15 🅿 있음 ₩ 성인 1,000원, 청소년 500원, 어린이 300원 🕐 09:00~18:00(매주 월요일·1월 1일·설날·추석 휴관, 7~9월에는 20:00까지 연장) 📞 064-733-1586 🏠 culture.seogwipo.go.kr/gidang/index.htm

소천지

서귀포 보목동 바다에 기암괴석이 산맥처럼 길게 늘어
선 독특한 비경이 있다. 마치 금강산을 축소시켜 놓은 듯
하여 제주의 해금강이라 불러도 손색없을 풍경이다. 섬
들이 점점이 떠있고 한라산이 웅장하게 펼쳐져 주변 풍
광 역시 볼만하다. 이 아름다운 해안에 백두산 천지를
닮은 것 같아 소천지라 불리는 스폿이 있다. 거대한 현
무암 암초로 둘러싸여 호수를 연상케 하는데, 최근에는
인생 사진 스폿으로 떠올랐다. 소천지 속의 투명한 청록
색 바닷물을 배경으로 찍는 사진이 방문 목적이 될 정도
다. 바다색을 예쁘게 담으려면 맑은 날 역광이 되기 전,
오후 1시 이전이 좋다. 아름답지만 거친 지형이므로 편
한 신발을 추천한다.

📍 서귀포시 보목동 1404-1(소천지 진입로 입구) 🅿 없음(갓길
주차 가능) 📞 064-740-6000(상담시간: 09:00~18:00)
🏠 www.visitjeju.net

REAL GUIDE

서귀포 바다를 제대로 즐기는 방법

바다를 즐기는 방법은 여러 가지다. 진짜 바다로 들어가 온몸으로 서귀포 바다를 체험해보자.

수심 45m 해저 탐험
서귀포 잠수함

서귀포 잠수함 운항 지역인 문섬은 세계 7대 다이빙 포인트로 꼽힐 만큼 환상적인 수중 풍경을 자랑한다. 형형색색의 연산호, 다이버와 함께하는 물고기의 군무, 수심별 해저 풍광을 감상하면서 최대 수심 45m까지 내려간다.

📍 제주 서귀포시 남성중로 40 🅿 있음 ₩ 성인 65,000원, 소인(만3세~만14세 미만) 44,000원 🕐 성수기 및 연휴/주말 09:20~18:00, 동절기 및 비수기 주중 09:20~16:00 ※40분 간격으로 운항 📞 064-732-6060 🏠 submarine.co.kr

배에서 즐기는 밤바다의 낭만!
한치, 갈치 배낚시

여름과 가을, 바다에서 한치와 갈치를 잡으며 제주의 푸른 밤을 누려보는 특별한 체험이다. 초보자도 쉽게 낚을 수 있고 별다른 준비가 필요 없으니 여행 중에도 충분히 체험 가능하다. 직접 잡은 어획물은 가져갈 수 있다.

🔷 **추천업체** 캡틴호 📍 서귀포시 신효동(하효항) 🅿 있음 ₩ 한치 1인 50,000원, 갈치 1인 100,000원 🕐 한치 6월 중순~8월 말, 갈치 9월 초~10월 말(저녁 6시부터 4~5시간 소요) 📞 010-9354-3197 ☑ 전화 예약

무인도에서 즐기는 스노클링
볼래낭개 호핑 투어

호핑 투어는 배를 타고 나가 포인트를 옮겨가며 스노클링 하는 것을 말한다. 제주도에서는 섶섬 주변을 돌며 물고기 떼를 만나볼 수 있다. 물이 맑은 편이며 노랗고 파란 물고기가 보인다. 모든 장비를 대여해주고 초보자도 어렵지 않게 할 수 있다. 홈페이지 사전 예약 필수!

🔷 **추천업체** 디스커버제주 📍 서귀포시 보목포로 46(보목포구) 🅿 있음 ₩ 48,000원(슈트 대여 별도, 10,000원 현장 결제) 🕐 매년 5~10월(출항 및 설명, 샤워 시간 포함해 80분 소요) 📞 050-5558-3838 ☑ 홈페이지 예약 🏠 www.discover-jeju.com/hopping

신비로운 제주 바닷속 여행
스쿠버 다이빙

수중 풍경이 아름답기로 유명한 서귀포는 스쿠버 다이버들의 천국이다. 멸종위기종인 해송, 총천연색 산호초, 계절마다 다른 종류의 물고기까지 볼거리가 풍성하다. 무경험자도 가능한 체험 다이빙부터 라이선스 취득을 위한 프로그램까지 다양하다.

🔷 **추천업체** 블루인 다이브 📍 서귀포시 중산간로 8260 🅿 있음 ₩ 프로그램에 따라 상이, 홈페이지 또는 전화 문의 🕐 08:00~17:00 📞 010-9426-0032 🏠 www.blueinskinscuba.com

01 한 번쯤 꿈꿨을 귤 밭 속 카페

제주에인감귤밭

제주스러운 감귤밭 속에 유럽 감성 한 스푼 얹어진 건물이 조화를 이루는 카페. 매일 아침 제주에인감귤밭의 SNS 계정에 올라오는 화사한 사진이 꼭 가보고 싶은 카페 목록 1순위에 들게 만든다. 8월 초~9월 중순까지는 청귤청 만들기, 10월부터 겨우내 감귤 따기 체험을 할 수 있다. 감귤밭 입장권만 따로 구입하면 카페를 이용하지 않아도 되고, 카페를 이용하면 귤밭 입장권은 2,000원 할인된다. SNS 업로드용으로 잘 어울리는 사진이 나오는 라봉퐁당에이드와 청귤퐁당에이드가 유명하다.

📍 서귀포시 호근서호로 20-14 🅿 있음 ✕ 라봉퐁당에이드 7,500원, 청귤퐁당에이드 7,000원, 감귤밭 입장료 7,000원
🕐 10:00~18:00(일요일 휴무) 📞 010-2822-1787 📷 @jejue_in_farm

02 감귤밭의 스페셜티 커피
테라로사

강릉에서 시작해 국내 스페셜티 커피 문화를 선도하고 있는 커피 명가 테라로사의 제주 서귀포점. 감각적이고 세련된 공간으로 유명한 테라로사가 지향하는 '맛의 완성도'와 '공간'이 이곳에도 그대로 살아 있다. 카페 문을 열고 들어서면 커다란 격자창과 그 너머의 감귤밭 풍경에 걸음을 멈추게 된다. "우와!" 감탄사와 함께. 봄이면 귤꽃 향기에, 겨울에는 노랗게 익은 감귤에 둘러싸인다. 그 속에서 바리스타들이 정성을 다한 산지별 드립 커피와 에스프레소 베리에이션을 즐겨보자.

📍서귀포시 칠십리로658번길 27-16 🅿있음 🍴아메리카노 5,300원, 카페라테 5,800원, 카푸치노 5,500원 🕐09:00 ~21:00 📞033-648-2760 🏠terarosa.com

03 도심 속 아늑한 브런치 정원
서홍정원

몇 개의 계단을 올라 테라스에 서면 카페 이름에 붙은 '정원'에 공감이 된다. 울창한 상록수와 맑은 물이 흐르는 솜반천을 마주한 그야말로 도심 속 정원이기 때문이다. 새들의 지저귐과 맑은 물소리를 카페에 머무는 동안 내 것처럼 만끽할 수 있다. 나카무라 출신의 파티시에가 100% 동물성 생크림을 사용해 훌륭한 수제 케이크와 디저트를 만든다. 최근에는 몇 가지 브런치 메뉴를 추가해 더욱 다양한 맛과 멋을 제공하고 있다. 대표 디저트는 아몬드비엔나와 얼그레이쉬폰이다.

📍서귀포시 솜반천로55번길 12-8 🅿없음(주변 골목, 걸매생태공원 주차장: 서귀포시 서홍동 1210) 🍴브런치 세트 메뉴(노르망디샌드위치 또는 프렌치토스트+수프+아메리카노) 22,000원, 얼그레이쉬폰 6,000원, 아몬드비엔나 6,500원
🕐09:30~18:00(브런치 09:30~15:00)
📞064-762-5858
📷@cafe_seojeong

아메리칸 빈티지 감성
친봉산장

록키산맥의 산장에 와 있는 듯한 분위기를 자아내는 친봉산장. 벽난로와 창밖으로 보이는 숲, 그리고 카우보이 소품과 악기, 연장, 의상 등이 전시되어 있어 구경하는 재미도 있고 구매도 가능하다. 겨울에는 눈 쌓인 한라산을 배경으로 아늑한 정취가 더 짙게 느껴진다. 아이리시커피, 구운우유와 같은 카페 메뉴부터 떡볶이, 칠리핫도그, 스튜, 피자 등 술과 잘 어울리는 메뉴까지 간단한 파티를 즐기기에도 좋다. 반려견 동반이 가능하고 공간이 넓은 편이라서 다소 방문객이 많아도 여유롭게 즐길 수 있다.

📍 서귀포시 하신상로 417 🅿 있음 🍴 아이리시커피/구운우유 각각 11,000원
🕐 11:00~22:00 📞 0507-1442-5456 📷 @jeju_deerlodge

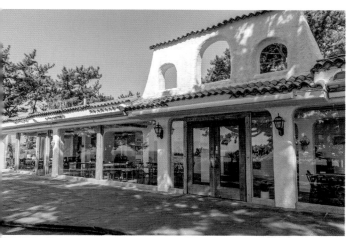

05 추억 속 그곳
허니문 하우스

1960년대부터 2000년대 초반까지 여행객과 제주도민의 마음을 설레게 했던 아름다운 호텔의 카페였다. 당시 제주에서는 보기 힘들었던 유럽풍 건물과 해안 절벽, 야자수가 어우러진 독특한 풍광으로 최고의 데이트 코스로 손꼽혔었다. 긴 휴면기를 보내고 예전 모습 그대로 20여 년 만에 다시 문을 열었다. 반세기를 훌쩍 넘은 건축물과 조경이지만 여전히 트렌디하다. 예전에 방문했던 이들에게는 달콤했던 추억의 장소로, 처음 방문한 이들에게는 빈티지한 분위기의 인생 사진 스폿으로 인기가 높다. 최근엔 드라마 〈수리남〉, 〈아일랜드〉를 촬영했던 장소로도 잘 알려져 있다.

📍 서귀포시 칠십리로 228-13 🅿 있음
🍴 용암찰빵 4,000원, 당근케이크 9,000원, 아메리카노 7,000원, 제주 당근주스 11,000원 🕐 10:00~18:30 📞 070-4277-9922
🏠 www.kalhotel.co.kr/dining-bar

 06 진짜 제주 스타일로 즐기는 돔베고기
천짓골식당

다수의 맛집 소개 프로그램에도 나온 제주도의 대표 돔베고기 전문점이다. 돔베고기는 삶은 돼지고기를 도마에 놓고 썰어 먹는 제주식 수육이다. 예전 제주에서는 잔치 등의 큰 행사가 있으면 마을 사람들이 합세해서 행사에 쓸 돼지를 직접 잡았다. 작업이 끝나면 바로 솥을 걸어 자투리를 삶아 나눠 먹으며 노고를 풀곤 했다. 그때 별도의 상차림 없이 삶아 건져 올린 수육을 바로 도마(돔베) 위에서 썰어가며 한 점씩 굵은 소금에 찍어 먹었다.

천짓골식당에서는 제주 사람들이 먹던 방식을 그대로 재현하고 있어 보는 재미도 쏠쏠하다. 김이 펄펄 나는 수육을 테이블에 놓인 돔베(도마)에서 바로 썰어준다. 처음에는 소금이나 젓갈만 찍어서 먹어본다. 수육 고유의 맛을 즐길 수 있기 때문이다. 따끈한 상태로 잘라주는 수육의 지방은 입에 들어가자마자 녹고, 살코기는 부드럽다. 진짜 제주 스타일의 돔베고기를 눈과 입으로 맛보고 싶다면 반드시 들러봐야 할 식당이다.

📍 서귀포시 중앙로41번길 4 🅿 없음(인근 갓길 주차 또는 180m 거리 공영 주차장: 서귀포시 중앙로54번길 17)
🍴 돔베고기백돼지오겹 48,000원, 돔베고기흑돼지오겹 60,000원, 백돼지절반 24,000원, 흑돼지절반 30,000원
🕐 17:10~21:30(일요일 휴무) 📞 064-763-0399

 07 여름엔 이거지!
관촌밀면

밀면 하면 흔히 부산을 떠올리지만 제주에는 제주식 밀면이 있다. 쫄면만큼이나 두꺼운 면발과 맑은 육수가 특징이다. 더운 여름 살얼음 동동 뜬 밀면 한 그릇 먹고 나면 열기가 싹 가신다. 비빔밀면과 물밀면 중 고민할 필요는 없다. 둘 다 양념을 얹어준다. 담백하게 즐기려면 양념을 따로 달라고 주문할 것. 서귀포 시내에서 밀면 하면 관촌! 올레 6코스 끝에 있어 올레길을 걷고 간단히 식사하기 좋다. 시원한 밀면은 해장으로도 그만이다.

📍 서귀포시 서문로29번길 13 🅿 있음 🍴 밀면 8,000원, 만두 5,000원, 고기국수 8,000원 🕐 10:30~15:30(일요일 휴무)
📞 064-732-5585

 08 직접 골라오는 진심의 고기
섬돼지

 09 진짜 보말칼국수는 이런 것
제주부싯돌

섬돼지에 관한 블로그 후기에 가장 많이 등장하는 단어가 '현지인 추천'이다. 요란한 홍보 없이도 좋은 고기를 알아본 현지인들의 입을 통해 알려진 가게다. 매일 아침 직접 골라온 최상급 고기를 가장 맛있는 상태에서 먹을 수 있도록 손수 구워준다. 연탄불에 구운 신선한 목살은 은은한 불 맛이 감돌고 기분 좋은 육즙이 가득하다. 기름을 잡아 겉을 바삭하게 구운 오겹살은 비계도 느끼하지 않고 고소하다. 오겹살은 파채를 넣은 비빔국수에 곁들이면 더 맛있게 즐길 수 있다.

📍 서귀포시 신동로 25 🅿 없음(인근 공영 주차장: 서귀포시 법환동 1666-3) ✖ 제주흑돼지(600g) 66,000원, 섬돼지(600g) 54,000원 🕐 12:00~23:00(15:00~16:00, 라스트 오더 22:00, 격주 화요일 휴무) 📞 064-738-7505 📷 @jeju_islandpig

그 지역의 직장인들이 추천하는 식당이야말로 맛집 보증수표와 같다. 제주부싯돌이 그런 곳이다. 이 식당의 보말칼국수는 특히 훌륭하다. 제주에 "보말도 고기다"라는 말이 있을 만큼 보말(바다 고둥)은 동물성 단백질이 풍부한 식재료다. 보말칼국수의 면은 검은깨와 찹쌀로 만들어 고소하며 쫄깃하다. 으깬 보말 내장을 넣어 끓인 국물은 걸쭉하고 깊은 맛을 보여주면서도 풍부하게 들어간 미역이 깔끔함까지 더한다. 모두 손이 가는 밑반찬까지 부족함이 없다.

📍 서귀포시 중정로91번길 58 🅿 협소(인근 중앙로터리 공영 주차장: 서귀포시 중앙로79번길 6) ✖ 보말칼국수 11,000원, 보말국 11,000원, 오리주물럭(한마리)+보말칼국수 65,000원 🕐 11:00~21:00(브레이크 타임 15:00~17:00, 일요일 휴무) 📞 064-733-0034

10 도전이라면 도전
네거리식당

갈치잡이는 낚시로 한다. 비늘 손상을 막기 위해
서다. 그만큼 잡을 때부터 정성이 많이 들어가는
고급 식재료다. 일반적으로 갈치는 구워 먹거나
조림으로 먹지만 제주 여행에서만큼은 국으로
즐겨보자. 배추와 호박이 들어간 허여멀건 갈칫
국이 보기엔 썩 끌리지 않을 수도 있다. 하지만 신
선한 갈치로 끓여 비린내가 없고 떠먹어보면 칼
칼하고 개운하며 갈치 살도 두툼하다. 갈칫국을
맛보려는 사람들로 종일 붐비지만 6~8명까지는
전화 예약이 가능하다.

📍 서귀포시 서문로29번길 20 🅿 없음 🍴 갈칫국
16,000원, 성게미역국 16,000원 🕐 07:00~21:40(설·
추석 당일 휴무) 📞 064-762-5513

11 고소한 자리돔구이
보목해녀의 집

제주에 오면 맛봐야 하는 생선 중에 자리돔이 있다. 5월이 제철이고 모
슬포와 보목 자리가 유명하다. 모슬포는 물살이 세서 뼈가 굵고 크기가
커 구이에 좋고 보목자리는 여려서 물회 재료로 주로 쓰인다. 자리물회
에 들어간 자리는 뼈까지 씹어먹는 고소한 맛이 일품이지만 아이들이
나 뼈째 먹는 것을 꺼리는 분들은 구이를 추천한다. 섶섬이 가까이 보이
는 바닷가에 있어 경치도 한 몫한다.

📍 서귀포시 보목동 46 🅿 있음 🍴 자리구이(小) 25,000원, 한치물회 15,000원,
자리물회 13,000원 🕐 10:00~20:00 📞 064-732-3959

12 싱싱한 활전복과 설렁탕의 조합
오가네전복설렁탕

전복설렁탕을 주문하면 전복죽, 설렁탕뚝배기, 솥밥, 활전복 두 마리가 나온다. 전복죽은 식전에 먹고 싱싱한 활전복은 끓는 뚝배기 안에 넣는다. 설렁탕에 들어 있는 국수를 먼저 건져 먹은 다음 갓 지은 솥밥을 말아 먹으면 된다. 누룽지까지 다 먹고 나면 든든하다. 전복물회냉면, 삼색만두설렁탕 등 다른 메뉴도 개성 있으며, 오전 8시에 문을 열어 아침 식사도 가능하다. 함덕에 분점이 있고, 네이버 예약을 이용하면 편리하다.

📍 서귀포시 중산간동로 7738 🅿 있음(토평동 CU 주차장)
🍴 삼색만두설렁탕 13,000원, 오가네설렁탕 10,000원 🕐 08:00
~20:00(브레이크 타임 15:00~16:00, 둘째·넷째주 화요일 휴무)
📞 064-738-9295

13 고기국수가 처음이라면
솔동산 고기국수

제주도에는 고기국숫집이 상당히 많지만 식당마다 면발이나 국물은 조금씩 다르다. 서귀포 시내에 있는 솔동산 고기국수는 처음 접하는 사람도 큰 부담 없이 즐길 수 있다. 고기국수의 호불호가 나뉘는 부분이 대개 국물의 농도인데, 솔동산 고기국수는 담백하면서도 깔끔한 육수에 면발이 다른 국숫집에 비해서 가느다란 편이다. 보통 고기국수와 비빔국수를 같이 파는데 여긴 독특하게 해물국수도 있다. 여름 별미로 고기김치말이국수와 검은콩국수도 인기! 가격도 저렴한 편이다.

📍 서귀포시 부두로 23 🅿 있음 🍴 고기국수 9,000원, 반반국수
10,000원 🕐 09:00~17:00(화요일 휴무) 📞 064-733-5353

14 우동의 모든 것
서귀포 동경우동

제주에 정착한 재일교포가 운영하는 작은 우동 전문점으로 서귀포시 구 터미널 골목에서 오랫동안 자리를 지켜왔다. 서귀포에서 시작해 서울, 청주, 대전으로 뻗어나갔다. 일본 현지의 우동 전문점 못지않게 여러 종류의 우동을 선보인다. 국물에 감칠맛이 도는 고기우동, 일본식 카레의 칼칼하고 담백한 맛이 일품인 카레우동, 커다란 튀김이 올라간 튀김우동이 인기 메뉴다. 우동 한 그릇으로 아쉬움이 남는다면 유부초밥 추가는 어떨까? 2개에 1,500원이라는 정말 사랑스러운 가격이다.

📍 서귀포시 중앙로89번길 4 🅿 없음(주변 골목 또는 중앙 로터리 공영 주차장: 서귀포시 중앙로79번길 6) 🍴 고기우동 8,000원, 카레우동 8,000원, 튀김우동 7,500원 🕐 11:00~20:00(브레이크 타임 15:00~17:00, 일요일 휴무) 📞 064-733-6905

15 속풀이 끝판왕 복국
대도식당

30여 년 넘는 세월 지역민들의 속풀이를 책임져오고 있는 식당이다. 모든 메뉴에는 복이 들어가며 밀복과 참복 중 선택할 수도 있다. 대표 메뉴는 단연 김치복국이다. 아삭한 미나리와 시큼한 김치, 부드러운 복어가 조화롭다. 김칫국과 복어국 특유의 시원함이 만났으니 궁극의 시원함을 느낄 수 있다. 복국 한 숟가락 가득 뜨고 그 위에 올려주는 자리젓은 화룡점정이다. 부드러운 복튀김도 추천 메뉴.

📍 서귀포시 솔동산로22번길 18 🅿 없음(인근 골목 주차 가능) 🍴 김치복국 15,000원, 복지리 15,000원, 복튀김 30,000원 🕐 08:00~15:00(재료 소진 시 조기 마감, 일요일 휴무) 📞 064-763-1033

16 해물파전에 막걸리 한잔
놀멍걸으멍쉬멍

고즈넉한 어촌 마을에 자리한 해산물 식당이다. 포장마차인 듯 아닌 듯한 소박한 가게에서 파는 먹거리는 놀랍도록 풍성하고 맛이 깊다. 해산물 모둠은 신선하기 그지없고, 피자인가 싶을 정도로 두꺼운 해물파전은 바삭한 겉옷 속에 부드러운 속살을 숨기고 있다. 가격이 저렴한 해물라면은 시원한 국물을 자랑한다. 이곳의 대표 주류는 막걸리. 우도땅콩막걸리나 생유산균이 들어간 제주막걸리를 추천한다. 밤 9시까지 영업하므로 제주 밤바다를 벗 삼아 막걸리 한잔하기에도 좋다.

📍 서귀포시 막숙포로41번길 9-1 🅿 있음(가게 앞 법환포구 주차장) 🍴 보말해물파전 15,000원, 해산물모둠회 35,000원, 활소라회 22,000원 🕐 17:00~21:00(일요일 휴무) 📞 064-739-9633

222

01 뷰에 반하고 쇼핑에 취하고
제스토리

법환포구 해녀상 바로 앞에 자리한 제스토리는 '제주 스
토리', 'My 스토리', '모두(諸)의 스토리'라는 의미다. 제
주도는 남과 북이 서귀포시와 제주시로 나뉘는데, 제주
시에 가장 큰 기념품 숍인 '바이제주'가 있다면 서귀포시
의 숍은 바로 여기다. 두 매장은 함께 운영하는 곳으로
기념품 백화점이라고 해도 될 정도로 웬만한 건 다 모여
있다. 2층으로 올라가면 문섬과 새섬, 새연교가 보이는
오션 뷰가 압권이다. 밤 9시까지 운영하지만 밝을 때 가
보길 추천한다. 진정 놓치기 아까운 뷰다!

📍 서귀포시 막숙포로 60 🅿 있음 🕐 08:00~19:00(일요일 휴
무) 📞 064-738-1134 📷 @jestorycafe

제주를 살리는 쇼핑
제주별책부록

별책부록 하면 특별한 선물 같은 느낌이 든다.
제주별책부록은 그 느낌 그대로 제주 여행에
서 또 다른 잇템을 경험하고 얻어올 수 있는
곳이다. 제주올레에서 운영하는 곳으로 제주
올레 여행자센터 맞은편에 있다. 제주올레 기
념품을 비롯해 한라산의 약초로 만든 1950
치약, 비자 열매에서 얻은 송당리 비자 오일,
제주어 카드, 제주 감성 티셔츠, 제주 천연 간
식, 제주의 각종 술 등 환경을 생각하고 제주
의 가치를 담은 생활용품, 패션, 디자인 관련
다양한 상품을 판매한다.

📍 서귀포시 중정로 19 🅿 있음 🕐 08:00~20:00
(일요일 휴무) 📞 064-767-2170 📷 @jejubonus

REAL GUIDE

제주의 대표 화가
폭풍의 화가 변시지

제주에 몇몇 유명 화가가 있다.
그중 변시지(1926~2013) 화백의 작품은
'제주화'라 일컬을 만큼 독특하다.

변시지 화가는 매서운 제주의 바람에서 고독, 인내, 불안, 함, 기다림 등을 떠올리며 바람을 소재로 한 그림을 다수 그렸다. 서귀포 태생으로 여섯 살 때인 1931년에 가족과 일본으로 건너가 오사카 미술학교 서양화과에서 그림을 공부하고 화가로 활동했다. 쉰 살이 되던 해인 1975년에 제주로 귀향, 2013년 타계할 때까지 황토색 바탕 위에 검은 필선으로 제주 특유의 거친 풍토와 정서를 담은 작품들을 제작했다.

변시지 화가를 대표하는 황톳빛 노란색은 제주로 귀향하는 비행기 안에서 바라본 제주의 이미지다. 그는 제주 바다와 대지가 석양에 물들어 온통 황금색으로 변할 때 풍요로움을 넘어 경외감마저 느꼈다고 한다. 구도자처럼 그림에 몰두했던 그는 서양화와 동양의 문인화 기법을 융합한 그만의 독특한 화풍을 완성했다.

미국 스미소니언 박물관은 화가로부터 작품 2점 '이대로 가는 길'과 '난무'를 대여해 2007년 6월부터 10년간 상설 전시를 했다. 이 두 작품은 2020년 6월부터 7월까지 제주 돌문화공원 전시실에서 선보였다.

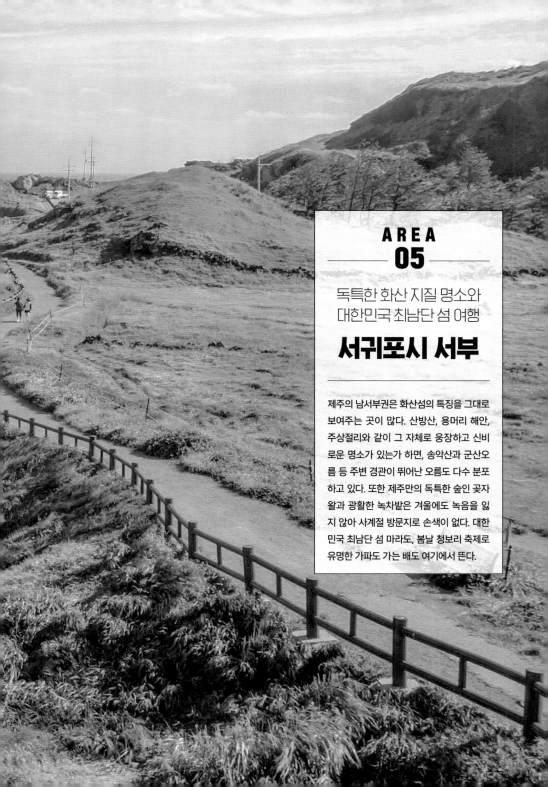

독특한 화산 지질 명소와
대한민국 최남단 섬 여행

서귀포시 서부

제주의 남서부권은 화산섬의 특징을 그대로
보여주는 곳이 많다. 산방산, 용머리 해안,
주상절리와 같이 그 자체로 웅장하고 신비
로운 명소가 있는가 하면, 송악산과 군산오
름 등 주변 경관이 뛰어난 오름도 다수 분포
하고 있다. 또한 제주만의 독특한 숲인 곶자
왈과 광활한 녹차밭은 겨울에도 녹음을 잃
지 않아 사계절 방문지로 손색이 없다. 대한
민국 최남단 섬 마라도, 봄날 청보리 축제로
유명한 가파도 가는 배도 여기에서 뜬다.

01

**오설록 티 뮤지엄&
이니스프리 제주하우스**

녹차밭 안에 자리한 티 뮤지엄,
차 문화 체험 공간, 로컬 푸드 등으로
제대로 힐링.

#녹차밭인생사진 #브런치
#디저트맛집 #비누체험

02

송악산

서남부권 해안 풍경을 한눈에 담을 수 있는
절벽 위의 그림 같은 산책로.

#해안절경 #쉬운산책로
#전망좋은곳 #제주올레10코스

03

용머리 해안

수십만 년 전에 형성된 20m 높이, 600m 길이의 신비로운 해안 절경.

#제주필수여행지 #유네스코세계지질공원 #해안비경 #꼭내려가보기

05

군산오름

차로 정상 부근까지 올라갈 수 있는
오름으로 일출, 일몰은 물론 은하수까지.

#차로정상까지 #은하수 #별보기
#일출 #일몰 #산방산전망

04

대포 주상절리

자연의 신비로움을 느낄 수 있는 해안 절경.
파도가 강한 날 더욱 드라마틱하다.

#해안경승지 #육각바위 #자연의신비 #중문

서귀포시 서부
상세 지도

오설록 티 뮤지엄&이니스프리 제주하우스 12

풀베개 02

제주곶자왈도립공원 13

07 나무식탁

크래커스커피 03

아트살롱 제주 02

제주 추사관 14

청루봉평메밀막국수전문점 11

01 인스밀

어떤 바람 03

12 하르방밀면

산방식당 08

13 부두식당

형제 해안도로 03

송악산 02

가파도

0 1.1km

서귀포 자연휴양림 10

방주교회 16 17 본태박물관

15 비오토피아 수풍석 뮤지엄

08 카멜리아힐

09 서광춘희 11 세계 자동차&피아노 박물관

14 춘심이네

숙성도 17 15 고집돌우럭

05 볼스카페

09 군산오름(군뫼, 굴메오름) 07 천제연폭포

04 중문별장

01 효은디저트 산방산카페점

원앤온리 05 04 엉덩물계곡

06 10 제주할망밥상 중문 색달 해수욕장 06 18 더클리프

01 용머리 해안 16 예래미반 대포 주상절리

19 심플파이브

01 겹겹이 일렁이는 웅장한 해식 절벽
용머리 해안

제주 여행에서 꼭 봐야 할 절경 중 하나다. 위에서 내려다보면 마치 용이 바다로 들어가는 형상이라 용머리 해안으로 불린다. 용머리 해안의 진짜 매력은 직접 해안가로 내려가 가까이서 봐야 알 수 있다. 해식 절벽의 겹겹이 쌓인 지층이 마치 큰 파도처럼 꿈틀대는 듯하다. 무려 수십만 년 동안 파도와 바람이 만들어낸 장관이다. 이곳의 가치는 세계적으로도 인정받아 현재 유네스코 세계지질공원으로 지정되었다. 기상 상황이나 만조 시간에 따라 안전상 탐방이 제한되기 때문에 출발 당일에 미리 전화로 확인해보고 가는 것이 좋다.

📍 서귀포시 안덕면 사계남로 216번길 28 🅿 있음 ₩ 성인 2,000원, 청소년·어린이 1,000원 🕘 09:00~18:00(관람 당일 통제 확인 필요) 📞 064-760-6321 🏠 www.visitjeju.net

🅣🅘🅟 함께 들르면 좋은 곳

미리 만나는 봄 산방산 아래 유채꽃밭

용머리 해안 바로 위에 있는 산방산은 주변 어디에서나 크게 보일 정도로 우뚝하고, 웅장한 풍채와 대조적으로 아랫마을은 낮고 아기자기하다. 산 아래 유채꽃밭은 매년 봄 여행 명소로 빠지지 않는다. 가시리 유채꽃 축제장에 비하면 면적이 넓지는 않지만 제주에서 가장 일찍 유채꽃을 볼 수 있다. 일반적으로 유채꽃은 4월경에 피지만 성산이나 산방산은 관광객들을 위해서 일찍 파종해 2월부터 볼 수 있다.

₩ 1,000원

02 구불구불 절벽 위 산책로
송악산

제주도는 어디 하나 아름답지 않은 데가 없지만, 송악산은 그 첫 번째라 해도 손색 없다. 송악산 자체뿐만 아니라 주변 경관도 환상적이기 때문. 북쪽을 제외한 삼면이 바다에 잠겨 곶의 형태와 닮았고 대부분의 길이 절벽 위로 나 있다. 그 길을 따라 걷다 보면 왼쪽으로 한라산, 산방산, 형제섬 등이 파노라마로 펼쳐진다. 전망대에 다다르면 대한민국 최남단 섬 마라도와 가파도가 손에 잡힐 듯 가까이 나타난다. 섬 끝에 서 있는데도 다시 섬으로의 여행을 꿈꾸게 하는 풍경이다. 송악산 초지에 방목된 말과 구불구불 낭떠러지 위로 이어지는 산책길은 그대로 그림이 된다. 송악산의 지형을 만끽하고자 한다면 한 바퀴 도는 둘레길을 추천한다.

📍 서귀포시 대정읍 상모리 179-4
🅿 있음 ₩ 무료 📞 064-740-6000(상담시간: 09:00~18:00) 🏠 www.visitjeju.net

03 한국의 아름다운 길 100선
형제 해안도로

바다 위 형제섬을 끼고 도는 형제 해안도로는 송악산과 산방산 아래 사계항 사이 3km 정도 된다. '한국의 아름다운 길 100선'에 선정되었을 정도로 경관이 빼어나다. 드라이브 코스의 매력을 제대로 즐기고 싶다면 송악산을 등지고 달려보자. 산방산이 웅장하게 훅 다가온다. 모든 갓길에 주차를 할 수 없도록 방지턱을 설치해 도보 여행자뿐만 아니라 자전거 라이더도 배려했다. 제주올레 10코스 경유지로 경사가 거의 없어 휠체어 올레길로 지정된 구간이기도 하다. 중간중간에 마련된 주차장에 주차도 가능하다. 날씨 좋은 썰물 때 바닷가로 내려가면 물이 남은 검은 바위와 해안사구의 노란 암석 해안에서 산방산을 배경으로 멋진 사진을 남길 수 있다.

📍 서귀포시 대정읍 상모리 130-10 🅿 있음
📞 064-740-6000(상담시간: 09:00~18:00)
🏠 www.visitjeju.net

04 유채꽃 물결로 출렁이는 봄
엉덩물계곡

지형이 거칠고 바위가 많아 동물들도 차마 계곡으로 내려갈 엄두는 못 내고 엉덩이만 들이밀어 볼일만 보고 돌아가서 붙여진 이름이라고 한다. 과거에는 험한 계곡이었겠지만, 지금은 잘 단장된 걷기 좋은 산책로다. 봄이면 이리저리 굽은 계곡을 따라 유채꽃이 만발해 마치 노란 물결이 출렁이는 듯하다. 경사와 굴곡진 지형이 유채꽃밭에 입체감을 더한다. 조금 깊이 들어가 계곡에 걸린 나무다리와 계단에서 촬영을 하면 꽤 근사한 부감 샷을 건질 수 있다.

📍 서귀포시 색달동 2822-7 🅿 있음 ₩ 무료 📞 064-740-6000(상담시간: 09:00~18:00) 🏠 www.visitjeju.net

05 서퍼들의 천국
중문 색달 해수욕장

긴 모래해변이라는 뜻의 '진모살'이라 불렀을 만큼 제주에서는 백사장이 긴 해수욕장으로 꼽힌다. 또한 제주에서 유일하게 절벽 아래 형성된 해수욕장이라 위에서 내려다보는 풍경이 탁월하다. 해수욕장 개장 기간 동안 서핑 강습, 수상스키, 패러세일링 등의 레저 스포츠로 에너지가 넘친다. 특히 수심이 깊고 파도가 높아 사계절 서퍼들을 불러들인다. 여름에는 새벽 서핑을 즐기는 서퍼들과 그들을 앵글에 담는 사진작가들을 쉽게 만날 수 있다. 매년 6월 국내 최대 규모의 국제 서핑 대회도 개최해 수많은 서퍼가 파도 위를 수놓는다.

📍 서귀포시 색달동 2950-3 🅿 있음 📞 064-740-6000(상담시간: 09:00~18:00) 🏠 www.visitjeju.net

06 자연이 빚은 병풍
대포 주상절리

대포 주상절리는 국내 최대 규모의 절리로 30~40m의 높고 낮은 현무암 기둥이 해안을 따라 1km 가까이 펼쳐져 있다. 육각형, 오각형 등 돌기둥의 모양이 자연적으로 형성된 것이라고는 믿기지 않을 정도로 정교하고 신비롭다. 주상절리에 부딪친 파도는 기둥 사이 틈새로 하얗게 갈라지며 흘러내린다. 비바람과 파도가 센 날은 더욱 황홀하다. 관람객들이 있는 꽤 높은 곳까지 물보라를 일으켜 탄성이 끊이지 않는다. 관람로를 따라 걷다 보면 여러 각도에서 감상할 수 있다.

📍 서귀포시 중문동 2767 🅿 있음 💰 성인 2,000원, 어린이·청소년 1,000원 🕘 09:00~18:00(일출·일몰 시간에 따라 변경될 수 있음) 📞 064-738-1521 🏠 www.visitjeju.net

07 신비로운 물빛으로 힐링
천제연폭포

제주에서 유일한 3단 폭포이며 칠 선녀가 조각된 아치형 다리 선임교가 걸려 있다. 1단 폭포는 평소에 거의 물이 흐르지 않지만, 신기하게도 연못의 물은 사시사철 넘쳐난다. 절벽의 바위틈에서 끊임없이 솟아나기 때문이다. 2단 폭포는 눈높이에서 감상이 가능하고, 3단은 먼발치에서 내려다봐야 한다. 가장 아름다운 경관과 물빛을 보여주는 폭포는 1단. 21m 높이의 절벽은 주상절리대이고 깊은 연못은 오묘한 에메랄드빛이다. 그 물빛을 제대로 즐기고 싶다면 낮 1시 이전에 방문하는 걸 추천한다.

📍 서귀포시 천제연로 132 🅿 있음 💰 성인 2,500원, 청소년·어린이 1,350원
🕘 09:00~18:00 📞 064-760-6331 🏠 www.visitjeju.net

 제주 제일의 동백꽃 성지
카멜리아힐

카멜리아힐은 동백 언덕이라는 이름처럼 제주도에서 가장 많은 종류의 동백을 볼 수 있는 수목원이다. 무려 500종이 넘는 세계 각국의 개성 있는 동백꽃을 구경할 수 있다. 카멜리아힐의 가장 큰 인기 비결은 포토존이다. 사랑의 메시지를 담은 가랜드, 나무에 감싸놓은 다양한 색의 천, 흐드러진 동백꽃 앞 의자 등 사진 찍기 좋은 스폿이 수도 없이 많다. 겨울에 가장 인기 있는 곳이지만 여름엔 구름처럼 피어오른 수국 산책로도 볼 만하다.

📍 서귀포시 안덕면 병악로 166 🅿 있음 ₩ 성인 10,000원, 청소년 8,000원, 어린이 7,000원 🕐 08:30~18:00/18:30/19:00(월별 마감 시간 상이, 종료 1시간 전 입장 마감) 📞 064-792-0088 🏠 www.camelliahill.co.kr

09 서귀포 서부 오름의 맹주
군산오름(군뫼, 굴메오름)

280m 높이로 산방산과 더불어 서남부권 오름의 맹주라 할 만하다. 정상의 뾰족한 2개의 뿔 바위는 멀리서도 보일 정도로 존재감을 과시한다. 남쪽으로는 바다가 펼쳐지고 동쪽의 한라산, 서쪽의 마라도, 가파도, 산방산, 송악산까지 한꺼번에 시야에 들어온다. 일출과 일몰 감상하기에 좋고, 4~10월 사이 날씨 맑은 날에는 은하수도 볼 수 있다. 차로 정상 부근까지 갈 수 있긴 하지만, 도로는 자동차 한 대가 지나갈 정도로 좁고 경사졌다. 주차장도 협소한 편. 차량이 크거나 초보 운전자라면 군산오름 방문을 신중히 고려하자.

📍 서귀포시 안덕면 창천리 산 3-1 🅿 있음 ₩ 무료
🏠 www.visitjeju.net

10 해발 700m 한라산의 자연 숲
서귀포 자연휴양림

한라산 국립공원 1100도로의 해발 700m에 자리한 자연휴양림이다. 해안에 비해 기온이 10℃ 정도 낮아 여름철 최고의 피서지로 손꼽힌다. 휴양림 내에 숙박 시설, 캠핑장, 걷기 좋은 다양한 탐방로가 마련되어 있다. 수령 60년 내외의 울창한 편백나무 숲에 조성된 캠핑장과 자연림 곳곳에 놓인 평상은 삼림욕을 즐기기에 최적의 장소. 휴양림 내 법정악오름 정상까지 올라가 보자. 훌륭한 전망은 물론 서귀포 바다 위의 섬들까지 한눈에 들어온다. 단풍 드는 11월의 가을 숲이 특히 아름답다.

📍 서귀포시 1100로 882 🅿 있음 ₩ 성인 1,000원, 청소년 600원, 어린이 300원 🕐 09:00~18:00 📞 064-738-4544
🏠 seogwipo.go.kr/healing

11 애호가의 열정이 가득한 곳
세계 자동차&피아노 박물관

제주도에 많은 박물관이 있지만 세계 자동차&피아노 박물관은 특히 애호가의 열정이 느껴지는 곳이다. 전 세계에 6대밖에 없는 목재 자동차, 마릴린 먼로에게 사랑받은 '캐딜락 엘도라도' 등의 명차와 로댕이 조각한 세계 유일의 피아노 등 진귀한 관람을 할 수 있다. '어린이 무료 교통 체험관'에서는 아이들이 직접 미니 자동차를 운전해볼 수 있으며, 주행을 안전하게 완료하면 어린이 자동차 면허증을 발급해준다. 또한 자연에서 뛰노는 꽃사슴과 토끼에게 당근을 주는 체험도 할 수 있어 아이들에게 더할 나위 없는 놀이터다.

📍 서귀포시 안덕면 중산간서로 1610 🅿 있음 ₩ 성인 13,000원,
청소년·어린이 12,000원 🕐 09:00~18:00 📞 064-792-3000
🏠 www.koreaautomuseum.com

12 녹차밭 한가운데
**오설록 티 뮤지엄&
이니스프리 제주하우스**

오설록 티 뮤지엄은 차 종합 박물관으로 녹차밭이 한눈에 내려다보이는 전망대, 전시관 등을 무료로 운영한다. 물론 녹차밭에도 들어갈 수 있다. 제주뿐만 아니라 전국에서도 손꼽히는 면적의 녹차밭을 보유하고 있다. 티 하우스에서는 녹차를 비롯해 다양한 디저트를 판매하는데 녹차아이스크림과 녹차 롤케이크가 인기다. 티스톤이라는 차 문화 체험 공간에서는 곶자왈 정원을 바라보며 현대적인 다도를 경험해볼 수 있다. 푸른 잔디밭과 시원한 녹차밭 전경을 보다 여유롭게 즐기고 싶다면 이니스프리 제주하우스를 추천한다.

📍 서귀포시 안덕면 신화역사로 15 🅿 있음 ₩ 오설록 프리미엄 티코스(80분 소요) 1인당 60,000원(사전 예약 필수), 그린티 롤케이크(화이트) 6,500원, 제주 말차 소프트 아이스크림 5,800원
🕐 09:00~18:00 📞 064-794-5312 🏠 www.osulloc.com/kr/ko/museum

13 겨울에도 초록 숲
제주곶자왈도립공원

제주만의 독특한 숲 곶자왈을 대표할 만한 제주곶자왈도
립공원은 겨울에 더욱 진가를 발휘한다. 사계절 내내 푸른
양치식물과 상록수가 유독 많아 한겨울에 걸어도 무성한
초록에 감탄사가 절로 나온다. 자연림에 가깝기 때문에 안
전을 위해 가벼운 운동화 정도는 신어야 하지만, 곳곳에 데
크가 놓여 있어 초등학생 이상이면 탐방에 어려움이 없다.
다만 숲속은 어둠이 빨리 내려앉기 때문에 가능하면 오후
2시까지는 입장하는 게 좋다. 5개 코스가 있으며, 코스 조
합에 따라 소요시간은 40~150분이다. 따라서 입장 마감
시간이 이르므로 홈페이지를 참고하자.

📍 서귀포시 대정읍 에듀시티로 178 🅿 있음 ₩ 일반 1,000원,
청소년·군인 800원, 어린이 500원 🕐 3~10월 입장 시간 09:00~
16:00, 탐방 시간 09:00~18:00/ 11~2월 입장 시간 09:00~15:00,
탐방 시간 09:00~17:00 📞 064-792-6047
🏠 www.jejugotjawal.or.kr

14 세한도를 닮은 곳
제주 추사관

19세기 동아시아를 대표하는 석학 추사 김정희. 제주 추사
관은 그가 8년 3개월간 유배 생활을 한 곳이다. 서예사에
획을 그은 추사체와 '세한도'라는 걸작이 이곳에서 태어났
다. 제주 추사관은 세한도를 모티프로 한 현대적인 건축물
로 대한민국 건축계의 거장 승효상이 설계했다. 추사관 옆
을 지키고 있는 소나무는 마치 세한도에서 그대로 옮겨놓
은 듯하다. 추사의 학문과 예술 세계, 유배지의 모습, 그리
고 유배지를 둘러싸고 있던 탱자나무와 추사가 즐겼다는
차나무도 볼 수 있다.

📍 서귀포시 대정읍 추사로 44 🅿 있음 ₩ 무료 🕐 09:00~18:00
(매주 월요일·1월 1일·설날·추석 휴무) 📞 064-710-6865
🏠 jeju.go.kr/chusa

제주의 자연이 주인공

15 비오토피아 수풍석 뮤지엄

포도호텔과 방주교회의 건축가로도 유명한 재일교포 건축가 이타미 준의 작품이다. 수풍석 뮤지엄은 내부에 미술 작품이 있는 것이 아니라 각각의 이름에 따라 물, 바람, 돌이 메인 작품이면서 아름다운 건축물로 완성된다. 물에 투영된 하늘, 수많은 틈새로 들어오는 바람의 소리, 빛의 각도 등에 따라 매시간 다른 작품이 된다. 일반적인 박물관처럼 눈으로 보는 것이 아니라 코로 마시고, 귀로 듣고, 살갗에 바람을 느껴보는 색다른 감상법이다. 예약을 통해 매일 2회 해설사와 함께 둘러볼 수 있다.

📍 서귀포시 안덕면 산록남로762번길 79 🅿 있음 ₩ 성인 30,000원, 어린이 15,000원, 제주 도민 50% 할인, 초등생 이상 관람가 🕐 6월 1일~9월 15일 1부(10:00~11:00), 2부 (16:00~17:00), 9월 15일~5월 31일 1부(14:00~15:00), 2부 (15:30~16:30), 공휴일 휴관, 사전 예약 필수(홈페이지) 📞 010-7145-2366 🏠 waterwindstonemuseum.co.kr

16 물 위에 떠 있는 배 한 척
방주교회

해발 400m 중산간에 앉은 방주교회는 건축가 이타미 준이 설계했다. 방주를 모티프로 디자인했다는데 과연 사방으로 수(水) 공간을 배치해 건물 전체가 물 위에 떠 있는 배를 연상시킨다. 반사 각도가 다른 3가지 재료의 금속판으로 덮은 지붕은 빛의 각도에 따라 색과 채도가 바뀐다. 마치 반짝이는 거대한 물고기의 비늘 같다. 실내는 따뜻한 나무 소재가 기둥과 지붕으로 이어져 오각형의 공간을 이룬다. 예배 공간은 양쪽 창으로 들어오는 수면 반사광 덕에 특별한 조명 없이도 빛이 가득하다.

📍 서귀포시 안덕면 산록남로762번길 113 🅿 있음 🕐 **외부 개방** 상시 **내부 개방** 평일, 공휴일 09:00~17:00(금요일 22:00 폐관, 토요일 13:00 폐관, 예배시간에는 잔디밭 및 내부 개방 불가) 📞 064-794-0611 🏠 www.bangjuchurch.org

17 전통과 현대, 그리고 자연의 공존
본태박물관

본태박물관은 단아한 한국미와 일본 건축가 안도 다다오의 현대적인 건축미, 천혜의 경관을 가진 제주 자연, 이 삼박자의 조화가 딱 맞아떨어진 박물관이다. '본태'라는 이름은 본래(本)의 형태(態), 즉 인류 본연의 아름다움을 탐구한다는 의미다. 넓은 벽면을 가득 채운 다양한 조각보와 9개 층의 타워형으로 전시된 다양한 소반 등 전통 수공예품의 전시가 돋보인다. 한라산 중턱에 있어 박물관 아래로 산방산과 바다가 펼쳐지고 맑은 날은 마라도까지 보인다.

📍 서귀포시 안덕면 산록남로762번길 69 🅿 있음 ₩ 성인 30,000원, 청소년 20,000원, 어린이 10,000원 🕐 10:00~18:00 📞 064-792-8108 🏠 www.bontemuseum.com

REAL GUIDE

서귀포 서부 바다를 특별하게 즐기는 방법

그냥 바라보기만 하는 관광은 이제 그만.
다양한 바다 액티비티를 통해
제주 여행의 시간을 온몸에 심어보자.

제주에 돌고래가!
야생 돌고래 탐사

제주도에는 120여 마리의 남방큰돌고래가 살고 있다. 그 야생 돌고래들을 토박이 선장님이 운전하는 배를 타고 아주 가까이에서 볼 수 있다. 수족관이 아닌 바다에서 만나는 돌고래들은 아주 신나 보인다. 큰 돌고래와 작은 돌고래 여러 마리가 자유롭게 파도를 가르며 오르락내리락한다. 세계 야생동물 보호 기금의 준수 사항을 엄수하면서 안전하게 운행하며, 해양수산부 해양관광상품전 최우수상을 수상한 바 있다. 날이 흐리거나 파도가 셀 경우 운항이 불가능하며 운항 시간은 약 1시간이다.

추천 업체 제주돌고래힐링투어 ◉ 서귀포시 대정읍 동일하모로98번길 14-32 동일리포구 Ⓟ 있음 ₩ 성인 36,500원, 소인(12세 미만) 31,500원 ☎ 010-2474-0716 ☑ 네이버 예약 '제주돌고래힐링투어'

유람선 타고 체험하는
화산 지질 트레일

유람선을 타고 유네스코 세계지질공원 명소 중 하나인 산방산-용머리 해안 일대를 바다에서 탐방할 수 있다. 화순항을 출발해 화순 금모래 해변-항만대-산방산-용머리 해안-송악산-형제섬을 경유하는 1시간 코스로 하나같이 빼어난 풍경을 자랑한다. 높은 배 위에서 바라보는 용머리 해안은 더욱 웅장해 보여 직접 걸으면서 볼 때와는 또 다른 느낌이다. 평소에 가기 힘든 무인도 형제섬 가까이 접근해 주상절리대와 붉은 송이로 이뤄진 화산 지형을 볼 수 있는 것도 산방산유람선의 매력이다.

추천 업체 산방산유람선 ◉ 서귀포시 안덕면 화순해안로106번길 16 Ⓟ 있음 ₩ 성인 18,000원, 청소년 16,200원, 어린이 9,000원 ◷ 11:00, 14:10, 15:20(연중무휴) ☎ 064-792-1188 ☑ 전화 또는 네이버 예약 ♠ http://jejuyr.co.kr

파도를 타고 바다를 달린다
서핑

바다를 좋아한다면 웰메이드 영화 〈폭풍 속으로〉를 보면서 파도 끝에 몸을 세우고 바다를 달리는 꿈을 꿔봤을 것이다. 그런 꿈을 먼 해외가 아니라 가까운 제주에서 실현해보자. 제주 전역에 걸쳐 서핑을 즐기기에 좋은 해변이 포진해 있다. 여러 서핑 포인트 중 단연 선두는 중문 색달 해수욕장. 중문 해수욕장은 파도가 서는 날이 많고, 바위 없는 해안선이 길어 파도타기 자체에만 집중할 수 있다. 서핑스쿨마다 1~2일 입문 강습 프로그램을 운영하고 장비까지 대여해줘 여행 중에 손쉽게 경험해볼 수 있다.

추천업체 서퍼스 립컬 제주점
📍 서귀포시 중문관광로 305 🅿 있음 ₩ 입문 서핑 강습 1일 과정, 2일 과정 등 비용은 홈페이지 참고 🕐 중문 해수욕장의 만조, 간조 상황에 따라 강습 시간 달라짐. 홈페이지 또는 전화로 날짜별 강습 스케줄 확인
📞 010-2949-9985 ☑ 전화 또는 네이버 예약
🏠 www.surfersjeju.com

알차게 즐기는
요트 여행

럭셔리하게 기분을 낼 수 있는 퍼시픽리솜 요트 투어. 다과와 와인까지 준비된 근사한 선실에서, 혹은 야외 갑판에서 바다 위 낭만을 누려보자. 단순히 요트만 타는 게 아니다. 바다낚시를 경험해볼 수 있고, 혹시 고기를 잡지 못하더라도 즉석에서 회를 떠주고 한라산 소주까지 준비해준다. 요트 투어의 절정은 주상절리대의 절경을 바다 쪽에서 한눈에 볼 수 있다는 점! 일몰 시간에 가면 더 좋다.

추천업체 퍼시픽리솜 요트 투어_상그릴라
📍 서귀포시 중문관광로 154-17 🅿 있음 ₩ 퍼블릭 30,000~51,000원, 선셋 요트투어 36,000~56,000원
🕐 09:40~17:30(매일 5~6회 운항하며 정확한 출항 시간은 예약 시 지정) 📞 1544-2988 ☑ 전화 또는 네이버 예약
🏠 pacificresom.co.kr

인스밀

토박이의 시선으로 제주의 멋과 맛을 제대로 살려낸 카페다. 관광객이 찾을 일 없는 한적한 바닷가 마을이었지만 지금은 제주 여행의 핫플레이스로 급부상했다. 인스밀은 현지 주민이 마늘 창고로 사용하던 곳이었다. 보릿단을 올린 초가지붕과 넓은 마당에 펼쳐진 빨간 화산송이, 제주 소철 등 분위기부터가 제주 그 자체. 안으로 들어가면 물허벅, 물항, 구덕 등 제주의 오랜 생활 도구들까지 감각적으로 배치해 여행객들의 호기심과 로망까지 사로잡았다. 인스밀 메뉴의 주재료는 제주 보리다. 제주에서는 쌀이나 찹쌀이 귀해 보리로 미숫가루를 만들어 먹었는데 인스밀의 시그니처 음료가 바로 그 보리개역이다. 제주가 아니고서는 맛보기 어려운 음료로 고민의 흔적이 엿보인다. 보리아이스크림도 인스밀만의 인기 메뉴로 부드러운 아이스크림과 꼬독꼬독 씹히는 보리 알갱이의 조화가 좋다.

📍 서귀포시 대정읍 일과대수로27번길 22 🅿 있음 ✕ 보리개역 7,000원, 보리아이스크림 7,000원, 롤 케이크 4종 각 8,000원 🕐 10:00~20:00(명절 당일 휴무) 📞 0507-1352-5661 📷 @ins_mill

제주의 민속 생활 도구

제주인들의 일상생활 도구의 소재는 대나무, 나무, 돌, 흙이었다. 그중 지금까지 사용하고 있거나 널리 알려진 대나무와 흙을 활용한 도구를 소개한다.

대나무

예전 제주에서는 집집마다 대나무를 키웠다. 대나무로 생활에 필요한 도구를 직접 만들어 쓰기 위함이었다. 지금도 시골의 오래된 집들에선 작은 대숲을 볼 수 있다.

- **차롱** · 대나무로 짠 바구니로 뚜껑이 있어 밥이나 떡 등의 먹거리를 담는 용도로 사용했다. 대나무는 성질이 차가워 음식이 변질되는 속도를 늦춘다. 차롱 중 가장 작은 걸 동고량이라 부르며 휴대용 도시락으로 썼다.

- **구덕** · 대나무로 엮은 정사각형 바구니로 바닥은 네모지고 속은 깊으며 물건을 나르거나 간수하는 등 다목적으로 사용한다. 용도와 크기에 따라 해녀구덕, 큰구덕, 질구덕, 애기구덕, 중구덕, 괴기구덕, 쌈지구덕 등으로 불린다.

흙

화산 폭발로 생성된 제주의 흙은 화산회토로 찰기 없이 푸석푸석하다. 철분 함량이 높아 유약을 쓰지 않아도 윤기가 흐르는 살아 숨 쉬는 제주 옹기가 나온다. 지금도 제주 옹기는 일상에서 사용하고 있다. 대정읍 구억리에 조성된 옹기마을에서 옹기 체험도 가능하다.

- **허벅** · 물을 길어 나르던 항아리를 물허벅이라 부른다. 몸통에 비해 입구가 상당히 좁다. 바람이 자주 불고 자갈이 많은 지역의 특성 때문에 물이 넘치지 않도록 하기 위함이다. 대나무로 만든 구덕에 앉혀 등에 지고 이동한다. 술을 보관하는 건 술허벅이다.

- **항(항아리)** · 물허벅으로 길어온 식수를 보관하는 건 물항, 장을 담는 항아리는 장항, 술을 발효시키기 위해 일정 기간 술밑을 담아두는 항아리는 술항이라 부른다.

- **고소리** · 술을 빚는 소줏고리다. 무쇠솥 위에 올려 사용하고 윗부분은 냉각수를 담는 옹기를 얹을 수 있게 하였으며, 소주가 흘러내리는 코가 달려 있다. 여기서 내린 증류주가 고소리술이다.

02 시골 정취 한가득
풀베개

오래된 시골 가정집을 개조한 풀베개. 시멘트 마당이 그대로고 집에서 오래도록 써왔을 생활 소품들이 향수를 자극한다. 개방감 있는 공간 분할, 폐자재를 사용한 가구 디자인 등 구석구석 뿜어내는 감각에서 아무나 흉내 내기 어려운 내공이 느껴진다. 넓은 통유리를 통해 따뜻한 햇살과 초록 풍경이 녹아들어 실내에 있어도 잔디밭에 앉아 있는 것처럼 밝고 아늑하다. 맛있는 커피와 함께 잠시 고민해야 할 정도로 다양한 빵 바구니들까지! 오후의 커피타임에 더할 나위 없다.

📍 서귀포시 안덕면 화순서서로 492-4 🅿 있음
🍴 아메리카노 6,000원, 스윗풀베개 6,500원
🕐 10:00~20:00(오후 6시 이후 노키즈존, 휴무는 인스타그램 계정으로 공지, 반려견 입장 가능) 📞 064-792-2717 📷 @pullbege

03 커피에 몰입하는 시간
크래커스커피 대정점

시야가 탁트인 카페에서 제주 풍경을 감상하며 커피를 즐길 생각이라면 이곳은 피하라. 다소 어두컴컴한 현무암 돌창고지만 그런 이유로 오로지 커피에 집중할 수 있는 곳이 바로 크래커스커피 대정점이다. 로스팅에 진심인 커피 맛집의 자신감이 느껴진다. 커피향에 취하고 실내에 가득한 초록 잎사귀들이 눈에 들어올 때 쯤이면 돌창고의 육중했던 첫인상보다 아늑함이 더 짙게 느껴진다. 대정점 외에 한경점이 있으며 원두 구매도 가능하다.

📍 서귀포시 대정읍 보성구억로126번길 34 🅿 있음 🍴 아메리카노 5,000원, 카페라테 5,500원, 바스크치즈케이크 6,000원 🕐 08:30~17:30 📞 064-792-8900 📷 @crackerscoffeeroasters

04 코스로 즐기는 다양한 커피
중문별장

중문에 이런 곳이 있었다니. 어느 회장님의 프라이빗 별장으로 쓰였다던 돌집이 멋진 카페로 대중에게 개방되었다. 귤밭과 야자수가 이국적인 정원에 있는 고급스러우면서도 아담한 공간이다. 바리스타의 리드와 함께 오마카세 형식으로 총 네 잔의 커피를 즐길 수 있다. 커피 애호가들에게 반가운 소식이 아닐 수 없다. 최대 인원은 10인이다. 예약제로 진행되며 약 30분간 진행되니 시간 변경은 어려운 점을 주의해야 한다.

📍 서귀포시 천제연로 337 🅿 있음 🍴 디스커버 커피 오마카세 15,000원(예약제, 네이버 예약), 콜드브루 7,000원, 천혜향주스 7,000원 🕐 10:00~22:00 📞 0507-1439-3427 📷 @cafe_jmbj

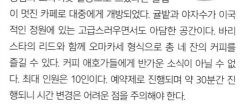

05 감귤밭 속 빵 공장 카페
볼스카페

오래된 감귤 창고를 개조한 볼스카페(volskafé). 차가워 보일 수 있는 창고지만 인테리어에 화초를 많이 활용해 자연 친화적이고 온기가 느껴진다. 감귤밭과 파란 하늘만 보이는 격자무늬의 큰 창도 매력이다. 2층 빵 공장(buttertop bread)에서는 매시간 신선한 빵을 카페에 공급한다. 슈거파운드를 듬뿍 얹어 눈 덮인 한라산 봉우리를 연상케 하는 팡도르가 가장 인기다. 제주 4월, 제주 5월 같은 이름의 제철 과일을 이용한 시그니처 음료가 돋보이고 직접 로스팅한 커피도 판매한다.

📍 서귀포시 일주서로 626 🅿 있음 ✕ 아메리카노 5,000원, 볼스라테 7,000원, 시오앙버터 4,200원 🕐 10:00~19:00 📞 070-7779-1981
📷 @Volsproduction_official

 산방산과 황우치 해변의 아름다움

원앤온리

더할 나위 없는, 유일무이한 뷰를 가진 원앤온리. 뒤로는 풍채를
자랑하는 산방산, 앞으로는 시리도록 파란 황우치 해변이 펼쳐
져 있다. 야자수와 시원한 오션 뷰를 제대로 즐기고 싶다면 1층
창가 자리와 야외 좌석을, 바다와 함께 산방산을 좀 더 가까이
보고 싶다면 루프톱을 추천한다. 오전 9시에 오픈해 루프톱 브
런치를 즐기는 사람도 많다. 매일 직접 만드는 리코타치즈샐러
드와 수란샌드위치가 대표적이고, 디저트로는 산방산과 꼭 닮은
초코케이크가 눈길을 끈다.

📍 서귀포시 안덕면 산방로 141 🅿 있음 🍴산방산케이크 12,000원, 블
루베리 요거트 11,000원, 원앤온리브런치 19,000원 🕘 09:00~19:00
📞 064-794-0117 📷 @jejuoneandonly

251

 07 이 맛, 이 분위기는 오로지 여기에서만
나무식탁

나무식탁은 요리하는 남편과 식물 잘 가꾸는 아내가 함께 운영하는 작은 식당이다. 제주시에서 꽤 멀고 작은 동네에 있지만 재료 소진으로 일찍 문을 닫는 날이 많은 핫플레이스다. 공간에 잘 어울리는 다양한 종류의 식물들은 식당에서 보기 아까울 정도. 요리도 개성있다. 바삭하면서도 속은 부드러운 한치카츠와 매일 아침 수산 시장에서 직접 들여오는 참고등어로 만드는 소바를 추천한다. 매주 목요일은 밀키트데이로 나무식탁의 시그니처인 고등어소바를 집에서 간편하게 만들어 먹을 수 있는 간편 가정식 세트도 주문할 수 있다.

📍 서귀포시 대정읍 도원로 214 🅿 없음(매장 뒤 공영 주차장, 맞은편 마을회관 주차장) 🍴 제주고등어소바 18,000원, 고등어보우스시 21,000원, 영귤냉소바 15,000원, 나무하이볼 8,000원
🕐 11:30~16:00(일·월요일 휴무) 📞 070-4208-3858
📷 @namu_moment_jeju

08 제주 대표 밀면
산방식당

제주도에서 밀면 하면 1971년에 문을 연 산방식당의 밀면이 가장 유명하다. 부산 밀면과 달리 멸치로 육수를 내고 면발이 두꺼운 게 특징이다. 밀냉면은 육수에 감칠맛이 있다. 양념을 풀기 전에 맑은 육수를 한번 맛보자. 비빔밀냉면을 주문해도 시원한 육수가 따로 나온다. 사이드 메뉴라기엔 가격이 가장 높지만 김이 모락모락 올라오는 부들부들한 수육도 맛보지 않을 수 없다. 수육은 빨간 양념장에 겨자를 살짝 섞어 찍어 먹으면 더 맛있다. 막걸리를 주문하면 작은 접시에 깍둑썬 돼지 살코기를 서비스로 준다. 제주시 이도2동과 노형동, 제주 공항에 분점이 있고 서울, 경기로도 퍼져나가는 중이다.

📍 서귀포시 대정읍 하모이삼로 62 🅿 있음 ✕ 밀냉면 9,000원, 비빔밀냉면 9,000원, 수육 17,000원 🕐 11:00~18:00(수요일 휴무) 📞 064-794-2165

09 서쪽 시골길 라면 가게
서광춘희

가게 이름부터가 호기심을 자극하는 서광춘희. 서광은 가게가 위치한 마을이고 춘희는 가게와 인연이 있는 고양이 이름이다. 감귤 창고를 개조해 귤 밭을 전망으로 둔 라면 가게로, 오픈 당시 TV 요리 경연대회에서 우승한 셰프가 주방 설계 및 메뉴 개발에 참여했다. 대표 메뉴는 '춘희면'. 여행 설계 프로그램 〈배틀트립〉의 출연자가 홀딱 반한 성게라면이다. 생면에 국물이 맑은 일본식 라멘에 가깝다. 신선한 성게의 향이 그윽하고 다양한 해산물로 우려낸 국물은 담백하다. 먼저 성게를 조금 떠서 맛본 후 라면 국물에 풀면 다양한 맛과 질감으로 성게를 즐길 수 있다.

📍 서귀포시 안덕면 화순서동로 367 🅿 협소(인근 도로 갓길 주차 가능) ✕ 돈가스 양배추밥 12,000원, 춘희면(성게라면) 12,000원, 비양도 성게비빔밥 22,000원 🕐 11:00~20:00(브레이크 타임 16:00~17:30, 화요일 휴무) 📞 064-792-8911

10

가성비 생선구이 정식

제주할망밥상 산방산본점

화순금모래해변 근처 올레 10코스 시작점에 위치한 식당으로 올레길 걷다가 든든하게 한끼 먹기 좋다. 제주 2012 해광호 선장님이 직접 잡은 싱싱하고 다양한 생선구이가 유명하다. 가자미, 갈치, 병어, 참돔, 성대, 준치 등 바삭하게 튀겨낸 생선들이 푸짐하게 나온다. 생선 외에도 제육볶음과 김치부침개와 갖가지 집반찬 10여 가지가 세팅되는데 밥과 국, 반찬은 셀프 코너에서 마음껏 가져다 먹을 수 있다. 15,000원이 아깝지 않은 가성비로 소문난 식당이다.

📍 서귀포시 안덕면 화순해안로 89 Ⓟ 있음
✕ 할망밥상그날정식(모듬생선구이) 15,000원(※ 8세 이상 1인 1메뉴) 🕘 09:00~20:00
📞 0507-1414-3468

11

메밀의 본고장은 제주

청루봉평메밀막국수전문점

모르는 사람이 많지만 전국 제일의 메밀 주산지는 제주다. 메밀로 만든 제주 토속 음식이 많은데 유독 막국수는 고기국수나 밀면처럼 제주의 대표 음식 대열에 끼지 못한다. 청루봉평메밀막국수는 봉평에서 직접 전수받은 막국숫집으로 2013년에 오픈해 꾸준히 인기를 끌고 있다. 간이 적당한 양념에 부드럽게 술술 넘어가는 메밀면은 속 편한 한끼로 그만이다. 국수와 메밀꿩만두 외에 단골 도민 사이에서는 들깨메밀칼국수도 인기다.

📍 서귀포시 대정읍 일주서로 2215 Ⓟ 있음 ✕ 메밀막국수 9,000원, 메밀비빔국수 9,000원, 메밀꿩만두 6,000원, 들깨메밀칼국수 9,000원 🕘 10:30~17:30(첫째, 셋째 화요일 휴무)
📞 064-792-1238

12

밀면이냐 보말칼국수냐

하르방밀면

하르방밀면은 밀면도 좋지만 보말칼국수의 진한 육수가 매력이다. 살이 통통한 보말을 으깨 24시간 진하게 끓인 돼지 육수에 다시 한번 우려낸다. 매일 직접 만드는 손만두 피가 얇으면서 속이 꽉 찼다. 면과 만두피의 색이 유독 짙은 이유는 바다의 불로초라 불리는 톳을 넣기 때문이다. 대정에 본점이 있고 제주시에 3개의 분점이 있다. 모슬포점, 운동장점은 전화 예약이 가능하다.

📍 서귀포시 대정읍 동일하모로 229 Ⓟ 있음 ✕ 제주메밀면 9,000원, 보말칼국수 10,000원, 흑돼지 왕만두 8,000원
🕘 09:00~20:00(전화 확인 필요, 휴무일 별도 문의)
📞 064-794-5000

13 추워지면 생각나는 대방어회
부두식당

오로지 추운 겨울에만 먹을 수 있는 마라도 대방어. 모슬포에서는 매년 대방어 축제가 열린다. 많은 사람이 대방어를 싸고 싱싱하게 맛보기 위해 모슬포항을 찾는다. 부두식당은 직접 운영하는 승찬호에서 싱싱한 횟감을 공수하며 40년째 모슬포항 횟집 거리를 지키고 있다. 대방어회를 조림이나 탕 등과 함께 즐길 수 있는 세트도 있다. 그 외 일 년 내내 맛볼 수 있는 각종 회를 비롯해 조림, 구이, 탕, 물회 등 바다 생물로 만드는 웬만한 요리는 다 있다.

📍 서귀포시 대정읍 하모항구로 62 🅿 있음 🍴 특대방어회(2인) 80,000원
🕐 09:00~21:30(목요일 휴무) 📞 064-794-1223

14 통갈치구이의 원조
춘심이네

춘심이네는 2013년 송악산 아래에서 '뼈 없는 은갈치조림'이라는 상호로 시작했다. '뼈 없는 은갈치조림'도 신선한데 더욱 유명하게 만든 건 '통갈치구이'다. 지금은 통갈치구이를 선보이는 집이 여기저기 꽤 있지만 춘심이네가 원조라 할 수 있다. 초대형 긴 접시에 테이블을 꽉 채우며 놓은 갈치구이는 대히트를 했다. 통갈치구이가 나오면 직원이 먹기 좋게 해체한다. 숟가락에 갈치 살을 떠서 양파고추절임을 올려 함께 먹으면 궁합이 좋다. 분점도 있지만 통갈치구이는 안덕면 본점에만 있다.

📍 서귀포시 안덕면 창천중앙로24번길 16 🅿 있음
🍴 원조 통갈치구이 89,000원~158,000원, 뼈 없는 은갈치조림 78,000원~128,000원 🕐 10:30~21:00 📞 064-794-4010 📷 @chunsim_official

15 먹음직스러운 해녀낭푼밥
고집돌우럭

고집돌우럭 중문점 입구에는 커다란
할머니 사진 한 장이 걸려 있다.
고집돌우럭을 대표하는 해녀
김승년 할머니. 할머니가
속한 서귀포 위미리 어촌계
에서 해산물을 공급받아 제
주 고씨 가족이 운영해 '고집돌
우럭'이다. 점심과 저녁 세트 메뉴가
인기 있는데 주 메뉴는 우럭조림, 옥돔구이, 돔베고기, 보말미
역국, 해녀낭푼밥이다. 다른 식당에 비해서 가격은 세지만 실
내가 깔끔하고 음식이 잘 나오는 편이라 고급스러운 한 끼로
괜찮다. 중문 외에 공항점과 함덕점도 있으며, 모두 네이버로
예약 가능하다.

📍 서귀포시 일주서로 879 🅿 있음 🍴 런치 스페셜(Set A) 1인
24,000원, 디너 스페셜 산(山) 1인 33,000원 🕐 10:00~21:30(브레
이크 타임 15:00~17:00) 📞 064-738-1540 🏠 www.gozipfish.
com

16 맘편히 든든한 혼밥 한 끼

예래미반

친절함에 감동하고 맛에 더 감동받는 식당이다. 메인 요리뿐만 아니라 반찬
하나하나에 정성이 가득 느껴진다. 요리 좀 해 본 이들이 인정하고 진심어린
후기가 줄을 잇는다. 혼자 여행하는 사람들이나 반려견을 데리고 여행하는
분들도 배려받으며 마음 편히 맛있게 한 끼 할 수 있는 곳이다. 메인 요리는
쭈꾸미볶음, 딱새우장, 떡갈비, 흑돼지 제육 네 가지가 있고 도시락 포장도
가능하다.

📍 서귀포시 예래로 452 🅿 있음 🍴 딱새우장정식 15,000원, 떡갈비정식 15,000원,
흑돼지 제육정식 15,000원 🕐 10:30~16:00(목요일 휴무) 📞 064-794-9827
📷 @yeraemiban

17 숙성에 사활을 걸다
숙성도

숙성도(중문점)의 돼지고기는 육질이 아주 부드러우며 씹을수록 특유의 감칠맛과 풍미가 올라온다. 비법은 교차 숙성! 총 30일, 720시간 동안 워터 에이징(Water Aging)과 드라이 에이징(Dry Aging) 2가지 숙성 방식을 거쳐 숙성도의 시그니처가 완성된다. 다른 부위보다 240시간 더 숙성시킨 '960뼈등심(프렌치 랙)'이 특히 인기다. 첫 점은 소금만 찍어 고기 본연의 맛에 집중하고 그다음부터는 명란, 고추냉이, 고사리 장아찌, 유채나물, 구운 백김치 등과 함께 다양한 조합으로 즐겨보자. 숙성도의 개성 있는 식사 메뉴로 동치미열무국수, 갈치속젓볶음밥, 된장술밥도 추천한다.

📍 서귀포시 일주서로 966 🅿 있음 🍴 720 숙성삼겹살(200g) 23,000원, 720 숙성 1%목살(200g) 23,000원 🕐 12:00~22:00 📞 064-739-5213 🏠 blog.naver.com/songmeat3555

18 트로피컬 풍광의 비치 펍
더클리프

중문 해수욕장이 내려다보이는 절벽 위에 자리 잡은 더클리프는 푸른 바다와 야자수의 조화가 매력적인 비치 펍이다. 하얀 비치파라솔과 빈 백이 놓인 야외에서는 한없이 늘어지기 좋고, 힙한 분위기의 실내에서는 다트, 포켓볼 등의 게임을 즐길 수 있다. 해 질 녘이면 카페는 이국적인 느낌이 더 짙어진다. 붉게 물든 바다와 그림자가 길어진 야자수를 배경으로 즐기는 칵테일 한잔이면 동남아 휴양지 못지않다. 저녁부터는 디제잉, 클래식 연주 등 다양한 공연이 진행된다. 콘서트 일정은 더클리프 인스타그램 계정에서 공지한다.

📍 서귀포시 중문관광로 154-17 🅿 없음(중문 해수욕장 주차장 이용 가능) ✖ 더클리프피자 32,000원, 현무암치킨 28,000원, 색달비치 17,000원 🕐 카페 10:00~19:00, 펍 19:00~24:00, 레스토랑 11:30~22:00 📞 064-738-8866 📷 @thecliffjeju

19 특별한 날 분위기 있는 시간
심플파이브

사랑하는 사람과 특별한 추억을 보내고 싶다면 여기! 근사한 다섯 가지 코스 요리와 함께 와인 한 잔 할 수 있는 곳이 있다. 오일장 제철재료와 대평리 해녀의 물질에 따라 메뉴가 결정되는데 리코타치즈와 발사믹소스가 조화로운 절인 토마토샐러드, 허브버터와 함께 오븐에 구워낸 뿔소라, 스테이크, 파스타 등 고급스럽게 차려진다. 와인은 한쪽에 마련된 저장고에서 추천받거나 직접 골라서 마실 수 있다. 창밖으로 보이는 박수기정, 그리고 그 뒤로 이글이글 물드는 노을뷰는 무료다.

📍 서귀포시 안덕면 난드르로 48 🅿 있음 ✖ 디너코스 40,000원, 런치 코스 35,000원, 뿔소라 10,000원, 절인토마토샐러드 8,000원 🕐 12:00~22:00(브레이크 타임 15:00~18:00) 📞 0507-1407-1720 📷 @simplefive_jeju

01 깜빡 속았네~
효은디저트 산방산카페점

양갱 하면 보통 네모난 팥 양갱이 떠오르는데 이곳의 양갱은 재료와 맛, 모양 등 양갱의 보편적인 틀을 모두 깨버렸다. 바로 한라봉양갱이다. 일 년간의 시행착오 끝에 완성한 한라봉양갱은 울퉁불퉁한 껍질의 질감과 색, 특유의 꼭지, 그리고 초록 잎사귀까지 한라봉을 실감나게 재현했다. 실제로 보면 먹기 아까울 정도로 앙증맞다. 앙금과 함께 한라봉 과육이 씹히면서 향긋하고 상큼한 맛을 낸다. '제주초가집'이라는 식당 안에서 판매하는데 주로 식사 후 디저트로 먹거나 테이크아웃을 해간다. 이색 디저트 선물로도 안성맞춤!

📍 서귀포시 안덕면 화순해안로 189 🅿 있음 🍴 한라봉오란다 25,000원, 한라봉양갱 6,000원, 한라산돌 찰떡빵 4,000원
🕐 11:00~20:00(화요일 휴무) 📞 0507-1417-8902
📷 @cocoss23

02 제주에 이런 힙한 편집숍이
아트살롱 제주

아트살롱 제주는 쇼룸과 편집숍, 갤러리, 라이브러리 등이 컨셉추얼하게 운영되는 트렌드 문화공간이다. 노랑색 창고가 시선을 끄는데 내부로 들어가면 캐주얼, 라이프 스타일, 잡화, 캠핑, 매거진 등 다양한 카테고리의 상품들을 만나볼 수 있다. 종종 예술 작가, 브랜드와 협업한 에디션 상품도 전시, 판매된다. 커피맛으로 유명한 크래커스커피 대정점 바로 옆에 위치해 있어 쉬어가는 시간에 함께 둘러보기 좋다.

📍 서귀포시 대정읍 추사로38번길 150 🅿 있음 🕐 11:00~18:00 (휴무는 인스타그램 계정으로 공지) 📞 064-772-5524
📷 @artsalon_jeju

 03

누구나 편하게
어떤바람

사계리에 가면 담쟁이넝쿨이 뒤덮은 노란 건물이 눈에
띈다. 작은 책방과 카페를 겸하는 어떤바람이다. 가까이
에 마늘밭과 용머리 해안 같은 유명 관광지가 있는 이
곳 주민들에게 서점은 익숙지 않았을 터. 김세희 대표의
바람은 이곳이 문턱 낮은 책방이 되었으면 하는 것. 책
도 아이들이 좋아할 만한 동화부터 쉽게 읽을 수 있는
철학, 사회, 여행, 제주 등 분야를 가리지 않고 다양하다.
원데이 클래스나 북 토크, 전시 등을 통한 지역 주민과
의 소통도 활발하다. 특히 안쪽 서가의 작은 창가는 혼
자 차 마시면서 책 읽고 싶어지는 자리!

📍 서귀포시 안덕면 산방로 374 🅿 없음(인근 도로변 주차 용
이) 🕙 10:00~16:00(일·월요일 휴무) 📞 064-792-2830
📷 @jeju.windybooks

제주감귤파이&제주청귤파이

달콤한 감귤향과 새콤한 청귤향이 나는
부드러운 식감의 파이.

한라봉제리뽀

시원하게 먹으면 더 좋은 탱글한 젤리,
한라봉맛 감귤맛 두 가지.

REAL GUIDE

제주감귤 당 충전
간식 모음

평소에 맛보지 못했던 제주감귤 당 충전 간식을 모아봤다.
선물 또는 여행 간식으로도 좋으며
제조사와 종류가 꽤 다양하다.

감귤칩 초콜릿

건조한 감귤칩에 초콜릿을 얇게 코팅했다.
새콤한 감귤 맛도 느낄 수 있다.

감귤타르트

감귤 초콜릿으로 덮여 있고 그
안에는 감귤 필링이 담겼다.(제
조사별 차이 있음)

마시는 마말랭

마시는 버전의 마멀레이
드. 탄산수에 넣어 시원
하게 즐기면 좋다.

구입처

제주동문시장 P.098, 서귀포 매일올레시장 P.208,
바이제주 P.117 등 기념품 판매점. 온라인으로도
구입 가능하다.

쌀쌀한 겨울과 이른 봄에
더욱 빛을 발하는 곳!

서귀포시 동부

제주도 동남쪽은 추위도 잊게 만드는 매력
이 있다. 양탄자처럼 펼쳐놓고 말리는 감귤
껍질이 장관을 이루는 신천목장, 빨간 동백
꽃으로 물드는 위미 마을은 화사한 겨울 여
행 명소다. 광치기 해변의 이끼는 찬바람이
불수록 더 파래진다. 초심자라면 유네스코
세계 자연유산인 성산일출봉도 빼놓을 수
없다. 가장 먼저 봄소식을 알려주는 유채꽃
명소, 녹산로와 섭지코지 모두 여기에 있다.

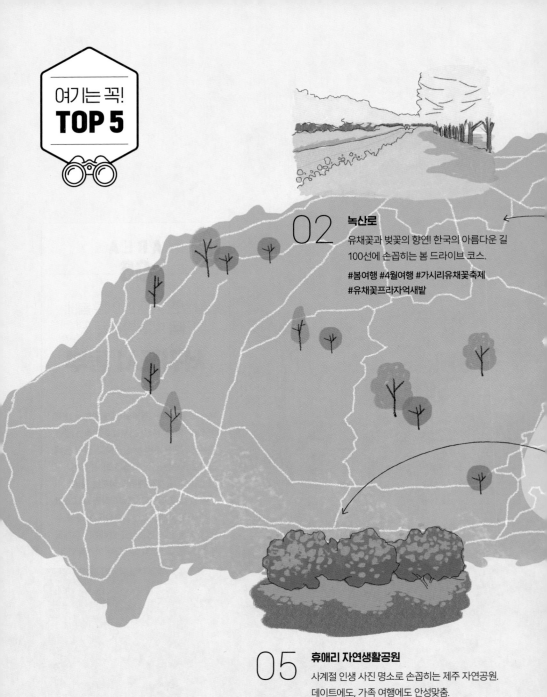

여기는 꼭!
TOP 5

02 **녹산로**
유채꽃과 벚꽃의 향연! 한국의 아름다운 길
100선에 손꼽히는 봄 드라이브 코스.

#봄여행 #4월여행 #가시리유채꽃축제
#유채꽃프라자억새밭

05 **휴애리 자연생활공원**
사계절 인생 사진 명소로 손꼽히는 제주 자연공원.
데이트에도, 가족 여행에도 안성맞춤.

#꽃축제 #감귤체험 #포토존 #동물

01

광치기 해변

썰물이 되면 서서히 드러나는
퇴적층의 비경과 뒤로 보이는
성산일출봉이 매력.

#썰물비경 #일몰명소
#제주도일등풍경

03

따라비오름

굽이진 능선이 특히 아름다운 오름으로
억새가 피는 가을 오후에 가면 100점!

#오르는데20분 #억새오름 #가을오름 #곡선미

04

머체왓 숲길

드넓은 초원과 울창한 숲을 동시에 즐길 수 있는
제주의 숨은 힐링 명소.

#힐링숲길 #초원과숲 #제주매력총집합

서귀포시 동부
상세 지도

보롬왓 07

따라비오름 17
06 녹산로

19 물영아리오름

가시식당 19

08 머체왓 숲길&머체왓 소롱콧길

02 담소요

13 휴애리 자연생활공원

레몬뮤지엄 05

12 동백포레스트

창고96 04
라바북스 01

취향의섬 15   20 큰엉 해안 경승지

18 공새미솓뚜껑

20 공천포식당

0 1.4km

16 말미오름

월라라 08 02 성산일출봉

남양수산 01 광치기 해변
01 어니스트밀크 12
10 부촌
아오이에오 02
09 빛의 벙커 11 해녀밥상
05 아쿠아플라넷 제주
가시아방국수 06 04 유민 아르누보 뮤지엄
03 섭지코지

옛날옛적 07
18 영주산 13 은미네식당

21 난산리다방
09 옛날팥죽
14 오늘은 녹차한잔 03 쉬어갓

16 산장가든 10 김영갑 갤러리 두모악

11 제주허브동산 17 표선어촌식당
15
제주민속촌
14 제주판타스틱버거

01 두 얼굴의 바다
광치기 해변

거대한 성벽 같은 성산일출봉, 검은 모래, 광활한 화산 퇴적암이 어우러진 해변으로 제주에서도 흔치 않은 지형이다. 광치기 해변 퇴적층의 장관은 만조 때는 바닷속에 숨겨져 있다가 물이 빠져나가면 서서히 위용을 드러낸다. 특히 겨울철엔 암반 지대를 뒤덮은 초록색 바다 이끼가 더 파래져 황홀한 장관을 연출한다. 광치기 해변이 가장 멋진 순간에 사진을 찍고 싶다면 암반이 드러나는 썰물 시간에 맞춰 가야 한다. 썰물 시간은 물때표, 바다타임 등의 앱이나 사이트에서 확인할 수 있다. 이른 아침 바다가 내뱉는 붉은 해가 성산일출봉 옆으로 떠오르는 환상적인 일출 명소이기도 하다.

 서귀포시 성산읍 고성리 224-1 ⓟ 있음 📞 064-740-6000(상담시간: 09:00~18:00) 🏠 www.visitjeju.net

02 제주 여행의 시작! 새해의 시작!
성산일출봉&해녀 물질 공연

성산일출봉. 이름처럼 분화구 가장자리의 뾰족한 봉우리
들이 마치 성(城)과 같고 일출이 아름답다. 매년 새해를 여
는 축제가 이곳에서 열린다. 정상에 서면 넓고 평평한 분화
구, 곡선미 넘치는 해안선과 바다가 펼쳐진다. 성산일출봉
이 담긴 사진을 찍고 싶다면 광치기 해변이나 신양 섭지 해
변으로 가는 것이 낫다. 성산일출봉의 대표적인 실루엣을
함께 담을 수 있다. 일출봉 하면 해녀 물질 공연도 빼놓을
수 없는데 일출봉 아래 우뭇개 해안에서 무료로 펼쳐진다.
해녀 할머니들이 노동요 '이어도사나'를 부르는 모습을 가
까이에서 볼 수 있다. 유네스코가 선정한 자연유산과 문화
유산을 한 번에 만나볼 수 있는 곳!

📍 서귀포시 성산읍 성산리 1 🅿 있음 💰 성인 5,000원, 청소년·어
린이 2,500원 🕐 3~9월 07:00~20:00, 10~2월 07:30~19:00(매
월 첫째 월요일 휴무) 📞 064-783-0959 🏠 www.visitjeju.net

TIP 해녀 물질 공연은 매일 1회(14:00시) 무료로 볼 수 있다. 장소
는 성산일출봉 출입구 왼쪽으로 '해녀물질공연장' 안내 표지
판을 따라가면 된다.

03 바람의 언덕
섭지코지

성산일출봉과 데칼코마니처럼 마주 보고 있는 섭지코지(코지='곶'의 제주어). 계절을 가리지 않고 사방으로 불어대는 바람에 나무는 키가 작고 풀은 대부분 누워 있다. 과연 바람의 언덕이라 할 만하다. 해안에 볼록 솟은 오름 꼭대기의 방두포 등대에서는 그 바람이 더 강해지지만 주변 풍광을 한눈에 담을 수 있으니 꼭 올라가 보자. 섭지코지에는 거친 바람에도 계절이 바뀔 때마다 꽃이 핀다. 봄의 노란 유채꽃, 여름의 주황색 금계국, 가을에는 보라색 무릇과 해국이 들판을 덮는다. 계절 꽃과 바다, 성산일출봉을 한 프레임에 담아 멋진 사진을 남길 수 있다. 해안 절벽 산책로를 걷거나 안도 다다오가 설계한 글라스하우스, 유민 아르누보 뮤지엄을 방문하는 것도 섭지코지를 즐기는 좋은 방법이다.

📍 서귀포시 성산읍 섭지코로 107 🅿 있음 📞 064-740-6000(상담시간: 09:00~18:00)
🏠 www.visitjeju.net

04 1분 1초가 새로운 뷰파인더
유민 아르누보 뮤지엄

제주의 자연과 잘 어우러진 건축미로 호평받는 섭지코지
의 미술관. 세계적인 건축 거장 안도 다다오의 작품이다.
지상에서 시작돼 서서히 지하로 잠겨가는 형태로 그의 다
른 작품에서도 볼 수 있는 특징이기도 하다. 특히 지하로
들어가기 직전 돌벽에 뚫린 직사각형 뷰파인더가 시선을
끈다. 계절과 날씨에 따라 시시각각 다른 모습의 성산일출
봉을 만날 수 있다. 내부에는 故 유민(維民) 홍진기 선생이
오랜 시간 정성 들여 수집한 아르누보 스타일의 유리공예
작품들이 전시되어 있다.

📍 서귀포시 성산읍 섭지코지로 107 🅿 있음 ₩ 성인 15,000원,
청소년 12,000원, 오디오 가이드 대여료 1,000원
🕘 09:00~18:00(매월 첫째 주 화요일 휴무) 📞 064-731-7791
🏠 www.phoenixhnr.co.kr

TIP 도슨트 사전 예약제 운영(최소 1일 전 예약, 5명 이상 가능)

05 제주 바다의 축소판
아쿠아플라넷 제주

사방이 바다인 섬에 가서 굳이 수족관에 갈 필요가 있을까
싶지만 아쿠아플라넷은 한 번쯤 가볼 만하다. 우리나라 최
대 규모의 수족관으로 수조 용량만 무려 1만 톤이 넘고 4
만여 마리의 다양한 해양 생물을 만나볼 수 있다. 그중에
서도 메인 수족관(제주의 바다)에서 펼쳐지는 제주 해녀
물질 공연은 감동적이다. 수조의 단면이 일반 극장 스크린
의 4배가 넘어 들어서는 순간 입이 딱 벌어진다. 해녀가 직
접 하루 네 번 시연하는데, 마치 바닷속에서 바라보는 듯
하다. 입장 후 공연 시간을 미리 체크하면 좋다.

📍 서귀포시 성산읍 섭지코지로 95 🅿 있음 ₩ 성인 43,700원, 청
소년 41,800원(※ 네이버 예약 시 시즌별, 상품별 할인율 다양)
🕘 09:00~18:00(매월 첫째 주 화요일 휴무) 📞 1833-7001
🏠 www.aquaplanet.co.kr/jeju

06 봄, 유채꽃과 벚꽃의 컬래버레이션&가을, 억새 명소
녹산로

3월 말에서 4월 초쯤이면 제주에서 가장 먼저 생각나는 드라이브 코스가 녹산로다. 하얀 벚꽃과 노란 유채꽃이 함께 피어 장관을 이루기 때문이다. 10km의 도로 중 정석항공관~가시리 사거리 약 5.5km 구간이 가장 풍성하고 볼만하다. 녹산로에 위치한 조랑말체험공원에서는 매년 4월 초, 유채꽃 축제가 열린다. 축제가 끝난 후에도 약 2주 정도는 유채꽃을 볼 수 있으니 벚꽃이 피는 시기에 맞춰서 가면 금상첨화. 억새가 피는 10월부터 11월에는 녹산로의 유채꽃프라자를 여행 목록에 넣자. 이름과 달리 실제로는 억새가 풍성하게 핀다. 체력과 시간이 받쳐준다면 유채꽃프라자 건물 뒤에 앉은 대록산(큰사슴이오름)에 오르기를 추천한다. 광활하게 펼쳐진 억새 들판과 주변의 오름 군락을 한 눈에 담을 수 있다.

📍**녹산로** 서귀포시 표선면 녹산로5번길, **유채꽃프라자** 서귀포시 표선면 녹산로 464-65 🅿있음 🏠www.visitjeju.net

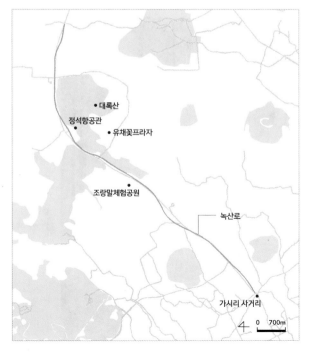

07 알록달록한 무지갯빛 꽃밭

보롬왓

'바람 부는 밭'이라는 뜻의 '보롬왓'. 메밀밭으로 시작해 몇 년에 걸쳐 드넓은 꽃밭으로 탈바꿈해 이제 동부권의 인생 사진 명소가 되었다. 봄부터 늦가을까지 노란 유채꽃, 보라 유채꽃, 튤립, 청보리, 삼색 버드나무, 라벤더, 수국, 맨드라미, 핑크뮬리, 메밀꽃 등 형형색색의 꽃을 볼 수 있다. 여러 색의 꽃이 열을 맞춰 늘어선 모습은 마치 홋카이도의 비에이 들판을 축소해놓은 것 같다. 무지개 색으로 칠한 깡통 열차를 타고 꽃밭을 누비거나 창넓은 카페에 앉아 고소한 보롬왓라테를 즐기며 꽃 들판을 감상해도 좋다.

📍 서귀포시 표선면 번영로 2350-104 Ⓟ 있음 ₩ 성인·청소년 6,000원, 어린이 4,000원 🕐 09:00~18:00 📞 064-742-8181 📷 @boromwat_

08 지루할 틈 없는 숲길

머체왓 숲길&머체왓 소롱콧길

제주 사람에게도 낯선 단어인 '머체'는 돌이 얼기설기 쌓이고 잡목이 우거진 곳이라는 뜻의 제주어다. '왓'은 '밭'을 일컫는 말이니 머체왓은 '돌과 잡목으로 이뤄진 밭' 정도로 이해하면 되겠다. 자연림과 삼나무, 편백나무 숲, 초지, 계곡이 함께 어우러진 길로 계속 바뀌는 풍경 덕분에 지루할 틈이 없다. 탐방로는 머체왓 숲길(6.7km)과 머체왓 소롱콧길(6.3km)로 구성되어 있다. 2개의 코스 일부 구간이 겹치므로 두 길을 모두 걸어보는 것도 추천한다. 10km 정도 된다.

📍 서귀포시 남원읍 서성로 755 Ⓟ 있음 📞 064-805-3113 🏠 www.visitjeju.net

09 명작을 감상하는 새로운 방법
빛의 벙커

몰입형 미디어 아트 갤러리, 빛의 벙커. 세계적인 명화와 클래식을 비디오 프로젝터 영상과 서라운드 음악으로 360도 영화관처럼 관람할 수 있는 곳이다. 프랑스에 있는 '빛의 채석장'에서 시작된 갤러리로 버려진 공간을 활용하는 것이 특징이다. 빛의 벙커 역시 방치되고 있던 국가 기간 통신 시설에 새롭게 태어났다. 천장의 높이가 5m가 넘고 축구장 반만 한 넓은 지하 벙커에 100여 개의 빔 프로젝터와 수십 개의 스피커가 설치되어 있다. 웅장하고 역동적인 전시 스케일로 몰입도와 감동이 배가 되는 곳! 계절마다 전시 작품이 달라진다.

📍 서귀포시 성산읍 고성리 2039-22 🅿 있음 ₩ 성인 19,000원, 청소년 14,000원, 어린이 11,000원 🕐 하절기 10:00~19:00, 동절기 10:00~18:00 📞 1522-2653
🏠 www.bunkerdelumieres.com

10 바람의 사진가
김영갑 갤러리 두모악

두모악은 사진에 관심 있는 사람이라면 꼭 가볼 만한 곳이다. 반평생을 제주도와 함께한 사진작가 김영갑의 갤러리다. 그의 파노라마 사진들을 보면 마치 영상을 보는 듯 바람이 느껴진다. 루게릭병으로 시한부 선고를 받고 만들기 시작한 이 갤러리는 그의 마지막 작품과도 같은 곳. 단층짜리 아담한 폐교를 직접 고쳐 만든 곳으로 운동장이 지금은 예쁜 정원이 되었다. 갤러리를 둘러보기 전 입구에 마련된 다큐멘터리 영상을 꼭 보길 추천한다. 뒷마당에는 무인 찻집이 있다.

📍 서귀포시 성산읍 삼달로 137 🅿 있음 ₩ 성인 5,000원, 청소년·어린이 3,000원 🕐 09:30~17:00/18:00/18:30(계절별 폐관 시간 상이, 일·월요일 휴무) 📞 064-784-9907
🏠 www.dumoak.co.kr

11 낮에 가고 밤에 다시 가는
제주허브동산

사계절 내내 향기로운 허브꽃이 피는 제주허브동산. 봄부터 겨울까지 진분홍 꽃잔디, 하얀 마거리트, 수국, 유럽수국, 핑크뮬리, 동백꽃 등 계절마다 화려한 꽃 군락을 보여준다. 동시에 밤이 되면 제주 최대의 화려한 일루미네이션을 자랑하는 명소로 변신한다. 허브동산은 낮과 밤의 매력이 확연히 다르다. 둘 다 보고 싶다면 영수증만 잘 챙겨두자. 당일에 한해 재입장이 가능하다. 허브동산 안에서 체험 가능한 아로마 황금 족욕도 추천한다. 여행의 피로가 싹 풀린다.

📍 서귀포시 표선면 돈오름로 170 🅿 있음 ₩ 조조·야간 (09:00~10:00, 19:00~21:30) 성인·청소년 14,000원, 어린이 12,000원, 주간(종일권) 15,000원~20,000원
🕐 09:00~22:00, 족욕 11:00~18:00 📞 064-787-7362
🏠 www.herbdongsan.com

12 애기동백이 피는 겨울에만 만나다
동백포레스트

애기동백이 제주 겨울을 대표하는 꽃이 된 만큼 제주에는 많은 동백꽃 명소가 있다. 그중 동백포레스트는 오픈하자마자 곧바로 핫플레이스가 되었다. 인위적이기는 하지만, 어른 키를 훌쩍 넘긴 동백나무들이 동글동글하게 잘 다듬어졌고, 포토존이 곳곳에 마련되어 있어 사진 찍기에 좋다. 동백꽃이 피는 11월 중순~2월 말 동백 시즌 외에는 입장 요금 없이 관람 및 카페를 이용할 수 있다. 개화 상태에 따라 첫 개방 날짜가 달라지므로, 동백포레스트 공식 인스타그램 계정에서 미리 확인하고 방문하자.

📍 서귀포시 남원읍 생기악로 53-38 🅿 있음 ₩ 성인 6,000원, 청소년·초등학생 4,000원, 아메리카노 4,500원, 동백크림모카 6,500원 🕐 09:00~17:30 📞 0507-1331-2102
📷 @camelia.forest

13 일 년 내내 축제의 공원
휴애리 자연생활공원

한라산이 보이는 중산간에 위치한 자연체험공원 휴애리. 일 년 내내 매화, 수국, 핑크뮬리, 동백 등 꽃 축제가 끊이지 않는다. 정성껏 가꾸는 수목원에 사이사이 예쁜 포토존이 많아 데이트 코스로 손꼽히며 최근 대형 온실까지 새로 마련되어 날씨와 상관없이 일 년 내내 화사한 꽃을 즐길 수 있다. 특히 제주에서 가장 먼저 시작되는 수국 축제 명소로 여름에 피는 수국을 4월부터 볼 수 있다. 제주의 명물 흑돼지와 토끼 염소 등 먹이주기, 청귤 체험과 감귤 체험(계절 체험)이 있어 아이를 동반한 가족여행에도 좋다.

📍 서귀포시 남원읍 신례동로 256 🅿 있음 ₩ 성인 13,000원, 청소년 11,000원, 어린이 10,000원 🕐 09:00~18:00(입장 마감 하절기 17:30, 동절기 16:30) 📞 064-732-2114 🏠 www.hueree.com

 14

녹차밭과 사진 명소 녹차 동굴
오늘은 녹차한잔

녹차 밭과 카페가 조화를 이룬 제주 서쪽의 오설록과 견줄만한 제주 동쪽의 녹차 밭이다. 초록 카펫을 깔아 놓은 듯한 드넓은 녹차밭, 그 너머로 한라산과 올록볼록 오름들이 펼쳐진다. 전망 좋은 카페 2층에서 녹차 음료 마시며 이 풍경을 편안하게 감상할 수도 있다. 사실 이곳은 녹차보다 밭 한가운데 자리한 동굴이 더 유명하다. 지하에 형성된 동굴 주변은 상록수로 뒤덮여 사계절 푸르름을 만끽할 수 있다. 규모는 아담하지만, SNS에서 유명한 인생 사진 명소다. 동굴 입구를 프레임 삼아서 찍는 실루엣 사진은 절대 놓치지 말 것.

📍 서귀포시 표선면 중산간동로 4772 🅿 있음 ₩ 무료(입장료) 🍴 말차아이스크림 5,000원, 말차라테 7,000원, 오늘은 녹차 5,000원 🕐 07:00~17:30 📞 064-787-6888
🏠 www.onulun.com

 15

탐라국은 어땠을까?
제주민속촌

제주도는 지역적으로 육지와 멀기도 하거니와 돌이 많은 화산 지형과 거센 바람으로 육지와는 색다른 생활 문화가 있다. 그러한 제주만의 삶을 보여주는 곳이 제주민속촌이다. 해안가 용천수를 중심으로 형성된 어촌, 목축업이 발달했던 산촌, 어촌과 산촌의 중간인 중산간촌 등 지역에 따라 각각의 특색을 여실히 체험할 수 있도록 정교하게 재현되어 있다. 그뿐만 아니라 제주 최대 미디어 아트를 매일 밤 12시까지 만나볼 수도 있다.

📍 서귀포시 표선면 민속해안로 631-34 🅿 있음 ₩ 성인 15,000원, 청소년 12,000원, 어린이 11,000원 🕐 제주민속촌 08:30~18:00, 벨섬 19:00~24:00 📞 064-787-4501
🏠 www.jejufolk.com

16 동쪽 끝 일출 명소
말미오름(두산봉)

제주올레 1코스의 초반 경유지로 제주스러운 주변 경관을 자랑한다. 올레 안내소 근처에서 시작해 10분이면 닿는 정상에서 보는 풍경은 그림을 펼쳐놓은 듯하다. 왕관 같은 성산일출봉, 길게 누운 우도, 푸른 바다, 돌담으로 나뉜 밭, 옹기종기 앉은 시흥리 마을이 다채롭게 어우러져 있다. 특히 겨울에도 당근, 마늘, 양배추 등 초록색으로 가득 찬 밭은 몬드리안의 '콤포지션'보다 더 매력적인 작품으로 다가온다. 이 풍경을 일출부터 시작해서 더욱 알차게 즐겨보자. 동쪽 끝에 위치한 오름인 만큼 성산일출봉 옆에서 떠오르는 해를 맞이하기에 좋다. 일출 시간 30분 전까지 정상에 도착하면 신비로운 여명부터 볼 수 있다.

📍 서귀포시 성산읍 시흥상동로53번길 88-46 🅿 있음(협소) 📞 064-740-6000(상담시간: 09:00~18:00) 🏠 www.visitjeju.net

17 억새 하면 여기!
따라비오름

제주도에는 억새가 아름다운 오름이 몇 개 있다. 그중 하나가 따라비오름이다. 가을로 접어들면 오름 입구부터 뒤덮은 억새가 눈부신 황금벌판을 이룬다. 특히 오후 늦게 올라가는 것이 더 운치 있다. 따라비오름은 특이하게도 분화구가 3개로 그 능선이 서로 모이기도 하고 흩어지기도 하며 역동적인 곡선미를 뽐내낸다. 바람이 많은 지역으로 억새 철엔 오르락내리락 큰 파도가 치는 듯하다. 정상까지는 20여 분이 소요되고 성산일출봉과 우도, 한라산까지 시야가 시원하게 펼쳐진다.

📍 서귀포시 표선면 가시리 산 63 🅿 있음 📞 064-740-6000(상담시간: 09:00~18:00)
🏠 www.visitjeju.net

18 천국의 계단을 가진 오름
영주산

제주도에는 송악산, 단산처럼 이름에 산이 붙는 오름이 몇 개 있다. 그중 하나인 영주산의 풍경은 평화롭다. 방목된 소들이 유유자적 풀을 뜯고 언덕 아래로는 성읍민속마을이 정겹다. 영주산의 일등 매력은 언덕 한가운데 있는 나무 계단이다. 초여름에 가면 계단 양옆으로 산수국이 화사하고, 구름 동동 뜬 날이면 하늘을 향해 올라가는 느낌이 든다. 주차장에서 연결되는 등반로는 완만한 언덕으로 정상까지 20여 분이 소요되며 크게 어렵지 않다. 이왕이면 올라갔던 길로 다시 내려오길 추천한다. 또 다른 등반로는 다소 가파르고 미끄럽다.

📍 서귀포시 표선면 성읍리 산 18-1 🅿 있음 📞 064-740-6000(상담시간: 09:00~18:00) 🏠 www.visitjeju.net

19 비가 와도 좋아
물영아리오름

영화 〈늑대소년〉 촬영지로 동화처럼 예쁜 물영아리오름. 오름 초입의 노루나 소, 말이 자유롭게 노니는 푸른 초원이 아름답다. 인생 사진 명소로 오름 정상까지 가지 않고 이곳에서 사진만 찍는 사람도 많다. 산 정상의 분화구까지는 가파른 계단 길과 전망대를 거쳐서 돌아가는 완만한 등반로가 있다. 계단 길은 양쪽으로 하늘을 향해 시원하게 뻗어 있는 삼나무 숲이 매력이다. 특히 안개 낀 날이나 부슬부슬 비가 내릴 때 더 몽환적인 느낌을 주는 곳! 참고로 계단 길은 아름다우나 꽤 길고 가파르다.

📍 서귀포시 남원읍 수망리 산182-1 🅿 있음 📞 064-728-6200 🏠 www.visitjeju.net

20 혼자 보기 아까운 해안 산책로
큰엉 해안 경승지

큰엉 해안 경승지는 여러 차례에 걸친 용암의 퇴적으로 만들어진 해안 절벽이다. 큰엉의 '엉'은 언덕을 뜻하며, 마치 바다를 향해 입을 벌리고 있는 듯한 큰 동굴이 있는 언덕이라 하여 그렇게 불려왔다. 올레 5코스로 해안 절벽 위의 산책로를 따라 웅장한 바다 경치를 자랑한다. 산책로를 걷다 보면 큰엉의 유명한 포토존 중 하나인 우리나라 지도 모양의 숲길을 만날 수 있다. 인위적으로 다듬는 것은 아니라서 모양은 조금씩 변한다.

📍 서귀포시 남원읍 태위로 522-17 큰엉전망대 🅿 있음
📞 064-740-6000(상담시간: 09:00~18:00)
🏠 www.visitjeju.net

01 목장집 세 자매의 우유 카페
어니스트밀크

성산읍 수산리에서 성산일출봉을 향하다 보면 언덕 위에 자리한 거대한 우유갑 모양의 하얀 건물이 눈에 띈다. 우유 카페 어니스트밀크 본점이자 우유 공장이다. 어니스트밀크는 20여 년간 목장을 운영해온 부모님의 노하우를 전수받은 세 자매가 운영하는 카페다. 자유롭게 방목하며 키운 젖소에서 건강한 우유를 얻어 정직한 먹거리를 선보이고 있다. 고소하고 진한 소프트아이스크림은 남녀노소 누구에게나 사랑받는다. 무화과, 블루베리, 패션 프루츠 등 제주산 과일을 넣어 만든 요거트도 인기가 많다. 성산일출봉 인근 성산점에서도 어니스트밀크 제품을 만날 수 있다. 본점에서는 1일 3회 송아지 우유 주기 체험을 진행한다.

📍 서귀포시 성산읍 중산간동로 3147-7 🅿 있음 ✕ 순수 밀크아이스크림 4,500원, 무무 우유 롤케이크 6,500원, 밀크세이크 6,800원 🕐 10:00~18:00
📞 070-7722-1886 📷 @honest_milk

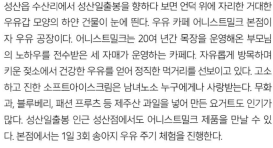

02 담소요
한라산을 품은 연못과 정원

아름다운 한라산 능선 아래 주위를 둘러싼 구실 잣밤나무숲, 폭신한 잔디밭과 작은 연못, 신례천이 흐르는 호젓한 정원이 있다. 마치 신비롭게 숨겨둔 듯 주차장에서 지하로 통하는 계단을 내려가 편집숍을 지나고 오솔길 너머로 건너가야 비로소 펼쳐진다. 담소요는 '고요한 연못가를 거닐다'라는 뜻이다. 타이틀에 딱 맞는 복합문화공간이다. 카페 내부로 들어가면 통창 가득 들어오는 한라산뷰에 압도된다. 제주 여행의 순간 중 가장 진하게 새겨지고도 남을만한 상징적인 풍경이다. 혼자여도, 함께여도, 책을 보기에도, 사색을 즐기기에도 좋은 곳이다.

📍 서귀포시 남원읍 신례천로 193 🅿 있음 🍴 아메리카노 6,000원, 제주감귤주스 7,000원 🕐 08:30~17:30 📞 0507-1312-4039 📷 @damsoyo

03 튀르키예에서 배워온 카이막
쉬어갓

카이막은 튀르키예 전통 유제품이다. 유지방을 분리하여 꾸덕하게 크림처럼 만든 음식으로 빵이나 크래커에 발라먹는다. 많은 양의 우유를 약한 불로 천천히 오래 끓여야 하기 때문에 손이 많이 간다. 쉬어갓에서는 튀르키에에서 직접 배워 온 현지 방법 그대로 만든 카이막을 맛볼 수 있다. 한라산 꿀과 발효빵 그리고 크래커가 함께 제공되며 최근에는 오메기떡과 카이막을 조합한 카이메기라는 쉬어갓만의 디저트도 개발했다. 초록 잔디밭 정원과 그 앞으로 펼쳐진 신산리 바다뷰가 시원하게 트여 청량감까지 주는 곳이다.

📍 서귀포시 성산읍 일주동로 5023 ⓟ 있음 🍴 카이막 14,000원, 가파도 보리개역 7,000원 🕐 11:00~18:00(목요일 휴무) 📞 0507-1328-2492 📷 @sheagodlab

04 감귤샤베트와 기름떡
창고96

귤밭이 보이는 창가에 앉아서 먹는 상콤달콤한 감귤샤베트 한 입은 더위를 싹 잊게 해준다. 제주에서만 맛 볼 수 있는 기름떡도 있다. 제주에서는 지름떡이라고도 불리며 제사상에 빠지지 않는 음식이다. 제주 도민에게는 소박한 떡인데 창고96에 가면 설탕과 땅콩가루, 귤칩이 얹어져 아주 근사하게 나온다. 갓 구웠을 때 가장 맛있다.

◉ 서귀포시 남원읍 일주동로7774번길 70-94 ℗ 있음 ✕ 제주기름떡 5,500원, 감귤주스 7,000원, 감귤샤베트 7,500원 ⏱ 11:00~19:00(금요일 휴무) 📞 010-3359-1971

05 제주 유일의 레몬 카페
레몬뮤지엄

레몬을 선별하던 곳이었던 선과장을 개조해 만든 레몬 전문 카페. 무농약으로 재배한 제주 레몬으로 디저트를 만들며 대표 메뉴는 레몬 무스. 외형은 노란 레몬을 쏙 빼닮았고 플레이팅은 제주섬을 연상케한다. 2층에서 보이는 귤밭과 한라산은 레몬 뮤지엄의 대표 풍경이다. 레몬 하우스에는 노란 열매를 주렁주렁 매단 레몬 나무가 터널을 이뤄 장관이다. 레몬 수확 시기에 레몬 따기 및 레몬청, 레몬젤리 만들기 체험도 진행한다. 체험은 사전 예약 필수.

◉ 서귀포시 남원읍 하례로620번길 41 ℗ 있음 ✕ 제주레몬무스 8,500원, 제주레몬 아이스크림 9,800원, 제주찐레몬에이드 6,800원, 레몬 따기&레몬청 만들기 30,000원 ⏱ 09:30~18:00 📞 064-733-3001 📷 @lemonmuseum_jeju

06 맛 칼럼니스트의 극찬
가시아방국수

가시아방은 Olive TV <수요미식회>에 소개된 고기국수, 돔베고기 전문점이다. 고기국수는 닭 육수처럼 담백한 국물과 치자를 넣어 만든 쫄깃한 면이 일품이다. 상당한 두께와 양으로 압도하는 돔베고기는 이 가게만의 비법으로 삶아 맛이 풍성하다. 비계는 느끼하지 않고 껍질의 식감은 탱글탱글하다. 유명 맛 칼럼니스트가 쫀득함을 극찬했던 아강발(새끼 돼지 족발)도 놓칠 수 없는 메뉴다. 적은 인원에 맛보고 싶은 게 많다면 모둠 메뉴인 커플 세트를 추천한다. 커플 세트는 돔베고기 1/2, 고기국수, 비빔국수, 음료수로 구성된다.

📍 서귀포시 성산읍 고성리 528 🅿 있음 ✕ 커플세트 36,000원, 돔베고기 33,000원, 고기국수 9,000원 🕐 10:00~20:30(수요일 휴무)
📞 064-783-0987

TIP 매장 방문 없이 앱 '예써'에서 대기 등록 시 예상 대기 시간 및 실시간 대기 현황을 앱상에서 확인 가능하다.

07 옛날옛적
고급스러운 제주 한 상

푸짐하게 한 끼를 먹을 수 있는 돔베고기 전문점. 돔베는 제주어로 도마를 뜻하는데 도마에 대충 썰어 내어주는 수육을 돔베고기라고 한다. 제주에서 전통적으로 먹던 잔치 음식이다. 갓 삶아 김이 모락모락 나는 돼지고기 수육을 묵은지에 싸서 먹으면 입에서 녹는다. 두 번째는 수육과 다시마에 멜젓을 얹어 함께 먹어보자. 잡내는 전혀 없다. 함께 나오는 간장게장도 일품이다. 성산일출봉 가까이에서 20여 년간 운영하다 지금은 온평리로 자리를 옮겨 더 고급스럽고 정갈해졌다.

📍 서귀포시 성산읍 일주동로 4660 🅿 있음
🍴 1인 돔베옥돔돌솥밥 20,000원, 옛날옛적 스페셜
(3~4인) 150,000원, 은갈치조림 50,000원
🕙 10:00~22:00 📞 064-784-2252

08 윌라라
가마솥 피시앤칩스

윌라라 피시앤칩스의 주재료는 달고기와 상어다. 일단 재료에서부터 호기심이 발동한다. 달고기는 몸 옆에 달처럼 동그란 점이 있어 달고기라 하며 남해안과 제주에서 주로 잡히는 물고기다. 상어는 Shark, 우리가 아는 그 상어가 맞다. 달고기와 상어는 부드럽고 촉촉한 살이 매력이다. 윌라라는 오픈 초기부터 인기가 있었지만 피시앤칩스의 본토인 영국에서 교육을 받고 오는 등 레시피 연구에 끊임없이 공을 들였다. 특이하게 가마솥에서 튀겨내는 바삭하고 촉촉한 피시앤칩스는 맥주와 찰떡궁합!

📍 서귀포시 성산읍 성산중앙로 33 🅿 없음(가게 앞 용이) 🍴 윌라라피시앤칩스(달고기+상어+감자튀김) 17,000원, 달고기피시앤칩스 16,000원 🕙 10:00~17:30(재료 소진 시 조기 마감) 📞 064-782-5120 🏠 willala.modoo.at

 09 한결같은 맛
옛날팥죽

옛날팥죽은 관광지라 할 수 있는 성읍민속마을에 있지만 제주 도민도 일부러 찾아가는 팥죽집이다. 초가지붕을 얹고 흙과 돌로 만든 집에 장독대가 가득 찬 잔디 마당까지 정겹다. 사람 입맛은 어디든 비슷한지 옛날팥죽은 2010년 제주로 옮겨오기 전 이미 화개장터 인근에서 사랑받던 맛집이었다. 넉넉한 새알심이 동동 떠 있는 팥죽은 되직하면서도 입자가 고와 술술 넘어간다. 팥죽과 함께 빼놓을 수 없는 대표 메뉴로 시락국밥도 있다. 직접 만드는 집된장의 감칠맛에 자꾸 손이 간다.

📍 서귀포시 표선면 성읍민속로 130 🅿 있음 ✖ 새알팥죽(2인분 이상) 10,000원, 팥칼국수 9,000원, 시락국밥 6,000원
🕐 10:00~17:00(월요일 휴무) 📞 064-787-3479

 10 싸고 맛있는 갈치조림정식
부촌

제주에 가면 가장 많이 찾는 메뉴 중 하나가 갈치조림이다. 가격대가 만만치 않지만 부촌에 가면 1인당 10,000~12,000원에 먹을 수 있다. 보글보글 끓는 뚝배기에 나오는 먹음직스러운 갈치조림! 거기에 각종 나물, 샐러드, 무침, 젓갈 등 밑반찬도 푸짐하다. 갈치정식이 가장 저렴하지만 2,000원을 추가해 제주도에서나 먹어볼 수 있는 성게나 보말이 들어간 정식을 추천한다. 양도 아주 많다.

📍 서귀포시 성산읍 동류암로 33 🅿 있음 ✖ 성게미역국정식 (갈치조림+성게국) 14,000원, 갈치조림정식(갈치조림+된장국) 12,000원, 전복미역국정식(갈치조림+전복미역국) 14,000원
🕐 10:30~21:00(브레이크 타임 15:00~17:00, 목요일 휴무)
📞 064-784-0149

 11 해녀가 잡아 차려주는 해산물 한 상
해녀밥상

잘 알려지지 않은 도민들의 진짜 맛집이다. 모범 해녀상을 받은 해녀가 직접 잡은 해산물을 제공하기 때문에 싱싱한 메뉴를 맛볼 수 있다. 사실상 메뉴는 '해녀밥상' 단 한 가지다. 전복을 비롯한 7가지 해산물과 성게미역국, 옥돔구이, 밥으로 차려진 밥상이다. 계절에 따라 해산물과 생선은 달라질 수 있다. 세월의 흔적이 그대로인 제주도 시골 특유의 가옥을 식당으로 쓰고 있어 마치 시골 외가에 간 듯한 아늑함도 느낄 수 있다.

📍 서귀포시 성산읍 신양로122번길 60-6
🅿 있음 ✖ 해녀밥상(2인 이상 주문) 30,000원
🕐 10:00~19:30 📞 064-782-4705

12 마니아들이 손꼽는 회
남양수산

오직 회 하나로 명성을 이어오는 곳. 흔한 곁들이 안주 하나 없이 오이 몇 개와 쌈, 마늘, 그리고 회가 상차림의 전부다. 오히려 회에 더 집중할 수 있어서인지 특히 회 맛을 좀 안다는 사람들이 공항에 내리자마자 달려가는 횟집이다. 같은 고기라도 어떻게 굽느냐가 중요하다면 회는 어떻게 써느냐가 중요하다. 남양수산의 단골들은 주인장의 회 써는 실력을 손꼽는다. 또 하나, 뽀얗게 우려낸 생선맑은탕(지리)도 이 집의 소문난 진미다.

📍 서귀포시 성산읍 고성동서로56번길 11 ℗ 있음 ✗ 활고등어 60,000, 참돔(小) 60,000원(모든 회에 지리 포함) 🕐 14:00~21:00(일요일 휴무, 비정기 휴무) 📞 064-782-6618

13 바다로 차린 한상
은미네식당

바다 마을 성산읍 온평리에 사는 어부와 해녀 부부가 운영하는 식당으로 모든 메뉴를 바다에서 온 식재료로 만든다. 먹기 좋게 자른 문어를 매콤한 양념에 볶은 돌문어볶음과 가게에서 손 반죽으로 직접 면을 뽑아낸 성게칼국수가 대표 메뉴다. 은미네식당의 맛을 집에서도 즐기기 위해 전국에서 택배 주문이 몰린다. 성게미역국, 보말 미역국은 조리 식품으로, 돌문어볶음, 전복죽, 갈치조림, 고등어조림은 반조리 식품으로 진공 포장해 배송한다. 25년 3월 말까지 임시휴업 중이다.

📍 서귀포시 성산읍 온평관전로 41 ℗ 있음 ✗ 돌문어볶음 12,000원, 성게보말미역국 15,000원, 성게칼국수 9,000원 🕐 09:00~20:00(수요일 휴무) 📞 064-784-3491 📷 @eunmifood_jeju

14

소스가 압권
제주판타스틱버거

빈티지하면서도 젊은 감성이 묻어나는 제주판타스틱버거. 신선한 재료 본연의 맛을 즐기려면 베이직버거, 비주얼 강자로는 수제 어니언 소스를 듬뿍 뿌린 화이트킹, 매콤한 맛을 원한다면 커리크림을 잔뜩 올린 인디언커리크림을 추천한다. 3가지 모두 인기가 있으니 여럿이서 간다면 골고루 맛볼 수 있는 세트 메뉴를 주문하는 게 좋다. 어차피 혼자 손으로 들고 먹기엔 역부족이다. 번과 흑돼지 패티는 매일 딱 100인분씩 만들며 재료 소진 시 마감한다.

📍 서귀포시 표선면 토산중앙로15번길 6 🅿 있음 🍴 베이직버거 10,800원, 화이트킹 13,500원, 커리크림소스 14,500원 🕐 10:00~18:30(재료 소진 시 마감, 휴무는 인스타그램 계정에서 공지) 📞 064-787-6990 📷 @yes_imfantastic

15 육해공이 만난 제주 파스타
취향의섬

위미 골목길에 오래된 시골집을 개조한 식당으로 셰프가 요리와 서빙을 겸하는 아담한 곳이다. 가정 주택의 문틀과 창틀을 그대로 남겨둔데다 화초, 커튼, 각종 소품들에 햇살까지 더해 집 같은 아늑함을 준다. 제주 명물인 고사리와 돼지고기를 주재료로 한 고사리멜젓파스타를 추천한다. 매콤한 멜젓으로 간을 하고 파채로 느끼함을 잡고 들깨가루로 구수함을 더했다.

📍 서귀포시 남원읍 태위로398번길 7 🅿 있음 🍴 고사리멜젓파스타 18,000원, 고등어오일파스타 18,000원, 뚝빼기에그인헬 16,000원 🕐 11:00~16:00(일·월요일 휴무) 📞 064-764-4797
📷 @chwihyang.wimi

16 도민들이 숨겨둔 목살 맛집
산장가든

한때 제주여행의 필수 코스였던 성읍민속마을. 그러나 요즘은 다른 지역에 비해 관광객이 현저히 줄어들었다. 그럼에도 불구하고 일부러 성읍을 들르게 만드는 고기 맛집이 산장가든이다. 도민 손님이 더 많은 곳이니 으리으리한 관광식당과 비교하면 안된다. 오로지 고기맛으로 승부 보는 곳으로 목살만 판다. 선홍빛 생고기의 색에서 신선함을 바로 느낄 수 있을 것이다.

📍 서귀포시 표선면 성읍민속로 55-3 🅿 있음 🍴 제주산생목살(200g) 15,000원, 제주산 양념목살(200g) 15,000원 🕐 12:00~21:00(목요일 휴무) 📞 064-787-4533

17 베지근한 옥돔국 한 그릇
표선어촌식당

제주에는 '베지근하다'는 말이 있다. 주로 국물의 깊고 진한 맛을 표현할 때 쓴다. 표선어촌식당의 옥돔지리(옥돔뭇국)는 '베지근하다'는 말이 딱 어울린다. 뽀얀 국물은 곰탕이 연상될 정도로 진국이다. 생선과 무가 만나 깔끔하면서도 시원한 국물 맛을 만들어낸다. 다진 청양고추 솔솔 뿌려 매콤한 맛까지 더하면 금상첨화. 옥돔지리 외에도 활어회, 매운탕, 조림, 물회, 구이, 죽까지 바다 생물로 만드는 요리는 다 있다.

📍 서귀포시 표선면 민속해안로 578-7 🅿 있음 🍴 옥돔지리(2인 이상) 15,000원, 한치물회 15,000원, 쥐치조림(小) 50,000원 🕐 09:00~20:30(브레이크 타임 15:30~17:00) 📞 064-787-0175

18 착한 가격 흑돼지오겹살
공새미솥뚜껑

제주산 생고기만을 취급하는 가게다. 대표 메뉴는 흑돼지오
겹살로 가격도 착한 편이다. 분홍빛 살코기와 지방이 겹겹이
층을 이루는 오겹살을 달궈진 솥뚜껑에 올려 굽는다. 밑으로
기름이 빠지며 지글지글 노릇하게 익은 오겹살은 쫀쫀하고
고소하다. 고기에서 흘러나오는 기름에 익힌 채소와 김치는
감칠맛이 더해져 오겹살과 멋진 하모니를 이룬다. 마무리는
볶음밥이 진리!

📍 서귀포시 남원읍 신례로10 🅿️ 없음(갓길 주차 가능) 🍴 흑돼지오
겹살 20,000원, 흑돼지두루치기 10,000원 🕐 11:00~21:00(브레이
크 타임 14:00~17:00) 📞 064-767-2582 📷 @jeju__pig

19 제주 전통 순대를 먹어볼까?
가시식당

40년 넘은 제주식 순댓국 전문점이다. 돼지 잡뼈로 우린 육
수에 몸(모자반), 순대, 내장을 담아 끓여낸 순댓국은 걸쭉하
고 진하다. 제주 전통 방식으로 만든 순대는 겉모습부터 흔히
봐온 순대와 확연히 차이가 난다. 피순대 특유의 향이 많이
나고 메밀이 들어가 상당히 되직하다. 이런 순대가 처음이라
면 도전 정신이 필요할지도 모른다.

📍 서귀포시 표선면 가시로565번길 24 🅿️ 없음(인근 골목 주차 가능)
🍴 두루치기 10,000원, 순대백반 10,000원, 몰망국(몸국) 10,000원
🕐 08:30~20:00(브레이크 타임 15:00~17:00, 둘째·넷째 주 일요일
휴무) 📞 064-787-1035

20 진짜 제주식 물회
공천포식당

제주에는 물회 파는 식당이 많다. 사실 물회는 육지에서도 해
안가를 따라 꽤 맛볼 수 있는 메뉴다. 고추장과 고춧가루를
풀어 매콤새콤한 빨간 육수에 회나 해산물, 채소가 들어가
있고 밥을 말아 먹는다. 하지만 진짜 제주식 물회는 육지처럼
빨간 물회가 아니다. 된장, 식초, 제피가 들어가 새콤하면서
도 허여멀건 물회가 진짜다. 제피는 초피나무 잎으로 추어탕
에 사용하는 산초와 향이 비슷하다. 공천포식당에 가면 제대
로 맛을 낸 제주식 물회를 맛볼 수 있다.

📍 서귀포시 남원읍 공천포로 89 🅿️ 있음 🍴 한치물회 12,000원, 전
복물회 15,000원 🕐 10:00~19:30(목요일 휴무) 📞 064-767-2425

제주의 다양한 만감류

감귤 품종과 오렌지 품종을 교배해서 만든 다양한
만감류가 등장해 사계절 감귤을 만날 수 있게 되었다.
만감류는 일반 감귤보다 2배 이상 크며 당도가
높아 맛이 좋고 과즙도 풍부하다.
제주에서 생산하는 대표적인 만감류를 소개한다.

한라봉
12~3월

꼭지가 튀어나와 한라산을 닮았다고 해서
붙여진 이름이다. 당도가 높으면서 새콤함
이 가미되어 계속 손이 가는 맛을 보여준다.

레드향
1~3월

한라봉과 감귤을 교배해서 만든 감귤로
껍질 색깔이 진해 레드향이라 이름 붙였다. 일반 감귤보다
2~3배 크며 과육이 탱탱하고 당도가 상당히 높다.

천혜향
3~5월

향이 천 리를 간다고 해서 천혜향이라 불린
다. 한라봉에 오렌지와 귤을 교배시켜 만든
품종으로 월등한 단맛을 자랑하며 과육이
부드럽다.

카라향
4~6월

귤로향이라고도 부른다. 13~16브릭스의
고당도이며 과즙이 풍부하고 향이 진하다.
껍질은 오돌토돌하고 2~3개의 씨가 들어 있다.

황금향
9~12월

겨울이 오기 전 가장 일찍 맛볼 수 있는 신
품종 만감류다. 이름처럼 껍질이 황금처럼
밝은 노란색을 띤다. 겉껍질, 속껍질 모두 상
당히 얇고 과육은 부드러우며 달콤하다.

21 난산리다방

난산리다방의 시작은 갤러리 겸 스튜디오 '조아가지구'였다. 자동차 한 대로 유라시아를 횡단한 여행가이자 포토그래퍼 김병준 씨가 전체적인 콘셉트와 메뉴, 가구 제작, 인테리어, 사진 촬영은 물론이고 이제 요리까지! 난산리다방은 영화에서나 나올 법한 일당백 사장님의 무대다. 난산리다방의 브런치는 나무창문으로 들어오는 감귤밭 풍경과 햇살이 더해 화보가 따로 없다. 맛과 분위기를 모두 장착한 이곳의 대표 메뉴는 연어혹은 흑돼지가 올라간 오픈샌드위치와 버섯크림수프다. 음료로는 감귤시나몬에이드를 추천한다. 음식을 기다리는 동안 스튜디오에서 사진들을 감상할 수도 있고 카페가 마감되는 오후 4시부터는 예약을 통해 사진을 찍을 수도 있다. 식사와 사진 촬영은 모두 사전 예약제로 운영된다.

📍 서귀포시 성산읍 난산로41번길 39-2 🅿 없음(인근 도로 갓길 주차 가능) 🍴 오픈샌드위치 18,000원, 버섯크림스프 11,000원, 아이슈페너 6,000원, 딸기라테 7,000원 🕐 09:30 ~16:00(인스타그램 및 전화로 영업 여부 및 라스트 오더 시간 필히 확인) 📞 010-6420-1317 📷 @nansan_likeu

01 위미리의 문화 충전소
라바북스

눈에 띄는 간판도 없이 몇 년째 성업 중인 독립 서점. 제주도에 독립 서점이 몇 개 없던 시절에 시작한 선두주자라고 할 수 있는 곳이다. 라바북스의 대표는 사진집을 만들었던 경력을 이어 여전히 책을 만들기도 하고, 대형 서점에서 쉽게 찾기 어려운 숨은 보석 같은 책을 가져다 놓는다. 제주도를 그린 엽서나 소소한 디자인 굿즈도 판매한다. 건물 1층에는 라바북스를 중심으로 하이커들을 위한 상점 '하이커하우스 보보', 1인 여행자가 반길 만한 '바공식당', 브런치가 맛있는 카페 '가가호호'가 나란히 이웃하고 있다.

📍 서귀포시 남원읍 태위로 87 1층　🅿 없음(인근에 용이)　🕐 12:00~18:00(수요일 휴무)　📞 010-4416-0444　📷 @labas.book

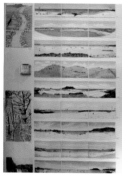

02 시골 마을 속 구옥 상점
아오이에오

돌담과 귤밭으로 둘러싸인 시골의 아기자기하고 특색 있는 소품숍이다. 낡은 구옥을 개조한 곳으로 제주만의 형태를 갖춘 옛 부엌이 남아 있다. 아궁이와 가마솥을 그대로 살린 인테리어가 인상적이다. 이 옛 부엌은 미니 카페 역할을 하는 공간이다. 천장이 유리로 되어 있어 수시로 바뀌는 하늘을 감상하는 재미도 있다. 판매 중인 제품 대부분은 작가들이 직접 만든 핸드메이드로 흔치 않고 소장 가치 있는 소품들을 주인의 취향대로 수집하고 판매하고 있다. 생기발랄한 이 가게의 주인이 직접 만들어 판매하는 위빙 월행잉은 첫 번째로 추천하는 상품이다.

📍 서귀포시 성산읍 중산간동로 3242　🅿 없음　🕐 13:00~18:30(목요일 휴무)　📷 @aoeao.jeju

한라산, 섬, 올레

AREA
01

한라산은
제주도 그 자체

제주도는 화산 활동 끝에 형성된 거대한 수성 화산체다. 섬 한가운데 우뚝 솟은 한라산 정상의 '백록담'은 한라산뿐만 아니라 제주도의 분화구라 해도 과언이 아니다. 즉, 제주도는 한라산이고 한라산은 제주도 그 자체라 할 수 있다. 해발 1947.2m로 남한에서 가장 높고 제주 어디에서나 보이는 산. 봄의 진달래와 철쭉, 여름의 녹음, 가을의 단풍, 겨울의 눈꽃 등 계절마다 아기자기한 풍경과 웅장한 위용을 함께 보여준다. 실제로 나름의 각오와 준비가 필요한 왕복 10시간 코스가 2개다. 하지만 왕복 3시간 코스도 2개가 있고 그리 힘들지 않아 2박 3일의 짧은 일정에도 충분히 포함시킬 만하다.

• **등반 시 체크 리스트** 일회용 용기 야외 도시락 지참 불가, 화기 물질(라이터, 성냥 등) 소지 금지, 계절별 입산 마감 시간, 대중교통 이용 시 노선 및 시간표는 제주버스정보시스템 bus.jeju.go.kr 또는 앱 이용

• **준비물** 스패치 및 아이젠(겨울 등반 시), 등산 스틱, 등산화, 여분의 양말, 여분의 티셔츠, 충분한 물과 간식, 우비

한라산 등반 코스

1139

1117

1112

어승생악

• 한라산국립공원
관리사무소

관음사 코스

성판악 코스

어리목 코스

윗세오름
대피소

• 삼각봉 대피소

백록담

진달래밭
대피소

사라오름

1131

영실 코스

• 남벽 분기점

• 평궤 대피소

돈내코 코스

1119

0   850m

1115

성판악 코스

성판악 탐방안내소 ▷ 속밭 대피소 ▷ 사라오름 입구 ▷ 진달래밭 대
피소 ▷ 정상(백록담)

9.6km | 4시간 30분 소요 | 난이도 상

한라산 정상인 백록담까지 이어지는 코스로 상당히 길고 지루하다.
성판악으로 올라 성판악으로 하산하거나 관음사로 하산할 수 있다.
성판악으로 하산 시 체력과 시간이 허락한다면 코스 중간에 위치한
사라오름까지 다녀오는 걸 추천한다. 비가 많이 내리면 물이 찰랑이
는 산정화구호를 볼 수 있다. 성판악 코스에서 사라오름까지만 등반
도 가능하며 정상 등반과 마찬가지로 사전 예약이 필요하다. P.302

진달래밭 대피소 통제 시간 동절기(11~2월) 12:00, 춘추절기(3~4월,
9~10월) 12:30, 하절기(5~8월) 13:00
* 각 대피소는 표기된 시간 이후에는 통과할 수 없다.

📍 제주시 조천읍 516로 1865(주차장) 📞 064-725-9950 🚌 281번,
182번 ❌ 성판악휴게소

TIP 탐방 예약제 구간
성판악 및 관음사 탐방로~백록담 정상

• **일일 탐방 인원:** 성판악 1천 명, 관음사 500명
• **예약 시기:** 탐방월 기준 전월 1일 09시부터 예약 가능
• **예약 방법:** 한라산국립공원 홈페이지 탐방 예약 관리 시
스템(visithalla.jeju.go.kr), 고객센터(064-713-9953)

관음사 코스

관음사지구 야영장 ▷ 탐라계곡 ▷ 개미등 ▷ 삼각봉 대피소 ▷ 용진각계곡 ▷ 정상(백록담)

8.7km | 5시간 소요 | 난이도 상

성판악과 더불어 한라산 정상까지 등반 가능한 코스다. 중후 반부터 가파른 돌계단이 많아 힘들다. 단풍 물든 가을의 용진 각계곡과 현수교, 겨울의 눈 덮인 구상나무 숲이 환상이다. 성 판악으로 올라 관음사로 하산하는 코스를 타면 한라산의 다 양한 모습과 풍광을 즐길 수 있다.

삼각봉 대피소 통제 시간 동절기(11~2월) 12:00, 춘추절기(3~4 월, 9~10월) 12:30, 하절기(5~8월) 13:00
📍제주시 산록북로 588(주차장) 📞064-756-9950 🚌281번, 475번 ❌관음사 탐방로 입구 휴게소

어리목 코스

어리목 탐방안내소 ▷ 사제비동산 ▷ 만세동산 ▷ 윗세오름 ▷ 남벽 분기점

윗세오름까지 4.7km 2시간 소요 | 남벽 분기점까지 6.8km 3시간 소요 | 난이도 중상

영실 코스와 마찬가지로 윗세오름과 남벽 분기점까지만 가는 코스다. 하산은 어리목, 영실, 돈내코 코스 모두 가능하다. 경 사가 가파른 사제비동산 구간은 약간의 체력이 필요하다. 중 반부터는 숲이 끝나 사방이 탁 트이고 웅장한 백록담 화구벽 을 마주 보며 가게 된다. 매점이 없으니 시내에서 미리 간식거 리와 물을 준비해야 한다.

어리목 탐방로 입구 통제 시간 동절기(11~2월) 12:00, 춘추절기 (3~4월, 9~10월) 12:30, 하절기(5~8월) 13:00
📍제주시 1100로 2070-61(주차장) 📞064-713-9950 🚌240 번 ❌없음

영실 코스

영실휴게소 ▷ 병풍바위 ▷ 윗세오름 ▷ 남벽 분기점

윗세오름까지 3.7km 1시간 30분 소요 | 남벽 분기점까지 5.8km 2시간 30분 소요 | 대중교통 이용 시 영실 탐방안내 소~영실휴게소 구간 2.4km 추가 | 난이도 중

보통 윗세오름까지만 갔다가 내려오거나 영실 또는 어리목, 돈내코 코스로 하산한다. 중반부는 가파른 계단이 계속되어 다소 벅차다. 하지만 사방이 시원하게 트이고 병풍처럼 늘어선 기암과 오름들의 멋진 풍경에 힘이 절로 난다. 영실로 올라 어 리목으로 하산하는 코스를 추천한다.

영실 탐방로 입구 통제 시간 동절기(11~2월) 12:00, 춘추절기 (3~4월, 9~10월) 12:30, 하절기(5~8월) 13:00 📍서귀포시 영실 로 246(주차장) 📞064-747-9950 🚌240번 ❌영실휴게소

돈내코 코스

돈내코 탐방안내소 ▷ 평궤 대피소 ▷ 남벽 분기점

7km | 3시간 30분 소요 | 난이도 중상

코스는 비교적 긴 편인데 풍경이나 지형의 변화가 적어 다소 지루하다. 남벽 분기점에서 오른 길로 다시 하산하거나 윗세 오름까지 가서 영실 또는 어리목으로 내려오면 된다. 탐방로 입구에 매점이 없으니 사전에 도시락과 음료를 준비해야 한 다. 대중교통 이용이 다소 불편하다.

돈내코 탐방로 입구 통제 시간 동절기(11~2월) 10:00, 춘추절기 (3~4월, 9~10월) 10:30, 하절기(5~8월) 11:00
📍서귀포시 상효동 1986(주차장) 📞064-710-6920
🚌281번 승차~서귀포산업과학고등학교 하차~611번, 612번 승 차~충혼묘지광장 하차~돈내코 탐방안내소까지 900m ❌없음

한라산이 품은 오름

한라산국립공원 안의 오름들은 짧게나마 한라산을 오르는 것 같은 경험을 할 수 있을 정도로 규모가 크다.
그중 일반에 개방되고 접근이 용이한 대표적인 오름 두 곳을 소개한다.

오름 정상의 호수
사라오름

성판악 코스 5.8km 지점에서 옆길로 빠져 600m 정도 오르면 사라오름 정상에 호수가 나타난다. 제주도 내 오름 중 가장 높은 표고(1,325m)에 위치한 산정화구호다. 호수 가장자리에 마련된 데크를 따라 건너편으로 가면 한라산 정상과 서귀포 바다가 눈앞에 펼쳐지는 전망대가 있다. 사라오름은 겨울의 설경과 한여름 폭우가 내린 후 만수일 때 가장 볼 만하다. 특히 여름 폭우 후 물에 잠긴 데크를 신발 벗고 바지를 허벅지까지 올려 건너가는 경험은 평생 잊지 못할 추억이다. 성판악 코스 중간에 있으므로 탐방 예약을 해야 한다.

📍 제주시 조천읍 516로 1865(주차장) 📞 064-725-9950 🚌 281번, 182번 ✖️ 성판악휴게소

작은 한라산
어승생악

제주에서는 두 번째, 한라산국립공원 내에서는 규모가 제일 큰 오름이다. 어리목 코스 주차장부터 오름 정상까지 등반로가 개설되어 있으며 왕복 1시간 30분 정도 소요된다. 정상에는 둘레 250m가량의 원형화구호가 있고, 제주 시내와 한라산 정상까지 조망할 수 있다. 가쁜 숨을 쉬어야 할 정도의 경사, 정상에서의 전망, 등반로의 숲 등 마치 작은 한라산을 오르는 느낌이다. 시간이나 체력이 되지 않는다면 어승생악에 오르는 것으로도 한라산을 등반하는 기분을 만끽할 수 있다.

📍 제주시 1100로 2070-61(주차장) 📞 064-713-9950 🚌 240번

한라산 단풍 명소

제주는 낮과 밤의 기온차가 크지 않아 타 지역에 비해 단풍이 진하지 않고 단풍이 예쁜 시기도 짧다.
매해 차이는 있지만 대략 10월 25~30일 즈음에 절정을 이룬다.

용진각계곡

한라산 관음사 등반 코스 6km 지점 삼각봉을 지나면 용진각계곡이 나타난다. 계곡에 걸린 현수교와 단풍, 산봉우리들이 제법 하모니를 이룬다. 현수교 좌우로 펼쳐지는 왕관릉과 삼각봉이 근사하다. 이 풍경을 보기 위해서는 등반을 위한 채비를 단단히 해야 한다. 관음사 코스는 한라산 등반로 중 가장 힘든 코스이기 때문이다.

📍 제주시 산록북로 588(주차장)

천아계곡

힘들이지 않고 단풍을 볼 수 있는 몇 안 되는 단풍 명소다. 한라산국립공원 내에 있으나 등반할 필요 없이 자동차로 입구까지 갈 수 있다. 천아계곡은 평소 물이 흐르지 않는 건천이다. 마른 계곡 양쪽 숲이 단풍으로 덮이면 꽤 볼 만하다. 계곡으로 향하는 진출입로와 주차장이 협소하니 운전이 서툴다면 천아계곡 방문은 신중히 고려하자.

📍 제주시 해안동 산217-3(진입로)

어리목교

한라산 어리목 등반 코스 시점에서 약 1km 지점에 어리목교가 있다. 경사가 거의 없고 거리도 짧아 운동화를 신어도 걷는 데 어려움이 없다. 어리목 탐방로 주차장에 주차 가능하고 버스(240번)로도 갈 수 있다. 버스를 타고 갈 경우 정류장에서 탐방로 입구까지 1.5km 정도를 걸어야 한다.

📍 제주시 1100로 2070-61(주차장)

천왕사

많은 봉우리와 골짜기로 이루어져 아흔아홉 골 또는 구구곡이라 불리는 골짜기 중 하나인 금봉곡 아래 자리한 아담한 사찰이다. 주변 봉우리들이 단풍으로 물들면 산사의 운치가 더욱 깊어진다. 대웅전 옆 계단으로 삼성각에 올라서 보는 단풍은 물론 천왕사 진입로 숲의 단풍도 근사하다.

📍 제주시 1100로 2528-111(주차장)

AREA
02

섬에서 섬으로,
주변 섬 여행

제주도는 본섬을 포함해 80개의 크고 작은
유인도와 무인도로 구성되어 있다. 방문 가
능한 섬은 우도, 가파도, 마라도, 비양도, 차
귀도, 추자도 등이다. 제주에서 이 섬들을
바라보고 있노라면 섬의 풍경과 속살이 궁
금해진다. 그 호기심을 채우러 제주 본섬과
닮은 듯 다른 작은 섬으로 여행을 떠나보자.

▪ 배 운항시간과 요금은 종종 바뀌니 방문 전 홈
  페이지 또는 전화로 확인한다.

길게 누운 섬
우도

성산일출봉 근처 성산항에서 약 15분이면 닿는 우도는 여행객이 가장 많이 찾는 제주의 부속 섬이다. 걸어 다니며 구경하기에는 부담스러울 만큼 넓으므로 우도 안에서는 관광용 순환 버스를 이용하거나 전기 자전거, 스쿠터 등을 빌려 탄다. **전기 차, 스쿠터, 전기 자전거 대여 시 톨칸이-우도봉 및 우도 등대공원-검멀레 해변-비양도-하고수동 해수욕장-전흘동 망루-홍조단괴해빈(서빈백사) 순서로 바다를 오른쪽으로 끼고 다닐 수 있다.**

검멀레 해변에서 보트를 타고 바다를 가르는 스릴은 꼭 만끽해봐야 한다. 간조에는 검멀레 해변 절벽 아래 거대한 해식동굴 안으로 들어갈 수 있다. 여름철 우도에서 1박 이상 머무를 수 있다면 비양도에서의 캠핑과 서빈백사 근처 해변에서 스노클링도 추천한다. 우도 특산물 우도 땅콩이 들어간 아이스크림은 놓치지 말아야 할 먹거리다.

우도를 오가는 배는 성산항과 종달항 두 곳으로 드나들지만, 배편이 많은 성산항을 이용하는 게 편리하다. 도항선에 렌터카는 실을 수 없다. 다만 우도 숙박, 6세 미만 아동이나 임산부, 교통이용 약자, 장애인, 65세 이상 일행이 함께할 경우는 예외다.

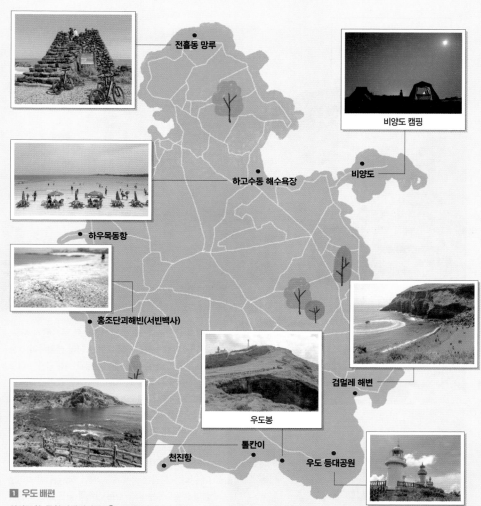

전흘동 망루

비양도 캠핑

하고수동 해수욕장

비양도

하우목동항

홍조단괴해빈(서빈백사)

검멀레 해변

우도봉

톨칸이

천진항

우도 등대공원

1 우도 배편

성산포항 종합여객터미널 📍 서귀포시 성산등용로 12-7 📞 064-782-5671 ₩ 왕복 10,500원 🕐 07:30 ~17:00(30분 간격, 성수기 또는 주말 배편 증편)

2 이동수단

스쿠터, 전기 차, 전기 자전거 대여
🕐 기본 2시간 ₩ 종류에 따라 20,000~50,000원

관광용 순환 버스
• 우도의 주요 관광지를 순서대로 운행하는 관광버스. 한 번 티켓을 구입하면 자유롭게 승하차가 가능하여 편리하게 이용할 수 있다.
* 홀수일: 하우목동항에서 출발해서 시계 반대 방향으로 운행
짝수일: 천진항에서 출발해서 시계 방향으로 운행
* 운행 간격: 20~30분/ 요금: 8,000원

3 추천 카페, 맛집

카페 블랑로쉐, 풍원(한라산볶음밥)

그 섬이 궁금하다
추자도

4개의 유인도와 38개의 무인도로 구성된 추자도. 1910년까지 전라남도에 속했던 터라 생활상이나 풍경이 전라도와 흡사해 제주 본섬과는 분위기가 다르다. 제주-추자도-완도, 해남 우수영을 오가는 쾌속선으로 갈 수 있고 제주에서는 1~2시간 걸린다. **추자도 구석구석을 제대로 만끽하고 싶다면 올레 코스를 따라 걸어보자.** 제주올레 18-1코스, 18-2코스는 각각 10km 정도로 부담없이 걸을 수 있다. 추자도의 대표 유인도인 상추자와 하추자를 넘나들고 산을 오르내리며 만나는 풍경은 극적이고 아름답다. 겹겹이 보이는 섬의 봉우리들은 마치 깊은 산속과 같은 묘한 느낌을 준다. 돈대산과 추자등대에서 보는 해안마을과 바다 풍경, 봉글레산 정상에서 보는 일몰, 상추자항의 일출 모두 놓칠 수 없는 장관이다.

1 추자도 배편

(주)씨월드 고속훼리 산타모니카(쾌속선)

☎ 064-758-4234 ₩ 제주→추자 15,600원, 추자→제주 14,100원
🏠 www.seaferry.co.kr(운항 일정은 변경될 수 있으므로 확인하고 방문을 권장) ⏰ 제주(제주항 제2부두 연안여객터미널) 16:20 출발→상추자 17:10 도착/상추자 09:10 출발→제주 10:00 도착

(주)송림해운 송림블루오션

☎ 064-758-8889 ₩ 제주→추자 25,900원, 추자→제주 29,500원
🏠 slferry.co.kr(매월 둘째, 넷째 목요일 휴항) ⏰ 제주(제주항 제2부두 연안여객터미널) 08:00 출발→하추자(신양항) 10:00 도착/하추자 16:40 출발→제주 18:40 도착

2 추천 숙소, 맛집 에코하우스, 오동여식당

협재와 금능 해변의 새하얀 백사장과 에메랄드빛 바다를 더욱 돋보이게 해주는
섬 비양도. '날아온 섬'이라는 뜻을 가진 비양도는 약 1천 년 전 화산 폭발로 생긴
섬으로 '천 년의 섬'이라고도 부른다. 마치 제주 본섬의 수많은 오름 중 하나를 떼
어다가 바다에 띄워놓은 듯한 모습이다. 섬 전체가 오름 그 자체다. 비양도 한가운
데 우뚝 솟은 비양봉은 제주의 여느 오름들처럼 깊게 팬 분화구를 가졌다.
**추천 코스는 비양봉 정상-섬 해안 한 바퀴-보말죽 또는 비양도 해녀 도시락 먹
기.** 섬에서의 체류 가능 시간이 짧아 이 모든 걸 즐기려면 부지런히 움직여야 한다.

1 비양도 배편 당일 현장 매표

한림항 도선 대합실(비양도행)
📍제주시 한림읍 한림해안로 196 💴[왕복] 성인 12,000
원, 소인 6,000원 🕐비양호 09:20, 11:20, 13:20, 15:20, 천
년호 09:00, 12:00, 14:00, 15:30 📞비양호 064
-796-3515, 천년호 064-796-7522
＊날씨와 선박 점검 등 여러 상황에 따라 배 운항
  시간이 바뀔 수 있으니 방문 전 확인 필요

2 추천 카페, 맛집
쉼그대머물다(비양도쑥팬케이크), 호돌이식
당(보말죽)

보리 물결 출렁이는 봄
가파도

보리의 섬 가파도. 4월이면 섬 전체가 청보리와 유채꽃, 연보랏빛 갯무꽃, 5월은 노랗게 익은 황금보리가 넘실거려 장관을 이룬다. 가장 높은 곳이 해발 20.5m밖에 안 되는 납작한 섬이다. 경사가 거의 없어 자전거를 타고 달리기에도 좋다. 바다, 청보리, 제주 본섬의 한라산, 산방산, 송악산을 한꺼번에 눈에 담을 수 있는 섬 중앙을 가로지르는 길을 추천한다. 사람들이 떠난 섬의 고즈넉함을 즐기고 싶다면 하룻밤 머물러보자. 깜깜한 밤하늘에서는 별이 쏟아질 듯하고, 한라산 너머에서 떠오르는 태양을 맞이하는 새벽은 경이롭다. 가파도는 제주 본섬 운진항에서 배로 20여 분 소요된다.

1 가파도 배편
전화 또는 홈페이지 사전 예약 필수

마라도 정기여객선(운진항)
📍 서귀포시 대정읍 최남단해안로 120
₩ [왕복] 성인 15,500원, 소인 7,800원
📞 064-794-5491
🏠 wonderfulis.co.kr

2 추천 숙소, 맛집
가파도 민박 용궁정식

3 자전거 대여
선착장 근처 대여점 1일 5,000원

제주 본섬에서 뱃길로 30여 분 거리인 마라도는 마치 해안 절벽 일부를 뚝 잘라서 바다에 띄워놓은 것처럼 생겼다. 마라도는 천천히 걸어도 1시간이면 한 바퀴를 돌 수 있다. **선착장을 벗어난 뒤 짜장면 거리를 지나 마라분교-마라도 절(기원정사)-최남단 비-마라도 성당-마라도 등대-마라도 교회 순서로 돌면 다시 짜장면 거리가 나온다.** 당일치기 여행일 경우 섬에서의 체류 가능 시간은 2시간. 시간 분배를 잘해야 섬 여행도 하고 마라도의 대표 먹거리인 마라도 해물짜장면도 한 그릇 먹을 수 있다. 마라도가 가장 예쁠 때는 여름과 가을이다. 여름에는 섬이 푸른 초원이 되고 가을에는 섬의 동쪽 언덕이 억새 물결로 반짝인다.

1 **마라도 배편** 전화 또는 홈페이지 사전 예약 필수

마라도 정기여객선(운진항) ◆ 서귀포시 대정읍 최남단해안로 120 ₩ [왕복] 성인 21,000원, 소인 10,500원 ☎ 064-794-5490
🏠 wonderfulis.co.kr

마라도 가는 여객선(산이수동항) ◆ 서귀포시 대정읍 송악관광로 424 ₩ [왕복] 성인 19,000원, 소인 9,500원 ☎ 064-794-6661
🏠 www.maradotour.com

2 **추천 맛집** 마라도해녀촌짜장, 원조마라도해물짜장면집

고산리 자구내포구(차귀도포구)에서 뱃길로 3분이면 갈 수 있다. 1970년대부터 사람이 살지 않는 무인도로 탐방이 허락된 건 그리 오래되지 않았다. 크고 작은 3개의 바위섬을 합쳐서 차귀도라 부르며 가장 크고 등대가 세워진 대섬(죽도)을 탐방할 수 있다. 죽도 전체가 억새로 뒤덮이는 가을에 특히 추천한다. 배에서 내려 계단 몇 개만 오르면 바로 억새 바람에 휩싸이게 된다. 억새 물결 너머 섬 꼭대기에 소담한 등대가 서 있다. 섬의 왼쪽부터 해안을 따라 등대 언덕에 올랐다가 반대로 내려가는 순환 코스로 한 바퀴 돌 수 있다. 차귀도는 세계지질공원 제주지질명소답게 해안 지형이 독특하고 근사하다. 화산섬의 원형이 잘 보존되어 학술적 가치도 높다. 이런 모습은 배를 타고 바다에서도 볼 수 있다. 섬에서 1시간 정도 머무를 수 있고, 제주 본섬으로 돌아오기 전 유람선을 타고 15분 정도 섬 주변의 풍경을 감상할 시간이 주어진다.

차귀도 배편 사전 예약필수

차귀도 유람선
📍 제주시 한경면 노을해안로 1163
₩ [왕복] 성인 16,000원, 소인 13,000원
📞 064-738-5355

AREA
03

걸어야 비로소
보이는 풍경
제주올레

도보 여행의 대명사가 된 제주올레는 서명숙 이사장이 23년에 걸친 언론인 생활을 끝내고 스페인 산티아고 순례길을 걸으며 영감을 받아 고향 제주에 개척한 걷기 코스다. 2007년 9월 제1코스가 개설된 이래 하나씩 늘어 현재 27개 코스 437km로 완성되었다. 각 코스는 오름, 바다, 목장, 밭, 시골 마을 등이 다채롭게 이어져 있다. 올레의 가장 큰 매력은 걸어야만 보이고 느낄 수 있는 풍광과 감성을 마주하게 된다는 것이다. 올레 경유지 중에는 제주 토박이에게도 무척 낯설고 새롭게 다가오는 마을과 자연 풍경이 적지 않다. 올레 걷기야말로 어쩌면 진짜 제주를 만나는 방법일지도 모른다.

• '올레'는 큰길에서 집의 대문까지 이어지는 좁은 골목을 뜻하는 제주어다.

올레 표지 익히기 및 준비물

낯선 길, 외진 장소, 긴 거리를 걷는 건 쉬운 일이 아니지만, 친절하게 설치된 올레 안내 표지 덕분에 길을 잃을 걱정은 없다. 장거리를 걷기 위한 몇 가지 준비물까지 잘 챙긴다면 안전하게 올레 걷기를 즐길 수 있다.

올레 안내 표지

다양한 형태로 곳곳에 설치된 표지만 잘 따라가면 된다. 잠시 길을 잘못 들어도 마지막 표지를 본 곳으로 돌아가 주변을 살피면 올레 표지를 발견할 수 있다.

간세

느릿느릿한 게으름뱅이라는 뜻의 제주어로 제주올레의 심벌인 조랑말 조형물이다. 시작점에서 종점을 향해 걸을 경우 머리가 향하는 쪽이 진행 방향이다.

리본

나무, 전봇대 등에 파란색과 주황색이 같이 묶여 있다. 파란색은 정방향, 주황색은 역방향이다.

화살표

리본과 마찬가지로 파란색과 주황색이 정방향과 역방향을 가리킨다. 돌담, 전봇대, 막대 등에 부착되어 있다. 나무로 만들었거나 바위, 벽 등에 페인트로 칠해놓았다.

플레이트

가로세로 16cm 크기의 판으로 전봇대, 나무 등에 붙어 있다. 정방향으로 걸을 때의 걸어온 길이와 전체 길이가 표시되어 있다.

스탠드

특별히 주의가 필요한 구간이나 일시적으로 우회해야 하는 곳에 설치되어 있다. 우회로의 경로와 시간, 거리 등을 알려준다.

시작점 표지석

각 코스의 시작과 끝, 각 코스의 전체 경로와 경유지, 화장실, 스탬프 위치 등이 그려져 있다.

휠체어 구간

올레 코스 중 경사가 거의 없고 도로 상황이 좋은 구간을 휠체어 구간으로 정해놓았다. 간세 안장의 S는 시작점, F는 종점을 뜻하며 간세 머리가 향한 쪽이 진행 방향이다.

스탬프 간세

올레 시작점, 중간 지점, 종점에 각 코스를 상징하는 스탬프가 있다. 제주올레 패스포트에 각 코스마다 스탬프 3개를 모두 찍으면 제주올레 여행자센터에서 완주증과 완주 메달을 준다.

준비물

각 코스가 평균 15km 이상이다. 익숙지 않은 곳에서 안전하게 추억을 남기기 위해서는 몇 가지 준비물이 필요하다.

트레킹화 및 샌들

숲이나 오름을 걸어야 하는 상황이 자주 생긴다. 운동화보다는 트레킹화나 가벼운 등산화가 좋다. 여름철 바다가 포함된 코스를 걷는다면 샌들도 챙기자.

복장

제주의 여름은 자외선이 강하고 숲길이 많아 모자를 쓰고 긴 소매와 긴 바지를 입어야 한다. 바람막이나 우비를 준비해 변덕스러운 제주 날씨에 대비하자.

물과 간식

마을이나 가게가 거의 없는 코스를 지나기도 하니 반드시 준비해야 한다. 그 외 현금, 교통카드, 쓰레기봉투, 올레 패스포트, 여행자 보험, 선크림 등도 필요하다.

올레 에티켓&이용 팁

제주올레 방문자의 증가로 올레 걷기에 유용한 서비스가 등장하고 자리를 잡았다.
안전하고 편안한 이용 팁을 미리 체크해두자.

에티켓

올레 코스 경유지마다 목장, 밭 등의 사유지가 다수 포함되어 있다. 그런 곳에 방목된 말과
소에게 접근하는 행위, 밭작물을 캐는 행위, 남의 집 울타리를 넘는 행위는 하지 않아야 한
다. 쓰레기 투척 또한 절대 금지.

이용 팁

제주올레 콜센터 및 모바일 홈페이지, 아카자봉 함께 걷기 프로그램, 카카오맵, 네이버맵,
짐 보관 서비스, 짐 옮김 서비스, 제주여행 지킴이 대여 서비스 활용하기.

| 제주올레 콜센터 및 홈페이지 | 걷기 여행 시작 전에 제주올레 콜센터(064-762-
2190)로 연락하면 일정 시간마다 콜센터에서 연락을 해준다. 홈페이지에 각 코스 소개 및
팁, 경유지, 코스별 난이도, 거리, 식당, 숙박, 각 코스 시작점과 종점의 대중교통 등이 자세
하게 소개되어 있다. 코스 선택 및 사전 준비에 도움이 된다.

| 아카자봉 함께 걷기 프로그램 | 제주올레 아카데미 수료자들이 하루 한 코스씩 동행
하며 안내해주는 자원봉사 프로그램이다. 혼자 걷는 게 부담스럽다면 활용해볼 만하다. 제
주올레 홈페이지에서 신청 가능하다.

| 카카오맵, 네이버맵 | 각 코스 검색 시 전체 동선이 표시된다. 또한 현재 위치가 실시간
으로 보여 코스 주변의 정보를 얻는 데 도움이 된다.

| 짐 옮김 서비스 | 공항에서 숙소로, 숙소에서 숙소로, 숙소에서 공항으로 짐을 옮겨줘
무척 유용하다. 배송 조회 가능한 시스템이 잘 갖춰져 있다. 온라인으로 예약 가능하며 짐
크기에 따라 비용은 9,000~20,000원.

　　• **가방을 부탁해** gabangplease.net　　• **짐다오** zimdao.com

| 짐 보관 서비스 | 간세라운지(동문시장 인근), 제주버스터미널 올레꾼 짐 보관소(터미널
내 복권 가게), 서귀포버스터미널 올레꾼 짐 보관소(터미널 매표소 옆 사무실), 공항 수하물
보관소. 비용은 5,000~20,000원 선.

| 제주 여행 지킴이 단말기 대여 서비스 | 스마트 워치 형태로 대여비는 무료지만 보증
금이 있다. 제주 공항 종합관광안내센터, 제주항 연안여객터미널, 제주항 국제여객터미널
에서 대여(문의 064-742-8866)가 가능하다.

추천 올레

27개 코스의 제주올레. 모두 걸어봐야 진짜 제주를 볼 수 있겠지만,
그중 경관이 좋으면서도 올레가 처음이거나 혼자 걸어도 좋을 코스를 추천해본다.
🏠 www.jejuolle.org

2 코스
광치기-온평 올레
15.6km | 5~6시간 소요
난이도 중

해안에서 시작해 시골 마을, 오름 등 다채로운 경유지를 지난다. 코스 초반의 광치기 해변은 장쾌하고 오조리 마을은 아기자기하다. 제주 '삼성(三姓) 신화'에 나오는 고, 양, 부 삼신인의 전설이 얽힌 혼인지도 지난다.

5 코스
남원-쇠소깍 올레
13.4km | 4~5시간 소요 | 난이도 중

남원포구-큰엉 해안 경승지-쇠소깍까지 주로 해안을 따라 이동하는 코스다. 경사가 심하지 않고 길이도 적당하지만, 중간중간 바위가 거친 해안을 지나야 하니 편한 트레킹화를 준비하자. 서귀포권 올레 중 쉬운 편에 속한다.

10 코스
화순-모슬포 올레
15.6km | 5~6시간 소요 | 난이도 중

7코스와 더불어 서귀포권 올레 중 가장 아름다운 코스로 손꼽히고 탐방객도 많다. 화순 금모래 해수욕장에서 시작해 산방산의 위용을 보며 황우치 해안을 지난다. 형제 해안 도로를 지나 최고의 산책로 송악산을 경유한다.

21코스
하도-종달 올레
제주해녀박물관

종달바당

15-B코스
한림-고내 올레
고내포구

한림항

2코스
광치기-온평 올레

광치기 해변

온평포구

10코스
회순-모슬포 올레

5코스
남원-쇠소깍 올레

남원포구

쇠소깍 다리

하모체육공원

화순금모래
해수욕장

0   5.5km

15-B **코스**	**한림-고내 올레** 13km ǀ 4~5시간 소요 ǀ 난이도 하

한림항에서 시작해 귀덕, 곽지, 애월의 해안을 골고루 볼 수 있는 코스다. 경사가 거의 없어 걷기에 좋다. 한림항, 귀덕1리 복덕개포구, 곽지 해수욕장, 한담 해안 산책로를 경유한다.

21 **코스**	**하도-종달 올레** 11.3km ǀ 3~4시간 소요 ǀ 난이도 하

제주올레의 마지막 코스로 올레를 처음 걷는 이에게 추천한다. 마을과 밭길, 바닷길, 오름 등 제주 동북부의 자연을 골고루 체험하는 길이다. 코스 말미의 지미봉 정상에 서면 당근밭, 해안 마을, 바다 위에 떠 있는 우도, 성산일출봉이 그림처럼 발아래 펼쳐진다.

제주올레 여행자센터

2016년 7월, 제주올레 개척 10년 만에 마련된 제주올레 여행자센터는 제주올레를 응원하는 여러 기업과 개인들의 후원, 작가들의 재능 기부로 완성된 공간이다. 1층 현관부터 2층으로 올라가는 벽에 여행자센터 건립을 위해 후원한 기업과 개인의 이름이 새겨져 있다. 2층에 제주올레 관련 모든 일을 총괄하는 사무국이 있으며, 그 외 공간은 여행자들을 위한 쉼터로 운영 중이다. 1층은 식당, 카페, 3층은 숙소 '올레스테이'로 구성되어 있다. 짐 보관 서비스도 제공한다. 제주올레 6코스, 7-1코스 종점이자 7코스의 시작점이다.

어멍밥상+간세카페

제주 어멍(어머니)이 제주 식재료로 정성 들여 준비한다. 간세카페에는 제주의 싱싱하고 건강한 맛을 즐길 수 있는 음료 및 간식이 준비되어 있다.

🕐 점심 11:30~14:00, 저녁 17:00~20:00
*일요일 휴무, 조식은 제철죽으로 전날 저녁 예약 필수(5,000원).

완주자의 벽

제주올레 27개 코스 437km 완주 후 인증서를 받고 완주를 기념하는 사진을 찍을 수 있는 포토존이다. 완주자들은 제주올레 직원들과 방문객들의 축하 박수를 받으며 흥겨운 세리머니를 보여주기도 한다.

올레스테이

1인실부터 다인실까지 구성이 다양하며 '쉼'에 초점을 맞췄다. 촉감 좋은 침구류, 독립성이 보장된 침대, 넉넉한 개인 로커, 개인별 샤워 부스와 용품이 갖춰져 있다. 객실 방문에는 작가 14인의 작품이 담겨 있어 복도는 갤러리 그 자체다.

📍 서귀포시 중정로 22 📞 064-742-2167
₩ 1인 25,000~38,000원
🏠 jejuolle.org

슬기로운 여행 준비

여행 준비
시작

제주 여행 준비 시 항공 또는 선박, 교통
수단, 숙소, 할인 쿠폰, 원데이 투어 그
외 제주 현지에서 필요한 앱이나 전화번
호 등 챙겨야 할 것들이 있다. 비수기나
주중에는 항공권(또는 배편)만 예약하
고 나머지는 제주 현지에서 해결해도 별
어려움이 없다. 하지만 주말이나 성수기
에는 예약하지 않을 경우 원하는 조건으
로 이용할 수 없거나 업체를 찾느라 귀한
시간을 허비하는 상황이 생긴다. 즐거운
여행을 위해 미리 투자하는 시간을 아끼
지 말자. 항공기, 선박 탑승을 위한 신분
증, 렌터카 운전을 위한 면허증도 꼭 챙
겨야 할 항목이다.

입도하기

제주에 입도하는 방법은 크게 항공편과 배편 2가지다. 기본적으로 항공편이 빠르고 편리하지만
자가용을 이용해 둘러볼 계획이라면 배편을 이용한다.

--- 항공 ---

제주도 여행을 준비한다면 가장 먼저 항공권을 예약해야 한다. 원하는 날짜, 시간, 요금에 딱 맞는 항공권을 구하려면
사전에 예약하는 게 좋다. 모든 항공사의 스케줄과 항공권 가격을 비교할 수 있는 사이트를 이용하면 편리한데, 각 항
공사에서 진행하는 할인 이벤트를 잘 활용하면 최저가 예약도 가능하다. 탑승 시 신분증이 반드시 필요하다. 단, 공항
에서 생체정보 사전 등록을 마친 경우는 제외.
주말이나 성수기에는 공항이 혼잡해 수속하는 데 오래 걸릴 수 있으니 탑승시간보다 1시간 이상 먼저 공항에 도착해야
한다. 대부분의 항공사가 셀프 체크인 후 짐을 부칠 수 있어 공항 키오스크에서 예약 시 문자나 메일로 받은 예약 번호
또는 생년월일로 체크인할 수 있다.

| 항공권 가격 비교 사이트 |

· **탐나오** tamnao.com　　· **인터파크투어** domair.interpark.com　　· **스카이스캐너** skyscanner.co.kr

--- 선박 ---

캠핑, 차박 등의 목적으로 자가용을 갖고 제주로
입도할 때 주로 이용한다. 배편은 목포, 완도, 녹동,
여수, 부산 등 남해안에서 출발하는 경우가 많다.
지역에 따라 전라도권은 1시간 30분~5시간 30분,
부산은 11시간 소요된다. 남쪽 지역에 거주하거나
이동에 시간 할애가 가능한 장기 여행일 경우 유
용하다. 자동차 선적 시 출항시간보다 1시간~1시
간 30분 먼저 부두에 도착해야 한다.

| 배편 가격 비교 사이트 |

· **제주배닷컴** jejube.com　　· **여객선닷컴** 여객선.com

제주로 들어가거나 제주에서 나올 때

항로	업체명	선박명	전화	소요시간
완도항 ↔ 제주	한일고속페리 hanilexpress.co.kr	실버클라우드	1688-2100	2시간 40분
		송림블루오션		5시간(추자 경유)
		블루나래		1시간 30분
목포항 ↔ 제주	씨월드고속훼리 seaferry.co.kr/	퀸메리	1577-3567	4시간
		퀸제누비아		5시간
녹동신항 ↔ 제주	남해고속 namhaegosok.co.kr	아리온제주	061-244-9915	3시간 40분
여수항 ↔ 제주	한일고속페리 hanilexpress.co.kr	골드스텔라	1688-2100	5시간 30분
부산항 ↔ 제주	엠에스페리 msferry.haewoon.co.kr/	뉴스타	1661-9889	11시간 30분

※ 선박 회사의 상황, 계절 등에 따라 출항 요일, 시간 등의 변경이 잦으니 예약 시 전화, 홈페이지를 통한 확인이 필요하다.

나에게 맞는
제주 시내 교통수단

유명 관광지답게 제주 여행의 교통수단은 매우 다양하다.
이 가운데 나의 여행에 맞는 교통수단은 무엇인지 선택해보자.

─── 렌터카 ───

제주를 여행하는 데 가장 편리한 방법은 단연 렌터카다. 제주도에 등록된 렌터카 업체는 100개가 넘지만 성수기에는
인기 차종을 구하기 어려우니 미리 예약하는 것이 좋다.

렌터카 선택하기

차종	장점	단점
일반 차(휘발유, LPG)	대여비가 저렴하고 연료 충전이 빠른 편	비싼 연료비
전기 차	저렴한 연료비(150km당 약 3,000원)에 공영 주차장 이용 시 반값	긴 충전 시간(단, 제주도는 전기차 선도 도시로 곳곳에 충전소가 있어 운행에 큰 어려움이 없음)

| **보험** | 기본적인 종합보험 외에 본인 과실에 대비한 자차면책보험에 가입하길 추천한다. 대여 차량이 고가라면 가
급적 완전히 면책되고 자기 부담이 적거나 없는 무제한 자차도 생각해볼 만하다.

| **렌터카 픽업과 반납** | ·픽업: 인수 시 차량 상태를 꼼꼼히 체크한다. 운전자 면허증 필수 지참.
　　　　　　　　　　　　 ·반납: 연료 충전과 반납 수속, 반납 후 공항 이동 시간까지 미리 계산해 여유 있게 움직인다.

| **렌터카 실시간 가격 비교 사이트** |

· 제주패스렌트카 www.jejupassrent.com　· 네이버쇼핑 shopping.naver.com　· 찜카 zzimcar.co.kr

※ **카셰어링** 몇 시간의 단거리 이동은 카셰어링을 이용하는 편이 저렴하다. 차량 이용 요금+주행 거리 비용을 지불하는 시스템. 다만
　반나절이 넘어간다면 고민해볼 필요가 있다.

　· 쏘카 www.socar.kr

버스

오랜 세월 제주의 대중교통(버스)은 여행자에게 불편함의 대상이었다. 그랬던 것이 제주올레 걷기가 활성화 되고, 운전이 어려운 20대 초반의 여행객이 늘면서 여행객 친화적으로 꾸준히 바뀌어 왔다. 덕분에 성수기에는 10~15분 간격으로 운행함에도 빈자리가 없을 만큼 사랑받는 노선도 많아졌다. 급행버스로 시간이 절약되고, 카드, 휴대폰으로 결제가 되어 승하차 및 환승도 편리하다. 제주버스정보시스템 웹사이트에서 버스 도착 알림톡, 노선, 경로, 시간표, 출발 예정 정보 등이 확인 가능하고, 제주버스정보시스템 홈페이지 > 대중교통 안내에서 노선 책자도 다운로드 받을 수 있다.

· 제주버스정보시스템 bus.jeju.go.kr

택시

외곽에서 버스가 끊겼거나, 버스 배차 간격이 너무 길거나, 시작점에 차를 세워두고 올레를 완주할 경우 등 택시를 이용해야 할 상황과 종종 맞닥뜨린다. 가장 유용한 건 카카오택시다. 간혹 카카오택시가 잡히지 않을 시 지역별 콜택시 회사로 바로 전화하는 방법도 있다. 장거리 이동 시에는 행선지와 차고지가 같은 회사의 택시를 이용하면 보다 쉽게 배차 받고 금액도 다소 저렴하다.

스쿠터

자동차 운전이 익숙지 않은 여행객들에게 인기 있는 교통수단이다. 주차와 정차가 용이하고 안전하게만 운행하면 렌터카보다 저렴하면서 차로는 보기 힘든 귀한 풍경을 만날 수 있다. 휴대 전화 내비게이션 앱과 거치대, 선글라스, 마스크, 스카프, 외투 등을 잘 챙기자.

· 준바이크 www.junebike.co.kr

원데이 투어

요즘 제주 여행은 자유 여행이 대세인 것 같지만 틈새 패키지로 원데이 투어가 인기다. 눈치 빠른 여행자들은 이미 많이 이용하고 있다. 일단 여행 코스가 젊다. 흔한 관광지보다는 사진 찍기 좋은 곳, 새롭게 떠오르는 핫플레이스, 카페, 맛집 등을 운전 걱정 없이 편하게 이동하면서 즐기기만 하면 된다. 정보를 일일이 찾아보기 힘들거나 운전을 할 수 없는 여행자를 위한 멋진 테마 여행이다.

· 찰쓰투어 P.044 charlestour.modoo.at · 마이리얼트립 myrealtrip.com

주요 버스

버스 여행객이 늘어나면서 2017년에 제주도 대중교통 체계가 개편되었다. 제주시와 서귀포를 연결하는 노선의 큰 틀은 그대로이나 지역민에게만 익숙했던 체계가 여행객들도 편하게 이용할 수 있도록 바뀌었다. 번호가 없던 시외버스에

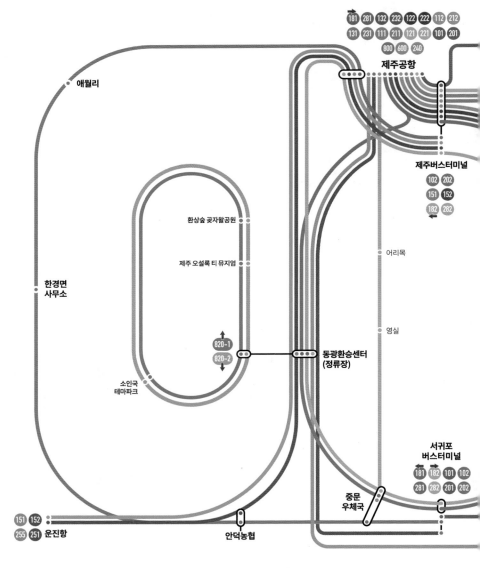

번호를 부여하고 노선마다 버스 색깔을 통일했다. 버스 애플리케이션도 한층 업그레이드되었다. 타 지역과 마찬가지로 제주에서도 카카오맵, 네이버맵을 이용한 버스 여행도 한결 수월해졌다. 현금보다 교통카드(교통카드 기능 탑재한 신용카드)가 유용하다. 교통카드 이용 시 기본 50원 할인 및 환승 할인을 받을 수 있다.

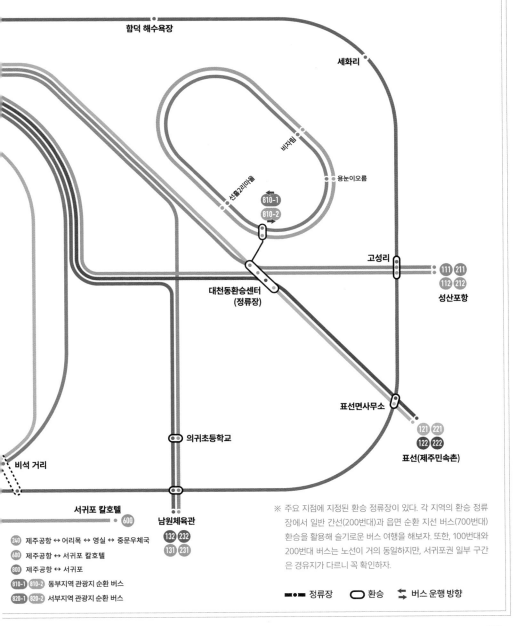

함덕 해수욕장

세화리

비자림

용눈이오름

선돌2리마을

810-1
810-2

고성리

111 **211**
112 **212**

성산포항

대천동환승센터
(정류장)

표선면사무소

121 **221**
122 **222**

표선(제주민속촌)

의귀초등학교

비석 거리

서귀포 칼호텔

600

남원체육관

132 **232**
131 **231**

240 제주공항 ↔ 어리목 ↔ 영실 ↔ 중문우체국
400 제주공항 ↔ 서귀포 칼호텔
800 제주공항 ↔ 서귀포
810-1 **810-2** 동부지역 관광지 순환 버스
820-1 **820-2** 서부지역 관광지 순환 버스

※ 주요 지점에 지정된 환승 정류장이 있다. 각 지역의 환승 정류장에서 일반 간선(200번대)과 읍면 순환 지선 버스(700번대) 환승을 활용해 슬기로운 버스 여행을 해보자. 또한, 100번대와 200번대 버스는 노선이 거의 동일하지만, 서귀포권 일부 구간은 경유지가 다르니 꼭 확인하자.

■━●━■ 정류장　　◯ 환승　　⇄ 버스 운행 방향

급행 버스 공항에서 바로 탄다
공항과 터미널, 주요 거점을 빠르게 연결

100 번대

최소 **2,000원** 20km 이하

최대 **3,000원** 40km 이상

간선 버스 주요 중심 도로 운행
도심과 외곽을 운행하는 장거리 노선

일반 간선 **200** 번대

제주 간선 **300** 번대

서귀포 간선 **500** 번대

지선 버스 읍면, 시내 순환 운행
시내, 읍면 마을을 구석구석 촘촘하게 연결

제주 지선 **400** 번대

서귀포 지선 **600** 번대

읍면 지선 **700** 번대

공항버스 **600번**
제주국제공항 —— 중문관광단지 —— 제주월드컵경기장 —— 서귀포 칼호텔(종점)

공항버스 **800번**
제주버스터미널 —— 제주국제공항 —— 회수 사거리(중문) —— 서귀포버스터미널(종점)

- **급행 버스(빨간색, 100번대)** 공항에서 바로 탈 수 있다. 시 외곽으로 나가기 위해 제주버스터미널까지 가지 않아도 된다. 200번대 간선 버스와 겹치는 노선은 많으나 정차 정류장 수는 적다. 공항 1층 4번 게이트 앞 3·4번 플랫폼 승차.

- **간선 버스(파란색)** 시외를 운행하는 일반 간선(200번대)과 제주시, 서귀포 시내를 운행하는 제주 간선(300번대), 서귀포 간선(500번대)이 있다. 제주시, 서귀포를 연결하는 일반 간선 200번대가 버스 여행 시 가장 많이 이용하게 되는 노선이다.

- **지선 버스(초록색)** 각 지역의 순환 버스라고 보면 된다. 읍, 면, 중산간 순환 버스 700번대, 제주 시내 순환 400번대, 서귀포 시내 순환 600번대로 나뉜다.

- **공항버스(600번 리무진)** 제주 공항 출발, 서귀포 칼호텔 종점이다. 중문관광단지 내 여러 호텔을 경유하기 때문에 공항에서 중문 쪽 숙소로 바로 이동하고자 할 때 유용하다. 공항 1층 5번 게이트 앞 승차.

- **공항버스(800번 리무진)** 공항에서 서귀포로 가는 버스로 서귀포 혁신도시를 경유하는 신설된 노선이다. 공항 1층 4번 게이트 앞 4번 플랫폼.

요금
(일반 기준)

종류	요금
간선, 지선, 관광지 순환 버스(단일 요금제)	1,150원(현금 1,200원)
급행 버스(거리 비례 요금제)	기본 2,000원(20km), 5km 단위로 200원씩 추가 요금 부과, 최대 요금(40km 초과) 3,000원(현금 결제 시 거리 불문 3,000원)
600번(거리 비례 요금제)	1,300~5,500원
800번(거리 비례 요금제)	1,300~5,000원

똑똑하게 버스 여행하는 방법

시내버스 요금
1200원

교통카드 할인
-50원

하차 태그 필수
4000원
누락 시 최대 요금

환승 가능 인원
1인

환승 가능 횟수
2회
동일노선 불가

환승 가능 시간
40분

제주버스정보시스템
bus.jeju.go.kr

무선 인터넷
Wi-Fi FREE

짐 옮기기 서비스

포털사이트 지도
NAVER
실시간 정보

제주120콜센터
064-120

불편신고센터
064-710-7777

❶ **일정 욕심 부리지 않기** 렌터카를 타고 다니듯 많은 곳을 가려는 욕심을 버리자. 목적지와 버스 정류장을 오가고 버스를 기다리면서 소비하는 시간이 적지 않다. 많아도 하루에 세 곳 정도면 충분하다.

❷ **버스 노선에 있는 여행지 선택하기** 제주도 버스 여행이 어렵다는 얘기가 나오는 이유는 버스가 자주 다니지 않는 여행지를 선택하기 때문이다. 배차 간격이 15~25분인 굵직한 시외버스가 경유하는 여행지를 방문한다면 렌터카 못지않게 여러 곳을 다닐 수도 있다. 그런 관광지가 상당히 많다.

❸ **택시 타는 걸 주저하지 않기** 버스가 자주 다니지 않는 여행지를 선택한 경우 버스 시간을 맞추기 어렵다면 택시를 이용해 시간을 아끼자. 길지 않은 일정에서 돈보다 중요한 건 시간이다. 버스가 다니고 관광지가 있는 곳이라면 택시 호출도 어렵지 않다. 카카오택시나 매표소에 문의해 지역 택시를 부르면 된다.

❹ **짐을 간소화하거나 짐 보관, 짐 옮김 서비스 이용하기** 도보 여행 시 짐 간소화는 당연하지만 짐을 적게 준비하는 게 쉽지 않다. 특히 여행지에서의 스타일을 중요시한다면 더욱 그럴 것이다. 그럴 때 짐 보관, 짐 옮김 서비스를 활용하자. 버스 여행객이 늘면서 짐 옮김 서비스가 활성화되었고 어지간한 관광지마다 보관함이 설치되어 있다.

| **짐 옮김 서비스** | ・**짐다오** zimdao.com
　　　　　　　 ・**가방을 부탁해** gabangplease.net

| **짐 보관 서비스** | **간세라운지(공항 인근)** ⏰ 10:00~19:00(보관 기간 최대 2일) 📞 070-8682-8651
　　　　　　　 제주버스터미널 올레꾼 짐 보관소(터미널 내 복권 가게) ⏰ 05:50~21:50 📞 010-5627-5045
　　　　　　　 서귀포버스터미널 올레꾼 짐 보관소(터미널 매표소 옆 사무실) ⏰ 05:30~21:00 📞 064-739-4645
　　　　　　　 공항 수하물 보관소 ⏰ 07:30~21:30 📞 064-740-3938
　　　　　　　 ※ 비용은 5,000~20,000원 선.

관광지 순환 버스 810, 820번

2017년에 제주도 대중교통 체계가 변경되면서 새로 추가된 노선이 관광지 순환 버스다. 경유하는 버스가 드물던 동부, 서부 중산간에 신설되었다. 버스가 거의 다니지 않는 여행지 방문에 대한 수요를 충족시켜주고 있다. 한 바퀴 순환하는 데 걸리는 시간은 약 1시간. 간혹 내리지 않고 드라이브 삼아 타는 여행객도 있다. 1일권을 구입하면 3,000원으로 관광지 순환 버스가 다니는 노선에서는 하루 교통비 끝! 동부권은 810번, 서부권은 820번이다.

₩ 1회 요금 1,150원/ 1일권 3,000원 [구입처] 대천환승센터, 동광환승센터, 버스(환승센터가 아닌 곳에서 승차해도 버스에서 구입 가능) ☎ 064-746-7310

걸을 준비가 되었다면
810번 810-1, 810-2

동부권 중산간 관광지를 순환하는 버스다. 대천환승센터에서 송당리마을 방향으로 먼저 도는 버스는 810-1번, 반대로 선흘2리마을 방향으로 먼저 도는 건 810-2번이다. 대천환승센터에서 810-1번은 09:10분부터 1시간 간격, 막차는 18시, 810-2번은 오전 9시 30분부터 2시간 간격, 막차는 17시다.
810번은 동부권의 자연과 시골 마을을 주로 경유한다. 오름이 여럿 포함되어 걸을 준비가 된 이들에게 추천한다. 아이들은 다소 힘들어할 수 있다. 거슨세미오름, 안돌오름, 밧돌오름은 서로 이웃한 오름들이라 트레킹 코스로 제격이며, 이 코스는 걸을 준비를 단단히 해야 한다. 인기 많고 비교적 쉬운 추천 명소는 아부오름 P.174, 메이즈랜드 P.178, 비자림 P.175, 동백동산습지센터(선흘 곶자왈)다.

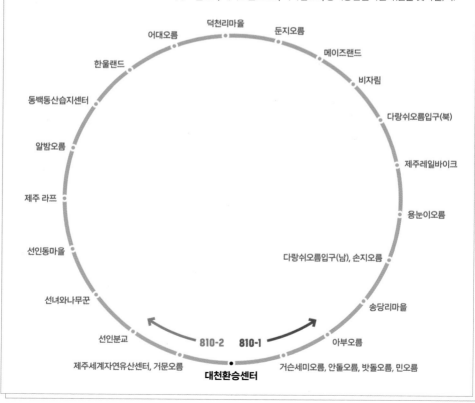

아이들과 함께라면
820번 820-1, 820-2

서부권 중산간에 위치한 관광지를 순환한다. 동광환승센터에서 헬로키티아일랜드 방향으로 먼저 가는 건 820-1번, 신화역사공원 방향으로 먼저 가는 건 820-2번이다. 820-1번은 동광환승정류장에서 오전 9시부터 30분~1시간 간격이며 막차는 17시, 820-2번은 동광환승정류장에서 오전 9시 10분부터 1시간 간격이며 막차는 17시 30분이다.

820번 노선은 그야말로 황금 노선이다. 자연, 시골 마을, 테마 관광지 등 경유지가 다양하다. 오설록 P.240, 환상숲 곶자왈 P.133, 생각하는 정원, 산양곶자왈(산양큰엉곶) P.129, 저지오름, 저지리(제주 현대미술관, 김창열미술관, 방림원) P.136 등 자연 명소와 미술관을 모두 지난다. 헬로키티아일랜드, 세계 자동차&피아노 박물관 P.240, 제주유리의성, 제주항공우주박물관 등 아이들과 함께하기에 좋은 테마 관광지도 많다. 하루로는 부족할 정도다. 아이와 함께하는 버스 여행이라면 820번 노선을 특히 추천한다.

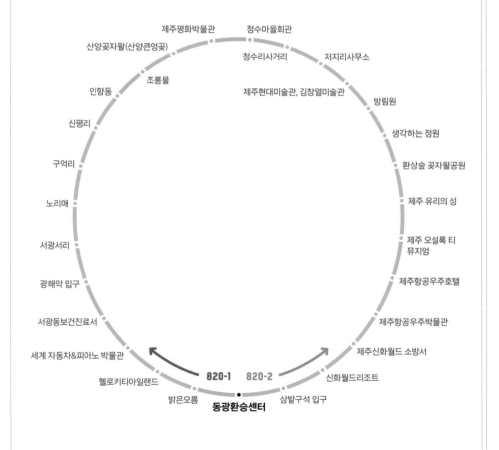

알아두면 쓸 데 있는
제주 여행 팁

제주 여행에서 미리 알아두면 편리한 정보 몇 가지를 뽑았다.
나의 소중한 에너지, 시간, 돈을 아낄 수 있는 정보를 참고하자.

무엇이든 물어보세요!
제주관광정보센터
064-740-6000

제주도 여행 중 궁금한 건 여기! 한국어와 영어, 중국어, 일본어까지 4개 국어로 안내하며 상담원이 아주 친절하게 답변해준다. 상담 가능 시간 09:00~18:00.

입장권
할인

네이버 예약에서 웬만한 관광지는 다 할인받을 수 있다. 그 외에 브이패스, 제주모바일 등 할인 쿠폰 앱을 통해 묶음 패키지를 이용하는 것도 추천!

여행 중 갑자기
**아프거나
다쳤을 때!**

제주도에 응급실이 있는 큰 병원은 제주 시내와 서귀포 시내에 있다.

📞 **병원 응급실 번호** 제주대학병원 064-717-1900, 한마음병원 064-750-9119, 제주한라병원 064-740-5158, 제주한국병원 064-750-0119

맛집이나 카페 방문 전
체크할 것

재료 소진이나 브레이크 타임, 비정기 휴무, 노키즈존 등으로 헛걸음할 수 있으니 인스타그램 계정이나 전화로 방문 전에 확인하자. 참고로 가장 많이 쉬는 날은 주로 화, 수요일이다.

일기예보만 믿었다간
큰 코 다치기 십상

한라산의 영향으로 갑자기 비가 내리거나 급격히 안개가 진하게 끼거나 칼바람에 시달릴 수 있다. 영상의 기온에서도 바람이 불면 체감 온도가 뚝 떨어지므로 여분의 외투나 스카프 등을 준비하면 좋다. 여름엔 자외선 차단에 신경 쓸 것!

할인 티켓, 신상 명소와 맛집, 여행 코스, 각종 체험, 원데이 투어 등 풍부한 콘텐츠를 만나볼 수 있다.

· 마이리얼트립   · 트리플

여행 가이드
앱 이용하기

여행 정보 사이트
비짓제주 www.visitjeju.net 참고하기

관광지, 식당, 숙박, 쇼핑 등 기본적인 여행 정보부터 매달 다양한 테마 여행 스폿과 축제 소식, 더불어 실시간 관광지 혼잡도 분석 서비스까지 제공한다.

여행을 스마트하게!
여행 애플리케이션&웹사이트

제주도 여행 관련 앱과 웹사이트는 수도 없이 많다. 리뷰를 미리 체크하고, 가격 비교 후 예약하고,
가고 싶은 곳을 저장해서 동선을 짜고, 할인까지 받아보자. 가장 인기 있고 유용한 앱을 모아봤다.
돈도 절약하고 시간도 아낄 수 있는 스마트한 여행법!

인터파크투어 　 스카이스캐너 　 호텔스닷컴

에어비앤비 　 미스터멘션 　 제주패스렌트카

트리플 　 제주지니 　 비짓제주

하트독 　 카카오맵 　 카카오택시

항공 스카이스캐너, 네이버항공권, 인터파크 투어 등 최저가 항공권을 비교해 구매할 수 있는 앱은 상당히 많다. 1,000원이라도 더 싸게 구입하고 싶다면 해당 항공사 앱을 이용한다.

#인터파크투어 #스카이스캐너

숙소 호텔이나 리조트는 호텔스컴바인 같은 숙소 가격 비교 앱이나 호텔스닷컴, 독채 민박은 에어비앤비, 한 달 살기 숙소를 구한다면 미스터멘션을 추천한다.

#호텔스닷컴 #에어비앤비 #미스터멘션

렌터카 무려 81개 제주도 렌터카 업체의 실시간 가격 비교 및 예약까지 할 수 있는 앱으로 여행에 도움이 되는 각종 할인권과 이벤트가 있다.

#제주패스렌트카

여행 코스 여행 준비는 물론 여행을 하면서 유용하게 사용할 수 있는 제주 여행 정보 앱! 핫플레이스, 명소, 인기 카페, 맛집, 반려견과 여행 등 정보가 가득하다.

#트리플 #제주지니 #비짓제주 #하트독

길 찾기 &교통 도보 길 찾기, 주변 검색, 버스 정보, 택시 이용 등 이동에 편리한 앱! 제주도가 좁다고 생각하면 오산이다. 동선을 체크하면서 이동 거리를 효율적으로 관리할 필요가 있다.

#카카오맵 #카카오택시

제주 여행의 숙소

숙소 예약은 구성원, 여행의 형태와 목적, 기간, 위치, 가격 등 고려해야 할 사항이 아주 많아 숙소 예약을 마치면 여행 준비를 반 이상 마쳤다 해도 과언이 아닐 정도로 큰 부분을 차지한다. 성공적인 여행을 위한 숙소 선택 팁을 알아보자. 제주에는 5성급 호텔부터 독채 펜션, 게스트하우스, 야영장까지 다양한 형태의 숙박 업체가 있어 선택지가 넓다.

1 여행 형태에 따른 숙소 선택

· **단기 일정으로 제주 곳곳을 돌아보는 여행** 제주도는 동서의 직선 거리가 70km이며 2시간 이상 걸린다. 숙소를 한 곳에 잡아놓고 정반대 위치의 관광지에 다녀오려면 길에서 버리는 시간이 많다. 대략적으로나마 여행 코스를 정하고 매일 일정이 끝나는 여행지와 가까운 곳의 숙소를 선택한다. 이런 경우 숙소에 머무는 시간이 길지 않으니 비교적 저렴하고 깔끔한 일반 호텔, 레지던스형 숙소를 예약하면 좋다. 다만 매일 짐을 싸야 하는 번거로움은 감수해야 한다.

· **오직 휴식! 호캉스를 위한 여행** 연령대를 불문하고 숙소 자체를 즐기며 쉼을 선택하는 여행이 늘고 있다. 수영장 있는 호텔, 독채 풀빌라, 마당 예쁜 독채 펜션, 글램핑 등 휴식의 방법에 따라 선택할 수 있는 숙소는 많다.

· **여행과 호캉스 두 마리 토끼를 잡는 여행** 2~4박 정도의 단기 일정임에도 여행과 호캉스를 모두 즐기는 여행도 늘고 있다. 2박은 여행지가 많은 곳에 일반 호텔이나 레지던스형 호텔을 예약하고, 1~2박 정도는 럭셔리한 숙소에서 호캉스를 즐기는 것도 좋은 방법이다.

2 여행 구성원 및 기간에 따른 숙소 선택

· **혼자** 게스트하우스, 일반 호텔, 호텔형 게스트하우스가 무난하다. 최근 몇 년 사이 제주에 저렴한 일반 호텔과 3성급 호텔, 5~7개의 객실을 갖춘 B&B가 많이 늘었다. 게스트하우스는 도미토리부터 1~3인실 등 여러 타입의 객실이 있다. 파

티를 열거나 오름 투어, 일출 투어 등의 다양한 프로그램을 진행하기도 하고, 오롯이 쉼을 위한 조용한 공간으로만 운영하는 등 형태가 다양하다.

· **친구, 연인** 숙소 선택의 폭이 가장 넓다. 새로운 이들과 만나는 걸 좋아하면 게스트하우스, 내 집처럼 편하게 쉬면서 바비큐도 즐기고 싶다면 아담한 독채 펜션, 방해받지 않으며 둘만의 시간을 갖고 싶다면 독채 렌털 하우스, 스파 펜션, 풀빌라, 가성비가 중요하다면 일반 호텔, 3성급 호텔, 레지던스형 호텔, 호텔형 게스트하우스도 이용할 만하다.

· **가족** 부모님과 아이가 함께하는 3대의 경우 숙소 선택에 가장 공을 들이게 된다. 조리 시설 이용이 가능하고, 객실과 욕실이 각 2개 이상인 리조트나 독채 펜션이 좋다. 유아들과 동행하는 경우 키즈 펜션도 유용하다. 수영장, 놀잇감, 젖병 소독기 등 각종 서비스를 제공하기 때문에 보호자에게도 호응을 얻고 있다.

· **한 달 살기** 제주로의 이주 열풍은 식었으나 한 달 살기는 지역민처럼 살아보기 여행 형태로 여전히 인기가 높다. 숙소는 마당과 흙이 있고 제주의 자연 속에 자리했으면서도 도심(병원, 마트)과 20~30분 이내의 거리라면 금상첨화다.

숙소 가격 비교 사이트
· 호텔스닷컴 hotels.com
· 에어비앤비 airbnb.co.kr
· 미스터맨션(한 달 살기) mrmention.co.kr

01 원도심 여행에 오션 뷰까지
오션스위츠 제주호텔 · 제주 시내

탑동광장 옆 바다를 마주하고 있는 오션스위츠 제주호텔. 350여 개의 객실이 있으며 객실의 80%가 바다 조망이다. 피트니스센터, 북 클럽, 비즈니스센터, 테라피, 편의점 등의 부대시설을 갖췄다. 산지천, 동문시장 등 원도심 명소를 비롯해 대형 수산센터, 흑돼지 거리 등 맛집까지 모두 걸어서 갈 수 있다. 공항에서 차로 10분!

◉ 제주시 탑동해안로 74 ₩ (비수기 주말 기준) 70,000~140,000원 ☏ 064-720-6000 ♠ www.oceansuites.kr

02 맛집 거리가 가까운
제주호텔 더원 · 제주 시내

가성비 좋은 4성급 비즈니스호텔로 연동 중심가인 누웨마루 거리와 가까워 편리하다. 누웨마루 거리는 쇼핑, 맛집, 술집 등이 모여 있는 차 없는 거리로 걸어다니기 좋으며 밤이 되면 조명이 화려하다. 한때 바오젠 거리라고 불리던 곳이다. 가격, 객실 컨디션, 위치 모두 탁월하지만 객실 수에 비해 주차 공간이 많지 않다는 단점이 있다.

◉ 제주시 사장3길 33 ₩ (비수기 주말 기준) 60,000~160,000원 ☏ 064-798-0001 ♠ www.hoteltheone.com

03 전망 좋은 도심 호텔
베스트웨스턴 제주호텔 · 제주 시내

베스트웨스턴 제주호텔은 공항과 8분 거리에 있으며 360여 개의 객실을 갖췄다. 남쪽 객실에서는 한라산, 북쪽 객실에서는 도두봉과 비행기 활주로 그리고 바다가 내려다보이는 훌륭한 전망을 자랑한다. 다른 호텔에 비해 객실이 넓어 가족 여행에 추천하며, 싱글 베드 3개가 있는 트리플 룸도 있다. 주변이 신도심 번화가로 맛집과 술집이 많다.

◉ 제주시 도령로 27 ₩ (비수기 주말 기준) 80,000~200,000원 ☏ 064-797-6000 ♠ www.bestwesternjeju.com

04

친구와 야경 인생 사진

민트 게스트하우스 · 제주 시내

민트 게스트하우스는 제주버스터미널 맞은편에 있어 뚜벅이 여행객에게 좋다. 10년 넘게 운영 중인 숨 게스트하우스와 나란히 함께 운영한다. 민트 게스트하우스는 여성 전용, 숨 게스트하우스는 남녀 모두 숙박 가능하다. 트윈 더블 룸부터 도미토리까지 룸 스타일이 다양하다. 조식으로 토스트, 커피, 감귤주스, 달걀, 컵라면 등이 준비된다. 이 숙소만의 강점은 투숙객에게 할인가로 제공하는 야경 스냅 촬영이다. 설레는 밤나들이와 함께 제주의 푸른 밤을 배경으로 사진작가가 찍어주는 인생 사진이 만들어진다.

📍 제주시 서광로5길 2-4 ₩ (비수기 주말 기준) 6인실(1인 기준) 23,000원, 2인실(1인 기준) 28,000원, 야경 스냅 35,000원 📞 064-721-0106 🏠 blog.naver.com/sumhostel_jeju

05

사계절 인피니티 풀

다인오세아노호텔 · 제주시 서부

애월 바다 앞 올레길이 지나는 아름다운 곳에 위치한 4성급 호텔이다. 이곳의 가장 큰 매력은 사계절 호캉스가 가능한 루프탑 인피니티 풀이다. 바다와 하늘로 이어진 듯한 멋진 수영장이 저녁엔 선셋 포인트로 변신한다. 애월 해안도로에 자리해 주변에 맛집과 카페가 많고 호텔 내에도 흑돼지 비비큐 식당, 레스토랑, 커피 전문점, LP 바 등이 있다.

📍 제주시 애월읍 애월해안로 394 ₩ (비수기 주말 기준) 100,000~300,000원 📞 064-799-2600 🏠 www.dyneoceano.com

06 동물들과 함께하는 한 달 살기
로그밸리펜션 · 제주시 서부

한 달 살기로 잘 알려진 로그밸리. 동화 같은 분위기 물씬
풍기는 복층 통나무집과 신축한 단층의 별채를 같이 운영
중이다. 이 펜션의 독보적인 매력은 염소, 양, 토끼, 말이 있
는 동물농장 그리고 매일 아침 진행되는 무료 승마와 넓은
잔디 마당이다. 키즈 펜션은 아니지만 자연 속에서 마음껏
뛰어놀고 싶은 아이들에게 안성맞춤인 숙소다. 아이를 좋
아하는 주인 부부가 펜션 관리동에 거주하며 물심양면으
로 손님을 챙긴다.

애월읍 소길리에 자리해 애월, 곽지, 협재, 오설록, 중문관
광단지 등 서부권 유명 명소들과 20~30분 거리이며, 30분
이내에 제주 공항과 종합병원으로 갈 수 있어 장기간 머물
기에 불편함이 없다. 객실 타입에 따라 2인부터 최대 6인까
지 투숙할 수 있으며, 2~4박 단기 숙박 예약도 가능하다.

📍 제주시 애월읍 소길남길 190-19 ₩ (비수기 주말, 2인 기준) 1박
100,000원~, 일주일 살기 500,000원~, 보름 살기 1,200,000원~,
한 달 살기 1,250,000원~(투숙 인원별 객실 타입이 다양하다. 자세
한 내용은 홈페이지 참고) 📞 010-4691-1338 🏠 www.logjeju.
com

07 제주도와 발리 그 중간 어디쯤
세도나 중문, 세도나 제주

제주 여행지로 유명한 중문과 애월에 각각 서로 다른 분위기를 느껴볼 수 있는 숙소가 있다. 애월에 위치한 '세도나 제주'는 침실과 욕실, 거실과 다이닝룸, 야외 자쿠지 등 숙소의 모든 공간에서 하늘과 맞닿은 파란 오션뷰를 만날 수 있는 프라이빗 펜션이다. '세도나 중문'은 초록 숲속에 높은 담과 개인 수영장이 있는 풀빌라로 프라이빗한 감성의 동남아 휴양지를 제대로 재현했다. 화이트톤에 우드와 라탄 소재의 인테리어 소품들까지 더해 발리에 와 있다고 둘러대도 감쪽같이 넘어갈 듯하다. 바다를 실컷 보고 싶다면 세도나 제주, 프라이빗한 초록 힐링을 원한다면 세도나 중문이다.

세도나 제주 📍 제주시 애월읍 애월해안로 867 ₩ (비수기 주말 기준) 247,000원
📞 064-711-8670 🏠 www.sedonajeju.com

세도나 중문 📍 서귀포시 색달중앙로121번길 77
₩ (비수기 주말 기준) 228,000원~285,000원 📞 064-738-7557

08 조용한 휴식을 원한다면!
어오내하우스&어오내스테이 · 제주시 서부

귤밭 사이로 저지오름이 우뚝 서 있는 조용한 마을. 저지리는 유명 아티스트들의 작업실과 갤러리가 모여 있는 예술인마을이기도 하다. 어오내하우스와 어오내스테이는 남편의 고향인 저지리에 자리를 잡고 부부가 함께 세심한 정성으로 운영하는 두 채의 숙소다. 각각 100평이 넘는 잔디 정원을 가진 독채 펜션으로 주변을 둘러싼 밭과 돌담, 멀리 한라산과 하얀 풍력발전기까지 제주의 시골 풍경을 제대로 감상할 수 있다. 어오내하우스는 최대 5인, 어오내스테이는 최대 7인까지 숙박 가능하며 두 곳 모두 내 집 같은 아늑함이 매력이다.

📍 제주시 한경면 중산간서로 3728 ₩ (비수기 주말 기준) 어오내하우스(4인) 280,000원, 어오내스테이(6인) 330,000원
📞 0507-1416-0042 🏠 jejuuonaehouse.modoo.at

소박하고 산뜻한 숙소

09 협재 서쪽 게스트하우스

제주시 서부

제주 서쪽의 아름다운 바다 협재 해수욕장 인근에 있다. 지은 지 얼마 되지 않았고 새하얀 호텔식 침구를 사용해 객실 컨디션이 무척좋다. 특히 싱글 침대가 3~4개씩 놓인 3~4인실은 다른 게스트하우스에서 보기 힘든 구성이라 인기가 높으며 1인실도 구비되어 있다. 매일 아침 조식 제공은 물론 버스 정류장과도 가까워 버스 여행자에게도 편한 숙소다. 건물 1층에서는 푸짐하고 맛있는 안주를 제공하는 선술집도 직접 운영한다.

📍 제주시 한림읍 협재2길 12 ₩ (비수기 주말 기준) 60,000~140,000원
📞 010-7513-5765 🏠 blog.naver.com/kis9029

아이들을 위한 작은 아지트

10 키즈 펜션 라빌레뜨 · 제주시 서부

작은 도시라는 뜻을 가진 라빌레뜨 La Villette. 넓은 잔디밭과 빨간 건축물이 시선을 끄는 파리의 한 공원 이름이기도 하다. 키즈 펜션 라빌레뜨의 분위기도 작은 공원 같다. 아이들과 함께 서울에서 이주해온 건축가 부부가 엄마 아빠의 마음을 담아 만든 숙소다. 평화로운 마을에 폭신하고 넓은 초록 잔디밭은 어른들도 뛰어놀고 싶어진다. 빨간 벽돌집으로 들어가면 장난감과 미끄럼틀을 갖춘 키즈 트리하우스와 북하우스가 기다리고 있다. 아이들이 푹 빠져 신나게 놀 수 있는 아지트 같은 곳!

📍 제주시 한경면 금등대안3길 42-8 ₩ (비수기 주말 기준)
200,000~250,000원 📞 010-9770-0891 🏠 lavillette.
creatorlink.net

11 제주 시골집에서의 휴식
신촌돌집 · 제주시 동부

오랫동안 방치되었던 제주 특유의 '돌집'을 개조한 숙소로 잘 가꾼 시골집 느낌이 물씬 풍긴다. 공사 초기부터 마지막 인테리어까지 주인 부부의 손이 닿지 않은 곳이 없다. 목수인 남편은 외부의 돌 하나, 내부의 서까래, 대들보까지 허투루 하지 않았다. 집 꾸미기의 달인인 여주인은 세련된 소품 배치와 40년 넘은 옛날 스위치까지 알차게 활용했다. 잔디가 깔린 넓은 마당은 사시사철 화사한 꽃이 피고 돌집을 둘러싼 현무암 돌담은 키보다 높아 프라이빗함을 보장한다. 길게 낸 처마 아래 데크에서 해먹에 몸을 뉘거나 바비큐를 즐길 수 있다. 온전히 휴식이란 걸 취하고 싶은 이에게 추천한다.

📍제주시 조천읍 신촌5길30 💰(비수기 주말 기준) 2인 기준 190,000원(2박 이상 예약 시 추가 1박 당 10,000원 할인, 최대 4인, 1인 추가 20,000원) 📞010-8660-4772 🏠 jejusinchondoljib.modoo.at

12 가성비 좋은 감성 숙소
제주안뜰 · 제주시 동부

제주안뜰은 조각가 남편과 디자이너 아내의 감각으로 다시 태어난 전통 가옥 숙소다. 화산송이 돌담길과 담쟁이가 가득 찬 입구에서부터 제주의 정취가 가득하다. 여러 가지 타입의 룸이 있어 혼자 묵든 가족이 묵든 두루두루 좋다. 제주안뜰은 마당을 한가운데 두고 별도의 욕실을 갖춘 3개의 객실이 있다. 객실 내에서는 취사가 불가능한 단점이 있지만 취사 계획이 없다면 가성비가 뛰어나다. 식사는 공용으로 사용하는 다이닝 룸을 이용하면 된다. 전기밥솥을 제외한 간단한 조리 시설이 있다. 조천 바닷가 마을의 낭만이 넘치는 숙소!

📍 제주시 조천읍 조함해안로 38-14 ₩ (비수기 주말 기준) 뜰채(1인) 50,000원, 별채(2인) 80,000원, 안채(2인) 120,000원
📞 010-3255-3814 🏠 jejuantteul.co.kr

13 고민할 필요 없이
더아트스테이 세인트비치호텔
제주시 동부

투명하게 파란 바다색과 해안선을 따라 즐비하게 늘어선 호텔, 맛집, 카페, 술집들. 서우봉 둘레길에서 함덕 해수욕장을 내려다보면 하와이의 와이키키가 연상된다. 해안을 따라 가성비 좋은 호텔이 몇 곳 있는데 가격과 객실 크기, 룸 컨디션, 위치 면에서 이곳을 추천. 이왕이면 오션 뷰로 묵을 것!

📍 제주시 조천읍 조함해안로 504 ₩ (비수기 주말 기준) 50,000~90,000원 📞 0507-1457-2308 🏠 www.saintbeachhotel.com

여행의 목적
온온종달 · 제주시 동부

(14)

온온종달은 예쁘기로 소문난 종달리 마을 올레길에 있다. 안거리와 밖거리 두 채의 아늑한 숙소와 잔디 정원, 돌담 등 어디를 둘러봐도 화보 같은 곳! 온온종달은 그냥 잠만 자는 숙소라기보다 낭만적인 제주 여행 코스로도 손색 없다. 방 안에 앉아 제주의 하늘을 감상하거나 마을 구석구석을 걸어도 보고 마당의 벤치에 앉아 책을 읽어도 좋다. 조식은 따로 없지만 요거트와 직접 만든 그래놀라를 제공한다. 카카오닙스와 크랜베리, 5가지 견과에 꿀까지 정성을 듬뿍 담았다. 귀여운 댕댕이 '온순이'까지 따뜻하게 맞아주는 곳!

📍 제주시 구좌읍 종달로3길 22-21 ₩ (비수기 주말 기준) 안거리 200,000원, 밖거리 180,000원, 베이지 190,000원 📞 010-7208-8182 🏠 blog.naver.com/onon_bellmoon

박수기정의 일몰을 내 방에서
라림부띠끄호텔 · 제주시 동부

(15)

대평리는 작은 바닷가 마을로 복잡한 머릿속을 정리하고 싶다거나 마음에 위안이 필요할 때 최적의 장소다. 아기자기한 돌담 골목들도 운치있고 박수기정과 대평포구 등 바다가 코앞이다. 박수기정은 병풍처럼 펼쳐진 기암절벽으로 제주도에서도 손꼽히는 일몰 명소다. 라림부띠끄호텔은 그 장관을 방에서 편안하게 즐길 수 있을 뿐만 아니라 언제나 개방되어있는 루프톱에 올라가면 더 드라마틱하게 감상할 수 있다. 2층에는 투숙객 전용 셀프라운지가 별도로 마련되어 있고 라면, 과자, 음료 등 간단한 스낵 자판기가 있어 편리하다.

📍 서귀포시 안덕면 대평로 39 ₩ (비수기 주말 기준) 70,000~110,000원 📞 0507-1376-3869 🏠 www.lareem.co.kr

16 젊은 감각
헤이서귀포 · 서귀포 시내

30여 년 된 호텔을 미니멀하게 재디자인한 헤이서귀포! 서귀포항과 한라산 뷰 객실에 헤이서귀포만의 세련된 굿즈를 경험해볼 수 있다. 구매도 가능하다. 애견 동반 룸, IoT 룸, 키오스크, 헤이북스(서고), 자전거 대여, 투어 프로그램 등 최신 라이프스타일을 접목시켜 특히 젊은 여행객들의 반응이 뜨겁다.

📍 서귀포시 태평로 363 ₩ (비수기 주말 기준) 30,000~90,000원
📞 0507-1494-0285 🏠 heyy.kr

17 인피니티 풀 호캉스
더 그랜드 섬오름 · 서귀포 시내

더 그랜드 섬오름은 올레길 하나를 사이에 두고 서귀포 앞바다를 마주한다. 마치 바다와 이어진 듯한 야외 그랜드 인피니티 풀과 야자수 가득한 가든 풀까지, 이국적인 호캉스 장소로 제격이다. 온수 자쿠지 풀과 실내 수영장은 사계절 운영하며, 신관 오션 뷰 객실에서는 범섬이 떠 있는 푸른 바다와 황홀한 일몰까지 편하게 즐길 수 있다.

📍 서귀포시 막숙포로 118 ₩ (비수기 주말 기준) 100,000~370,000원 📞 064-800-7200 🏠 www.sumorum.com

18 여행자의 마음을 잘 아는 곳
미도호스텔 · 서귀포 시내

미도호스텔은 윤덕진 대표의 세계여행을 통해 시작되었다. 제주의 가치를 일찌감치 알아본 그는 40년 역사의 미도장여관을 미도호스텔로 재탄생시켜 젊은 여행객들에게 세련되고 편안한 숙소이자 커뮤니케이션의 통로가 되고 있다. 2인실부터 도미토리, 한 달 살기까지 다양한 스타일의 룸과 중정의 테라스, 카페와 라운지 펍이 있으며, 곳곳에 미도장이 품은 세월의 흔적이 남아 있다.

📍 서귀포시 동문동로 13-1 ₩ (비수기 주말 기준) 26,000~90,000원 📞 0507-1303-7627 🏠 www.midohostel.com

19 한라산이 보이는 자쿠지 숙소
시절인연 · 서귀포 서부

시절인연의 창으로 들어오는 제주 풍경은 가히 완벽에 가깝다. 주렁주렁 탐스런 한라봉 밭과 돌담, 그리고 눈 쌓인 백록담까지 더해 정점을 찍었다. 그 웅장한 풍경이 침실과 자쿠지, 마당이나 거실 등에서 식사를 하고 차를 마시는 등 머무르는 내내 모든 공간에 펼쳐진다. 한밤에는 제주의 돌로 둥글게 만든 파이어핏이 운치를 더한다. 고급 침구와 비품, 친절까지 장착한 호텔급 서비스로 신혼여행객들에게 특히 인기가 좋다.

📍 서귀포시 용흥로 40
₩ (비수기 주말 기준) 280,000~330,000원
📞 0507-1356-6993 📷 @sijeol_in_yeon_jeju

---

20 힐링과 치유의 온천욕
디아넥스호텔 · 서귀포 서부

"제주도에는 온천 부존 가능성이 없다"라는 정설을 뒤집고 2001년 처음으로 발견된 온천! 디아넥스 호텔에서 즐길 수 있다. 나트륨(칼슘, 마그네슘) 탄산천으로 양귀비가 목욕을 즐긴 서안 온천과 성분이 유사하며 뽀얀 우유빛이 특징이다. 사계절 운영되는 실내 수영장과 미니 골프장이 있어 온가족 여행에 그만이다.

📍 서귀포시 안덕면 산록남로762번길 71 ₩ (비수기 주말 기준) 200,000~270,000원 📞 064-793-6005 🏠 www.thepinx.co.kr/annex/web/index.px

---

21 숲속의 워터 테라피 5성 호텔
WE호텔 · 서귀포 서부

위호텔은 중문관광단지 인근 한라산 중산간의 자연림과 울창한 편백림에 둘러 쌓여 있어 해안에 비해 공기가 더 맑고 상쾌하다. 위호텔의 자랑거리는 다양한 미네랄 성분이 함유된 천연암반수다. 식수는 물론 객실 내 샤워시설, 실내외 수영장, 워터풀 및 각종 스파 시설에 사용되고 있다. 아이들과 함께하는 가족 여행객을 위해 아기 침대, 마룻바닥 객실 등도 구비되어 있다.

📍 서귀포시 1100로 453-95 ₩ (비수기 주말 기준) 180,000원~300,000원 📞 064-730-1200 🏠 wehotel.co.kr

22

목공하는 언니와 요리하는 삼춘
물고기나무 게스트하우스 · 서귀포 동부

목공하는 언니와 요리하는 삼춘 부부가 운영하는 곳답게 실내에 곡선미 가득한 목공예 작품이 많아 분위기가 따뜻하다. 공용 거실에는 넓은 창가에 책장을 가득 채운 책들과 빈 백이 있다. 부족할 것 없는 오픈 주방을 내 집처럼 편하게 사용할 수 있어 여러 명이 가서 묵기에도 가성비가 좋다. 객실 창을 가득 채우는 숲도 힐링 포인트! 직접 만드는 나무 열쇠고리로 만 원의 행복을, 일 년 후에 배달하는 편지 서비스로 추억을 남겨준다. 가족 같은 친절함까지 더해져 재방문율도 높은 게스트하우스다.

📍 서귀포시 성산읍 중산간동로 4204-14 ₩ (비수기 주말 기준) 45,000 ~68,000원 📞 0507-1483-1065 🏠 blog.naver.com/fishtree72

23

청춘의 낭만이 가득한 곳
플레이스 캠프 제주 · 서귀포 동부

플레이스 캠프 제주는 문화 예술을 사랑하는 이들을 위한 숙소이자 복합 문화 공간이다. 여행 액티비티, 골목시장, 공연 등 매달 새로운 문화 여가 프로그램을 운영한다. 최소한으로 미니멀하게 디자인한 객실엔 흔한 TV나 냉장고도 없다. 객실이 감옥 같다는 후기가 많아 아예 대놓고 '플레이스 감빵생활' 패키지도 만들었다. 재치와 패기가 넘친다. 뮤지컬 펍, 베이커리, 레스토랑, 분식, 디자인 숍, 소품 숍, 카페까지 플레이스 캠프 제주 안에 다 있다.

📍 서귀포시 성산읍 동류암로 20 ₩ (비수기 주말 기준) 38,000~ 160,000원 📞 064-766-3000 🏠 playcegroup.com

24 폴개에서 우영을 걷다
폴개우영 · 서귀포 동부

온 가족이 완성한 힐링 정원 스테이 폴개우영. 독
특한 이름이다. '폴개'는 태흥리의 옛 지명이고,
'우영'은 제주어로 텃밭이나 뜰을 뜻한다. 촉촉한
이끼, 향기로운 들꽃, 귤나무, 돌담 사이로 고양
이마저 여유로운 제주 정원과 빨간 지붕. 폴개우
영의 풍경이다. 바닥까지 내려오는 안거리의 큰
창으로는 감귤 밭이 꽉 찬다. 여백의 미를 강조한
안거리 인테리어는 제주의 사계절을 온전히 감상
할 수 있게 도와준다. 햇살이 좋은 밖거리는 차
한잔의 여유를 즐길 수 있는 특별한 공간으로 꾸
몄다. 은은한 향의 차를 우리며 차분히 심신의 위
안을 얻어보시길!

📍 서귀포시 남원읍 태위로894번길 13 ₩ (비수기 주말
기준) 380,000~440,000원 📞 0507-1318-2986
🏠 blog.naver.com/polgae_oo

25 아주 특별한 조식
뻥디가름 게스트하우스
서귀포 동부

어머니와 딸이 운영하는 곳으로 게스트하우스에서 만날 수 있는 최고의 조식이 기다린다. 아침을 담당하는 어머니는 밥값을 따로 내야 하나 싶을 정도로 푸짐한 집밥의 진수를 보여준다. 손맛과 정성이 가득한 밥상은 숙소 예약 사이트들을 통해 높은 평점을 받고 있다. 편백나무로 마감한 2개의 가족실과 남녀 도미토리가 있으며, 창밖으로 보이는 성산의 밭 풍경이 아름답다. 파티가 없는 조용한 게스트하우스로 가족 여행에도 좋다. 입구에 장작 난로가 운치 있는 공용 공간이 있다. 고성리 근처는 픽업도 가능!

📍 서귀포시 성산읍 서성일로1222번길 17 ₩ (비수기 주말 기준) 30,000~70,000원
📞 010-5227-9292 🏠 bdgr.co.kr

26 멋스러운 안락함
비로소433 · 서귀포 동부

한적한 시골 골목길을 굽이굽이 들어가면 감귤밭 사이로 빼꼼 고개를 내민 시멘트 박공지붕이 눈에 띈다. 이 풍경이 말해주듯 비로소433은 상반된 매력을 지녔다. 아담한 감귤밭 사이 예쁜 오솔길은 제주의 정취가 가득하고, 객실의 미니멀한 디자인은 멋스러운 안락함을 추구한다. 감귤 창고를 개조한 공유 공간은 카페, 레스토랑, 극장, 서재 등으로 다양하게 이용한다. 직접 다듬어 만든 나무 테이블과 포인트 타일로 빈티지스럽고 세련된 공간을 연출했다.

📍 서귀포시 남원읍 태위로510번길 79-33 ₩ (비수기 주말 기준) 130,000~180,000원 📞 010-6272-1281 🏠 www.biroso.co.kr

방문할 계획이거나 들렀던 여행 스폿에 ☑표시해보세요.

방문할 계획이거나 들렀던 여행 스폿에 ✅표시해보세요.

INDEX

방문할 계획이거나 들렀던 여행 스폿에 ✅표시해보세요.